工程质量安全手册实施系列培训教材

U0160073

工程质量与安全生产管理导引

郭中华　尤　完　编著

中国建筑工业出版社

图书在版编目（CIP）数据

工程质量与安全生产管理导引/郭中华，尤完编著.
—北京：中国建筑工业出版社，2019.12
工程质量安全手册实施系列培训教材
ISBN 978-7-112-24535-2

Ⅰ.①工… Ⅱ.①郭… ②尤… Ⅲ.①建筑工程-工
程质量-质量管理-技术培训-教材 ②建筑工程-安全管
理-技术培-教材 Ⅳ.①TU712 ②TU714

中国版本图书馆 CIP 数据核字（2019）第 286245 号

本书以住房和城乡建设部发布的《工程质量安全手册》为依据，对工程质量管理、工程安全生产管理的体系和法规等内容展开了框架性描述，包括工程质量与安全生产管理概述、工程质量与安全生产管理体系、工程质量与安全生产管理的法律法规、工程质量管理行为要求、工程安全生产管理行为要求、工程质量与安全生产事故处理、工程质量与安全生产管理案例分析等。本书为《工程质量安全手册实施系列培训教材》中的一本，可供建筑业从业人员学习使用。

责任编辑：李　慧　李　明
责任校对：党　蕾

工程质量安全手册实施系列培训教材
工程质量与安全生产管理导引
郭中华　尤　完　编著
*
中国建筑工业出版社出版、发行（北京海淀三里河路 9 号）
各地新华书店、建筑书店经销
北京鸿文瀚海文化传媒有限公司制版
北京建筑工业印刷厂印刷
*
开本：787×1092 毫米　1/16　印张：15　字数：336 千字
2020 年 5 月第一版　2020 年 5 月第一次印刷
定价：**58.00** 元
ISBN 978-7-112-24535-2
（35166）

前　　言

为了推动建筑业持续健康和高质量发展，保证工程质量和安全生产，住房和城乡建设部于 2018 年 9 月 21 日发布了《关于印发工程质量安全手册（试行）的通知 》（建质〔 2018 〕 95 号），要求工程建设各方主体认真执行《工程质量安全手册》（以下简称《手册》），将工程质量安全要求落实到每个项目、每个员工，落实到工程建设全过程。此后不久，住房和城乡建设部召开专题会议，宣传贯彻落实《手册》，并要求从"统一思想提高站位、凝聚共识精准施策、牢记使命勇于担当"三个方面部署如何贯彻落实《手册》。

为了深入开展工程质量安全提升行动，帮助全行业、各地区有效实施《手册》规定的内容，基于《手册》中关于工程质量和安全生产的基本要求、纲领性要求，在广泛搜集相关资料的基础上，我们编写了《手册》系列培训教材。《工程质量与安全生产管理导引》是《工程质量安全手册实施系列培训教材》的重要组成部分。

《工程质量与安全生产管理导引》以住房和城乡建设部发布的《工程质量安全手册》为依据，对工程质量管理、工程安全生产管理的体系和法规等内容展开了框架性描述，包括工程质量与安全生产管理概述、工程质量管理体系与安全生产管理体系、工程质量安全生产管理的法律法规、工程质量管理行为要求、工程安全生产管理行为要求、工程质量安全事故处理、工程质量与安全生产管理案例分析等。

本书编写得到中国建筑业协会、中国建筑业协会工程项目管理委员会、中国建筑股份有限公司、中国中铁股份有限公司、中铁建工集团、中建一局、中建三局、中建八局、中铁十六局、北京城建集团、济南二建集团、中国科学院大学、北京建筑大学等单位专家学者的大力支持，同时参考和引用了国内同行研究专家的观点，在此一并表示衷心感谢！

由于编者水平所限，难免存在疏漏和不当之处，恳请读者提出批评指正意见。

目　　录

第一章 工程质量与安全生产管理概述

第一节 工程质量与安全生产基本概念

一、工程质量管理的相关概念

工程质量管理关系到国家和人民生命财产的安全，也关系到建筑施工企业的生存、信誉和发展。因此，工程质量管理体现在宏观层面上的政策法规和微观层面上的过程控制措施。

（一）建筑工程质量的概念

质量是指一组固有特性满足要求的程度。质量的内涵包括：（1）产品质量；（2）产品生产过程的工作质量；（3）质量管理体系的运行质量。建筑工程质量反映建筑工程满足相关法律法规、标准规定设计文件和合同约定的要求。

（二）工程质量的特点

1.适用性：也称为功能，是工程符合使用目的的所有性能。

2.耐久性：也称为寿命，是指规定条件下，工程符合特定功能需求的使用年限。即工程完工后的有效使用年限。

3.安全性：在使用过程中对结构安全的保障程度及确保人身、环境免受危害的程度。

4.可靠性：在规定的时间、条件下，完成特定功能的能力。

5.经济性：从规划、勘察、设计、施工到整个使用年限内工程所需成本、消耗的费用。

6.美观性：工程实体外观造型与装饰艺术。

7.环境协调性：工程与生态环境间的协调性、工程与所在区域经济环境间的协调性或与附近已建工程间的协调性，该特点反映可持续发展观的要求。

（三）工程质量的形成过程

1. 工程质量需求的识别过程

在工程项目的决策阶段，业主的需求和法律法规的要求是决定工程项目质量目标的主要依据。

2. 工程质量目标的定义过程

工程项目质量目标的具体定义过程主要是在工程设计阶段。

3. 工程质量目标的实现过程

工程质量目标实现的最重要和最关键的过程是在施工阶段。

工程质量目标的形成过程贯穿于工程项目的决策过程和实施过程。

（四）影响建筑工程质量的因素

影响建筑工程质量管理的因素既有内部因素又有外部因素，总的来说可以分为人、机械、材料、方法和环境五大方面。

人——管理者、操作者；

材料——原材料、半成品、构配件质量；

设备——施工机械设备；

方法——施工组织设计、施工计划、施工方案；

环境——自然环境条件、施工环境、项目管理条件。

1. 人的因素

主要包括领导者的素质及施工人员的技术水平等。建筑工程质量事故频繁发生的一个重要原因是人员业务素质较低和行为不规范；现场操作工人技能较低也是影响工程质量的一个重要原因。建筑施工队伍中有很大一部分是农民工，这些农民工缺乏专门的培训以及基本的施工知识，在施工过程中无法按照规范及规程操作，质量和安全生产意识薄弱，这必然影响到建筑工程的施工质量。

2. 材料因素

建筑材料是构成工程实体的物质条件。建筑材料的质量是保证工程质量的基础。建筑材料质量不符合要求，工程质量也就不可能达到标准。在我国目前的建筑工程中，建筑材料种类众多，有不少建筑材料的质量未能达到要求。据统计，仅房屋建筑工程所需要的建筑材料就有 76 大类、2500 多个规格、1800 多个品种。

3. 机械设备因素

包括工程设备、施工机械和各类用于施工的工器具。机械设备是所有施工方案和工法实施中不可缺少的物质基础。现代化的建筑施工离不开现代化的设备，设备的状况直接影响着建筑工程的质量和进度。智能化建造设备和工具的使用将是现代建筑业的标志和发展方向。

4. 方法因素

建筑施工过程中的方法包括整个建设周期内所采取的勘察、设计、施工所采用的技术方案、工艺流程、组织措施、检测手段、施工组织设计等。

5. 环境因素

影响工程质量的环境因素包括：自然环境因素、社会环境因素、管理环境因素和作业环境因素。

（五）工程质量责任主体类型

目前，国内的工程质量责任主体划分为自控主体、监控主体、验证主体和监督主体四种类型。其中，自控主体包括勘察单位、设计单位、施工单位、材料设备供应单位；监控主体包括建设单位、工程监理单位；验证主体包括施工图设计审查单位、工程检测单位；监督主体是指工程质量监督机构。

1. 建设单位

建设单位是建设工程的投资人，建设单位是工程建设过程的总负责方，拥有确定建设项目的规模、功能、外观、选用材料设备、按照国家法律法规选择承包单位的权力。建设单位可以是法人或自然人，例如，房地产开发商。

2. 勘察单位

勘察单位是指对地形、地质及水文等要素进行测绘、勘探、测试及综合评定，并提供可行性评价与建设工程所需勘察成果资料的单位。

3. 设计单位

设计单位是按照现行技术标准对建设工程项目进行综合性设计及技术经济分析，并提供建设工程施工依据的设计文件和图纸的单位。

4. 施工单位

施工单位指经过建设行政主管部门的资质审查，从事建设工程施工承包的单位。按照承包方式不同，可分为总承包单位和专业承包单位。

5. 工程监理单位

工程监理单位是指受建设单位委托，依据法律法规以及有关技术标准、设计文件和承包合同，在建设单位的委托范围内对建设工程进行管理的单位。工程监理单位可以是具有法人资格的监理公司、监理事务所，也可以是兼营监理业务的工程技术、科学研究及建设工程咨询的单位。

6. 设备材料供应商

设备材料供应商是指提供构成建筑工程实体的设备和材料的企业，包括设备材料生产商、经销商。

7. 施工图设计审查单位

施工图审查是指国务院建设行政主管部门和省、自治区、直辖市人民政府建设行政主管部门委托依法认定的设计审查机构，根据国家法律、法规、技术标准与规范，对施工图进行结构安全和强制性标准、规范执行情况等进行独立审查。

8. 工程质量检测单位

工程质量检测机构是对建设工程、建筑构件、制品及现场所用的有关建筑材料、设备质量进行检测的法定单位。在建设行政主管部门领导和标准化管理部门指导下开展检测工作，其出具的检测报告具有法定效力。法定的国家级检测机构出具的检测报告，对国内为最终裁定，对国外具有代表国家的性质。

9. 工程质量监督机构

《房屋建筑和市政基础设施工程质量监督管理规定》第三条规定：工程质量监督管理的具体工作可以由县级以上地方人民政府建设主管部门委托所属的工程质量监督机构实施。因此，工程质量监督机构虽然是受政府委托实施质量监督，但履行的是行政管理职能，本质上仍然属于行政执法机构。把工程质量监督机构限定为建设主管部门所属，明确了工程质量监督机构是各级建设主管部门下属的单位，是政府机构的一部分，而非社会上的一般中介机构。

（六）建筑工程五方责任主体项目负责人质量终身责任制

2014年8月25日，住房和城乡建设部印发并实施《建筑工程五方责任主体项目负责人质量终身责任追究暂行办法》（建质〔2014〕124号）。建筑工程五方责任主体项目负责人是指承担建筑工程项目建设的建设单位项目负责人、勘察单位项目负责人、设计单位项目负责人、施工单位项目经理、监理单位总监理工程师。建筑工程五方责任主体项目负责人质量终身责任是指参与新建、扩建、改建的建筑工程项目负责人按照国家法律法规和有关规定，在工程设计使用年限内对工程质量承担相应责任。

建设单位项目负责人对工程质量承担全面责任，不得违法发包、肢解发包，不得以任何理由要求勘察、设计、施工、监理单位违反法律法规和工程建设标准，降低工程质量，其违法违规或不当行为造成工程质量事故或质量问题应当承担责任。勘察、设计单位项目负责人应当保证勘察设计文件符合法律法规和工程建设强制性标准的要求，对因勘察、设计导致的工程质量事故或质量问题承担责任。施工单位项目经理应当按照经审查合格的施工图设计文件和施工技术标准进行施工，对因施工导致的工程质量事故或质量问题承担责任。监理单位总监理工程师应当按照法律法规、有关技术标准、设计文件和工程承包合同进行监理，对施工质量承担监理责任。建筑工程开工建设前，建设、勘察、设计、施工、监理单位法定代表人应当签署授权书，明确本单位项目负责人。工程质量终身责任实行书面承诺和竣工后永久性标牌等制度。

项目负责人应当在办理工程质量监督手续前签署工程质量终身责任承诺书，连同法定代表人授权书，报工程质量监督机构备案。项目负责人如有更换的，应当按规定办理变更程序，重新签署工程质量终身责任承诺书，连同法定代表人授权书，报工程质量监督机构备案。建筑工程竣工验收合格后，建设单位应当在建筑物明显部位设置永久性标牌，载明建设、勘察、设计、施工、监理单位名称和项目负责人姓名。

当出现下列情形之一的，县级以上地方人民政府住房城乡建设主管部门应当依法追究项目负责人的质量终身责任：发生工程质量事故；发生投诉、举报、群体性事件、媒体报道并造成恶劣社会影响的严重工程质量问题；由于勘察、设计或施工原因造成尚在设计使用年限内的建筑工程不能正常使用；存在其他需追究责任的违法违规行为。

二、建设工程施工安全生产管理的相关概念

（一）建设工程施工安全生产的特点

1.施工场地的固定化使安全生产具有局限性。建筑产品坐落在固定的地点上，一经确定建设不可随意搬移。这就决定了必须在有限的场地、有限的空间集中大量的人力、物资、施工机械进行交叉作业，容易产生高空坠落、物体打击等伤亡事故。

2.施工周期长、受自然环境影响大。由于建筑物体积庞大，需较长时间才能完成建造任务。从基础、主体、屋面、室外装修、配套市政等整个工程的70%，均需要进行露天作业。施工作业人员需要经历春、夏、秋、冬四季寒暑的变化，容易导致伤亡事故的发生。

3.施工生产具有流动性，安全生产措施呈现动态性变化，人和物的不安全因素多。

4.建筑产品形成过程中的施工生产工艺复杂多变，专业、工序和工种众多，协调管理和安全培训难度大。

5.操作人员技能和业务素质较低，安全生产观念淡薄，违反操作规程和劳动纪律的现

象较多。

（二）施工安全控制的概念与要求

1.施工安全控制的概念

施工安全控制是指在施工生产过程中涉及的计划、组织、协调、监控和改进等一系列致力于满足生产安全所进行的管理活动。

2.施工安全控制的目标

施工安全控制的目标包括：（1）减少或消除人的不安全行为的目标；（2）减少或消除设备、材料的不安全状态的目标；（3）改善施工生产环境的目标；（4）保护施工场地周边自然环境的目标。

3.施工安全控制的程序

施工安全控制的程序包括以下步骤：（1）确定施工项目的安全生产目标；（2）编制施工项目安全技术措施计划；（3）实施施工项目安全技术措施计划；（4）检查和验证施工项目安全技术计划；（5）持续改进施工项目安全技术措施。

4.施工安全技术措施的基本要求

施工安全技术措施的基本要求是：（1）施工安全技术措施必须在工程开工前制定；（2）施工安全技术措施要有针对性；（3）施工安全技术措施要有全面性；（4）施工安全技术措施要有可靠性；（5）施工安全技术措施要有可行性和可操作性；（6）施工安全技术措施必须包括应急预案。

（三）施工安全控制的特点

1.施工安全控制面广。由于建设工程规模较大，生产工艺复杂，工序多，建造过程中的流动作业多，高处作业多，作业位置多变，不确定性因素多。因此，安全控制工作涉及范围大、控制面广。

2.施工安全控制的动态性。（1）由于建设工程项目的单件性，每个项目的条件环境均不同，面对的安全因素、措施、人员都处于变动之中。（2）由于建设工程施工场所的分散性，不同的场地也有具体的、不同的生产环境和影响因素。

3.施工安全控制系统的交叉性。建设工程项目的施工过程是一个开放系统，施工过程本身会对社会环境和自然环境造成影响，同时，施工过程也会受到自然环境和社会环境的约束，施工安全控制需要把工程建造系统、环境系统和社会系统结合起来。

4.施工安全控制的严谨性。由于建设工程施工的安全因素复杂，风险程度高，伤亡事故多，所以，施工安全的预防控制措施必须严谨、科学，如有疏漏就可能造成管理失控，酿成事故和损失。

（四）施工安全生产管理制度

施工安全生产管理制度包含众多方面的内容，目前实施的施工安全生产管理制度主要有：（1）安全生产责任；（2）安全生产许可证制度；（3）政府安全生产监督检查制度；（4）安全生产教育培训制度；（5）安全措施计划制度；（6）特种作业人员持证上岗制度；（7）专项施工方案专家论证制度；（8）危及施工安全工艺设备材料淘汰制度；（9）施工起重机械使用登记制度；（10）安全检查制度；（11）生产安全事故报告和调查处理制度；（12）"三同时"制度；（13）安全预评价制度；（14）意外伤害保险制度；（15）其他相关生产安全技术制度等。

（五）施工生产安全技术措施和安全技术交底

1. 施工生产安全技术措施的内容

施工生产安全技术措施对于预防生产安全事故、保障生命财产安全具有重要的作用，其内容包括：（1）进入施工现场的安全规定；（2）地面及深槽作业的防护；（3）高处及立体交叉作业的防护；（4）施工用电安全；（5）施工机械设备的安全使用；（6）采用"四新"时的专门安全技术措施；（7）针对预防自然灾害的安全措施；（8）预防有毒、有害、易燃易爆等作业造成危害的安全技术措施；（9）现场消防措施。

2. 施工生产安全技术交底的内容

施工生产安全技术交底的主要内容有：（1）本施工项目的施工作业特点和危险点；（2）针对危险点的具体预防措施；（3）应注意的安全事项；（4）相应的安全操作规程和标准；（5）发生事故后应及时采取的避难和急救措施。

3. 施工生产安全技术交底的要求

做好施工生产安全技术交底是确保施工安全的重要基础工作，安全技术交底的要求有：（1）必须实行逐级交底制度，纵向延伸到每一个作业人员；（2）必须具体、明确、针对性强；（3）应针对给作业人员带来的潜在危险因素和存在问题；（4）应优先采用新的安全技术措施；（5）对涉及"四新"或技术含量高、技术难度大的单项技术设计，必须经过两个阶段技术交底，即初步设计技术交底和实施性施工图技术设计交底；（6）应将专项施工方案向工长、班组长进行详细交底；（7）定期向由两个以上作业队和多工种交叉施工的作业队进行书面交底；（8）保存书面安全技术交底签字记录。

（六）施工生产安全隐患排查治理

1. 施工生产安全隐患的不安全因素

施工生产安全隐患的不安全因素包括人的不安全行为、物的不安全状态和组织管理上的不安全因素。

（1）人的不安全行为包括忽视安全、忽视警告、操作失误；造成安全装置失效；使用不安全设备；手代替工具操作；物体存放不当；冒险进入危险场所；攀坐不安全位置；在起吊物下作业、停留；在机器运转时进行检查、维修、保养；有分散注意力的行为；未正确使用个人防护用品、用具；不安全装束；对易燃易爆等危险品处理错误。

（2）物的不安全状态包括防护装置的缺陷；设备、设施的缺陷；个人防护用品的缺陷；生产场地环境的缺陷。

（3）组织管理上的不安全因素包括技术上的缺陷；教育上的缺陷；生理上的缺陷；心理上的缺陷；管理工作上的缺陷；社会历史原因造成的缺陷等。

2. 施工生产安全事故隐患的治理原则

施工生产安全事故隐患的治理原则主要有：（1）冗余安全度治理原则；（2）单项隐患综合治理原则；（3）直接隐患与间接隐患并重治理原则；（4）预防与减灾并重治理原则；

（5）重点治理原则；（6）动态治理原则。

3. 施工生产安全事故隐患处理程序

施工生产安全事故隐患处理的程序如下：（1）当场指正、限期纠正，预防隐患发生；（2）做好记录，及时整改，消除安全隐患；（3）分析统计，查找原因，制定预防措施；（4）跟踪验证措施的效果。

4. 建立安全生产隐患排查治理长效机制

事故致因理论认为，人员伤亡是事故的后果，事故发生往往是由于人的不安全行为、物的不安全状态和组织管理上的不安全因素造成的，生产安全事故隐患就是导致事故发生的直接原因。

开展安全生产隐患的排查治理，能从根本上防止人的不安全行为，消除物的不安全状态，改进组织管理上的缺陷，有效防范和遏制建筑生产安全事故。

建筑工程施工现场由于施工阶段、施工工艺、施工环境随时发生改变，作业人员流动性大，工种多，高处作业和交叉作业多，极易产生各类隐患。定期组织开展隐患排查，及时发现问题，消除隐患，能极大地促进施工现场生产安全。

施工安全事故隐患排查治理工作包括以下几项内容：（1）确定隐患排查的内容和范围；（2）实施事故隐患的排查和治理；（3）建立隐患排查治理长效机制。

第二节　工程质量与安全生产管理存在的问题

一、工程质量管理存在的问题

改革开放以来，特别是党的十八以来，我国建筑业的发展取得了举世瞩目的成就，总量规模持续增长，工程建造能力和技术创新能力不断增强，信息化手段迅速普及，以装配建造方式、绿色建造方式、智慧建造方式等为代表的新型建造方式正在逐步成为工程建设的主流方式，工程质量水平也有较大提升。但是，建设工程质量管理仍然存在许多薄弱环节，主要体现在以下几个方面。

一是缺乏保障工程质量管理体系运行的长效机制。由于影响工程质量的因素众多，通常采用建立工程质量管理体系的方法，把涉及工程质量的相关因素纳入系统化的管理范畴，并使各类因素处于受控状态，从而确保工程质量目标的实现。但工程质量管理体系的运行受制于公司和项目经理部的客观因素和主观因素。在同一个公司内部当面对不同类型、规模和特点的工程项目，以及不同的项目管理团队时，工程质量管理体系的运行效果就会产生很大的差异。在一定程度上，很多企业仍然没有建立保障工程质量管理体系有效运行的长效机制。

二是过程质量控制的效果缺乏持续稳定性。过程精品才能确保工程精品。虽然大多数建筑企业都重视施工过程质量的控制，但在方法上偏重于经验和感性，很少采用定量分析和评价方法指导过程质量控制，因而过程质量控制效果的动态性较大。此外，由于工序施工的作业队伍以劳务分包队伍为主，劳务操作工人的个人技能和专业素质对过程施工的质量控制产生较大的影响。

三是施工现场建筑材料使用管理的手段不力。建筑材料的质量状况是确保工程质量的前提。在施工现场，建筑材料的使用管理存在以下问题：材料进场前的见证取样不严格；材料的标识和堆放产生混乱；危险品保管措施不当；材料领用、出库、回收制度不完善等。

四是常见的质量通病没有得到彻底的根治。

目前，房屋建筑的结构工程、机电工程、装饰工程以及市政工程等都不同程度地存在着质量通病。尽管从行业层面到企业层面，针对解决质量通病想方设法，但收效甚微。质量通病在局部地区和专业领域依然具有普遍性，并未能从根本上得以彻底消除。

五是部分建筑企业质量创优意识不强。多年来，建设主管部门为了引领全行业质量发展意识，通过设立鲁班奖、詹天佑奖等方式，激励企业争先创新，取得了很大的成效。但由于这些奖项的要求严、门槛高、数量少，只有少部分企业能够获得殊荣，而大多数企业与此无缘，长此以往，很多企业对质量创新丧失信心，演变为创新意愿不强。

上述这些问题成为影响建筑业高质量发展的重要因素，因此，要通过进一步加强质量管理制度建设、强化质量意识、落实质量责任、夯实质量基础、加强操作队伍建设等措施，推动工程质量管理登上新台阶。

二、建筑施工安全生产管理存在的问题

党中央、国务院和建设行政主管部门历来把工程建设领域的安全生产置于十分重要的地位，确立了以人为本，坚持安全发展，坚持安全第一、预防为主、综合治理的方针，并通过加强法律制度建设，切实保障国家财产和人民生命安全。建筑施工安全生产取得显著成效，特别是重大以上事故发生率明显降低。在新的历史发展时期，需要引起重视的是，建筑施工安全生产领域依然存在诸多问题，必须高度关注。

一是安全生产事故呈现高压态势。根据住房和城乡建设部近10年发布的《关于房屋市政工程生产安全事故情况的通报》中所披露的数据，从2009~2018年，全国房屋市政工程领域发生生产安全事故5931起，事故死亡人数7190人，见表1-1所示。生产安全事故起数和事故死亡人数这两项指标均排名在国民经济产业部门的前列。

全国房屋与市政工程安全生产事故总体情况 表1-1

年份	事故发生起数	与上年相比		事故死亡人数	与上年相比		备注
		增减	幅度		增减	幅度	
2009	684	−130	−16.0%	802	−187	−18.9%	
2010	627	−57	−8.3%	772	−30	−3.7%	
2011	589	−38	−6.1%	738	−34	−4.4%	
2012	487	−102	−17.3%	624	−114	−15.4%	
2013	524	+37	+7.6%	670	+46	+7.4%	
2014	518	−6	−1.14%	648	−22	−3.3%	
2015	442	−96	−18.5%	554	−94	−14.5%	

年份	事故发生起数	与上年相比		事故死亡人数	与上年相比		备注
		增减	幅度		增减	幅度	
.2016	634	＋192	＋43.4％	735	＋181	＋32.7％	
2017	692	＋58	＋9.2％	807	＋72	＋9.8％	
2018	734	＋42	＋6.1％	840	＋33	＋4.1％	
合计	5931			7190			

二是近几年来，生产安全事故的发生率有回升的现象。从 2009～2015 年，安全生产事故呈现逐年下降的趋势，但从 2015～2018 年，却呈现了反弹回升的势头（如图 1-1 所示）。形成这种势头的原因是多方面的，需要从理论到实践的不同途径，探究解决问题的办法和政策措施。

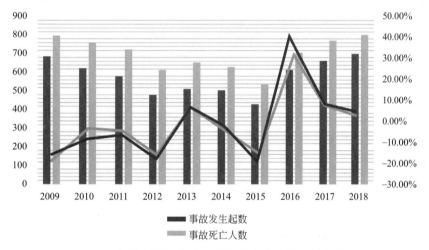

图 1-1　全国房屋与市政工程安全生产事故变动趋势图

三是较大安全生产事故发生起数呈下降趋势，但事故造成的死亡人数所占比重仍然较大。见表 1-2。

全国房屋与市政工程较大安全生产事故情况　　　　表 1-2

年份	事故发生起数	与上年相比		事故死亡人数	与上年相比		备注
		增减	幅度		增减	幅度	
2010	29	—	—	135	—	—	
2011	25	−4	−13.79％	110	−15	−12.00％	
2012	29	＋4	＋16.00％	121	＋11	＋10.00％	
2013	25	−4	−13.79％	102	−19	−15.70％	
2014	29	＋4	＋16.00％	105	＋3	＋2.94％	
2015	22	−7	−24.14％	85	−20	−19.05％	
2016	27	＋5	＋22.73％	94	＋9	＋10.59％	

续表

年份	事故发生起数	与上年相比		事故死亡人数	与上年相比		备注
		增减	幅度		增减	幅度	
2017	23	−4	14.81%	90	−4	−4.26%	
2018	22	−1	−4.3%	87	−3	−3.3%	
合计	**231/5247=4.4%**			**222/6338=3.5%**			

  四是生产安全事故类型结构中，长期占据主要地位的问题未有改观。2014～2018年房屋市政工程各类型安全生产事故发生数量及其占各年度事故总数的百分比，如表1-3所示。

2014～2018年房屋市政工程安全生产事故类型统计表 表1-3

年份	生产安全事故类型（起数/百分比）												合计
	高处坠落		物体打击		坍塌		起重伤害		机械伤害		触电、车辆伤害、火灾及其他		
2014年	276	53.28%	63	12.16%	71	13.71%	50	9.65%	18	3.47%	40	7.72%	518
2015年	235	53.17%	66	14.93%	59	13.35%	32	7.24%	23	5.20%	27	6.43%	442
2016年	333	52.52%	97	15.30%	67	10.57%	56	8.83%	31	4.90%	50	7.89%	634
2017年	331	47.83%	82	11.85%	81	11.71%	72	10.40%	33	4.77%	93	13.44%	692
2018年	383	52.20%	112	15.20%	54	7.30%	55	7.50%	43	5.90%	87	11.90%	734
合计	**1558**	**51.59%**	**420**	**13.91%**	**332**	**10.99%**	**265**	**8.77%**	**148**	**4.90%**	**297**	**9.83%**	**3020**

  根据表1-3的数据，2014～2018年，全国房屋与市政工程共发生事故数量3020起，其中高处坠落事故1558起，物体打击事故420起，坍塌事故332起，起重伤害事故265起，机械伤害事故148起，触电、车辆伤害、火灾及其他事故297起。各类型安全生产事故占事故总数的百分比如图1-2所示。高处坠落是建筑施工过程中发生最频繁的事故，占事故总数的50%以上，其次为物体打击、坍塌事故、起重伤害事故、机械伤害事故。这种事故类型结构状况较长时间没有得到改变。

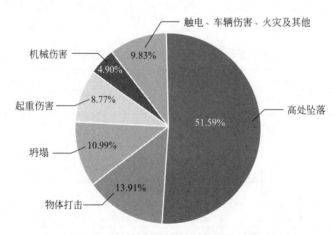

图1-2 2018年建筑施工生产安全各类事故比例

五是安全生产意识淡薄，违章指挥、违章操作、违反劳动纪律的"三违"现象依然存在。特别是在施工现场操作一线，由于作业队伍主体成员是来自农村的劳动力，他们接受专业操作培训、安全生产技能培训严重不足，往往成为安全生产事故的肇事者和受害者。

六是安全生产责任落实不到位。安全生产责任制是最基本的安全生产管理制度，是所有安全生产管理制度的核心。很多建筑施工企业，在责任制度的横向和纵向分解上并未将安全生产责任分解到相关单位的主要负责人、项目负责人、班组长以及每个岗位的作业人员，存在缺位和失控现象。

七是安全生产控制和监管的信息化手段应用普及面不广。现代化信息技术与传统安全生产管理措施的融合是推动本质安全的发展趋势。由于缺少资金投入和主观上重视不够，基于现代化手段的安全生产控制和监管还有很大的上升空间。

党的十八大以来，以习近平总书记为核心的党中央高度重视安全生产管理工作，针对安全生产系统地作出了一系列重要指示：一是强化红线意识、实施安全发展战略；二是抓紧建立健全安全生产责任体系；三是强化企业主体责任落实；四是加快安全监管改革创新；五是全面构建长效机制；六是领导干部要敢于担当。习近平总书记关于安全生产管理的重要论述是在新时代做好全国安全生产工作和建设工程安全生产创新发展的根本遵循和指导思想，必须在实际工作中坚定不移贯彻始终。

第二章 工程质量与安全生产管理体系

第一节 建设工程质量管理体系

一、建设工程质量形成的特殊性

1.建设工程质量影响因素多。例如：设计、材料、机械、地形、地质、水文、气象、施工工艺、操作方法、技术措施、管理制度等，均直接影响建筑产品的质量。

2.建设工程容易产生质量变异。建筑产品生产不像工业产品生产那样，有固定的自动线和流水线，有规范化的生产工艺和完善的检测技术，有成套的生产设备和稳定的生产环境，有相同系列规格和相同功能的产品，因此，很容易产生质量变异。例如，材料性能微小的差异、机械设备正常的磨损、操作上微小的变化、环境微小的波动等，均会引起偶然性因素的质量变异；使用材料的规格和品种有误、施工方法不妥、操作不按规程、机械故障、仪表失灵、设计计算错误等，则会引起系统性因素的质量变异，造成工程质量事故。

3.建设工程质量具有隐蔽性。在建筑产品生产过程中，由于工序交接多、中间产品多、隐蔽工程多，若不及时检查并发现其存在的质量问题，完工后表面质量可能很好，从而容易产生判断错误，导致不合格的产品被确认为是合格的产品。

4.建设工程质量检验的不可逆性。工程质量检查时不能解体、拆卸。建筑产品成型后，不可能像某些工业产品那样，再拆卸或解体来检查其内在的质量或重新更换零件；根据构件组装的一般规定，即使发现质量有问题，也不可能像工业产品那样可轻易报废、推倒重来。

二、建设工程质量管理体系的相关概念

1. 质量管理七项原则

质量管理应遵循的七大原则是：（1）以顾客为关注焦点；（2）领导作用；（3）全员参与；（4）过程方法；（5）循证决策；（6）改进；（7）关系管理。

2. 建立质量管理体系的思想

建立质量管理体系的思想包括：（1）全面质量管理；（2）全过程质量管理；（3）全员质量管理。

3. 建立质量管理体系的方法

建立质量管理体系的基本方法是 PDCA 循环（戴明环），即（1）计划（确定目标和行

动方案）；（2）实施（交底和落实计划）；（3）检查（方案是否执行和执行结果）；（4）处置（纠偏和改进）。

4. 质量管理体系文件

质量管理体系文件包括四个层次：质量方针和质量目标、质量手册、程序文件、质量记录。

（1）质量方针和质量目标。是企业质量管理的方向目标，是企业质量理念的反映，是企业响应用户需求的承诺和质量水平。

（2）质量手册。是对企业质量体系的系统、完整的描述，是企业质量管理系统的纲领性文件。包括：质量方针、质量目标；组织机构及质量职责；体系要素；手册评审、修改和控制的管理办法。

（3）程序文件。包括：1）文件控制程序；2）质量记录管理程序；3）内部审核程序；4）不合格品控制程序；5）纠正措施控制程序；6）预防措施控制程序。

（4）质量记录。对运行过程及控制测量检查的内容如实记录，用以证明产品质量达到合同要求及质量保证的满足程度。质量记录应以规定的形式和程序进行，具有可追溯性。

第二节　建设工程安全生产管理体系

一、职业健康安全管理体系标准

1. 标准的名称

目前，我国推荐采用的职业健康安全管理体系标准覆盖了国际上通行的 OHSAS 体系标准：《职业健康安全管理体系　要求》GB/T 28001—2011；《职业健康安全管理体系实施指南》GB/T 28002—2011。

2. 标准的定义

根据《职业健康安全管理体系　要求》GB/T 28001—2011 的定义，职业健康安全是指影响或可能影响工作场所内的员工或其他工作人员（包括临时工和承包方员工）、访问者或任何其他人员的健康安全的条件和因素。

二、职业健康安全管理体系的结构和模式

1. 职业健康安全管理体系的结构

《职业健康安全管理体系　要求》GB/T 28001—2011 的结构组成：（1）范围；（2）规范性引用文件；（3）术语和定义；（4）职业健康安全管理体系要求。如图 2-1 所示。

2. 职业健康安全管理体系的运行模式

《职业健康安全管理体系　要求》GB/T 28001—2011 在确定职业健康安全管理体系模式时，强调按系统理论管理职业健康安全事务，以达到预防和减少生产事故、劳动疾病的

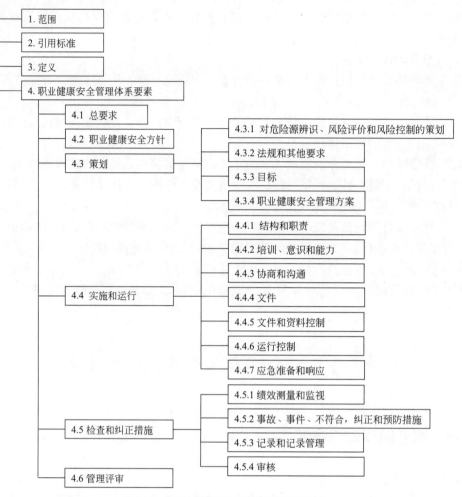

图 2-1　职业健康安全管理体系的结构

目的。在具体实施中采用了戴明模型，即一种动态循环并螺旋上升的系统化管理模式，如图 2-2 所示。

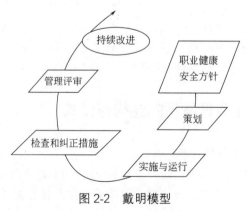

图 2-2　戴明模型

3. 职业健康安全管理体系要素之间的关系

职业健康安全管理体系包括两种类型 17 个基本要素：

第一类：核心要素 10 个——体现主体框架和基本功能。10 个核心要素包括：（1）职业健康安全方针；（2）对危险源辨识、风险评价和风险控制的策划；（3）法规和其他要求；（4）目标；（5）结构和职责；（6）职业健康安全管理方案；（7）运行控制；（8）绩效测量和监视；（9）审核；（10）管理评审。

第二类：辅助要素 7 个——支持主体框架和保证实现基本功能。7 个辅助要素包括：（1）培训、意识和能力；（2）协商和沟通；（3）文件；（4）文件和资料控制；（5）应急准备和响应；（6）事故、事件、不符合、纠正和预防措施；（7）记录和记录管理。

三、建设工程职业健康安全管理的要求

1. 建设工程项目决策阶段

建设单位按照建设工程法律法规的规定和强制性标准的要求，办理有关安全方面的手续。

2. 建设工程设计阶段

设计单位按照建设工程法律法规的规定和强制性标准的要求，进行有关安全设施方面的设计，注明重点部位，对预防生产安全事故提出措施建议；在工程总概算中，明确工程安全施设费用、安全施工措施费用。

3. 建设工程施工阶段

建设单位申领施工许可证，提供安全施工措施资料；施工单位对本企业的施工生产安全负有全面责任，企业法定代表人是安全生产的第一负责人，项目经理是施工项目生产安全的主要负责人。实行总承包的，总承包单位和分包单位对分包工程的安全生产承担连带责任。

4. 建设工程竣工阶段

建设单位向主管部门申请专项设施的竣工验收。

四、建设工程职业健康安全管理体系的建立

建立职业健康安全管理体系有 8 个步骤：

（1）领导决策。

（2）成立工作组。

（3）人员培训。

（4）初始状态评审。

（5）制定方针、目标、指标和管理方案。职业健康安全管理方针是组织对其职业健康安全行为的原则和意图的声明，也是组织自觉承担其责任和义务的承诺。方针为组织确定了总的指导方向和行动准则，是评价后续活动的依据，为具体的目标和指标提供一个框架。

（6）管理体系策划与设计。包括确定文件结构、确定文件编写格式、确定各层次文件名称及编号、制定文件编写计划、安排文件审查、审批和发布。

（7）体系文件编写。职业健康安全管理体系文件包括三个层次：1）管理手册；2）程

序文件；3）作业文件。

建设工程职业健康安全管理体系文件的编写和实施应遵循以下原则：标准要求的要写到；文件写到的要做到；做到的要有有效记录。

（8）文件的审查、审批和发布。文件编写完成后，应进行审查，经审查、修改、汇总后进行审批，然后按权限发布。

五、建设工程职业健康安全管理体系的运行与维持

1. 管理体系的运行

职业健康安全管理体系的运行包括的工作内容有：（1）培训意识与能力；（2）信息交流；（3）文件管理；（4）执行控制程序文件的规定；（5）监测；（6）不符合项的纠正和预防措施；（7）记录。

2. 管理体系的维持

（1）内部审核。内部审核是组织对体系是否正常运行以及是否达到了规定的目标所做的独立的检查和评价，是管理体系自我保证和自我监督的一种机制。

（2）管理评审。管理评审是由组织的最高管理者对管理体系的系统评价，由此判断组织的管理体系面对内部情况和外部环境的变化是否充分适应有效，并决定是否对管理体系进行调整。

（3）合规性评价。为了履行遵守法律法规要求的承诺，合规性评价分为公司级评价和项目级评价两个层次。1）公司级评价：每年进行一次；2）项目级评价：当项目施工时间超过半年时，合规性评价不少于一次。

第三章　工程质量与安全生产管理的法律法规

　　建筑业是国民经济的支柱产业、民生产业和基础产业。建筑产品的工程造价通常很高，若其主体结构或隐蔽工程发生质量问题，因难以弥补而造成巨大的经济损失。作为劳动密集型行业，由于其特殊的作业方式，工程安全生产事故一旦发生将会对作业者的生命安全和健康带来严重伤害，进而造成巨大的经济和社会影响。保障工程质量和安全生产是关系国计民生的大事，党中央和各级政府高度重视工程质量和安全生产。为防止工程质量和安全生产事故的发生、保障人民的生命和财产安全，需要采取法律手段，从立法角度来规范建设者的行为。改革开放以来，我国建设工程相关法律法规体系建设取得了很大成果，初步建立了以《建筑法》《建设工程质量管理条例》《建设工程安全管理条例》《建设工程勘察设计管理条例》和《最高人民法院关于审理建设工程施工合同纠纷案件适用法律问题的解释》等法律、行政法规为主体，以建设部门颁布的大量部门规章为辅助和补充的建设法规体系，并以此来规范和引导建筑市场，促进建筑行业持续健康和高质量发展。

第一节　法律法规

一、相关法律法规

　　1978 年改革开放以后，为了适应中国社会主义现代化建设的需要，在国家层面上，开始全面建设、恢复和发展中国特色社会主义建设法律体系。《中华人民共和国建筑法》《中华人民共和国安全生产法》《建设工程安全生产管理条例》等法律法规的相继颁布实施，标志着在建设工程质量和安全生产领域法律制度建设目标的基本实现，对于规范和增强建设工程各方主体的质量行为、安全行为，强化和提高政府安全工程质量、安全生产监管水平和依法行政能力，保障从业人员和广大人民群众的生命财产安全，具有十分重要的意义。进入 21 世纪后，全国人大、国务院和相关部委又相继颁布了多部与建设工程质量和安全生产相关的法律法规，完善和深化了建设工程领域质量和安全生产法律法规体系。

　　在党的十八大报告中，习近平总书记明确指出：安全生产事关人民福祉，事关经济社会发展大局。并强调要严格落实安全生产责任制，完善安全监管体制，强化依法治理，不断提高全社会安全生产水平，更好地维护广大人民群众生命财产安全。为在新时代做好工程质量和安全生产管理规定了新高度、提出了新目标。随着中国特色社会主义市场经济进入新时代，实现两个一百年奋斗目标日益临近，建设工程质量和安全生产领域也出现了很多新情况。例如，超高层、长距离、超大规模、结构复杂工程数量不断增多，工程建设过程质量和安全生产管理的复杂性加大；以装配式建筑、智能建筑、绿色建筑为代表的现代建筑的普及率日益提高，建筑产品建造过程的质量和安全技术精度要求更加严格；以农民工为主体的建筑产业工人队伍业务素质低，对操作人员不安全行为的控制难度大；建筑业企业混合所有制改革形成的多元化治理结构和组织形式产生了多样化决策机制，优质工程和本质安全目标实现的成本加大；"**一带一路**"倡议赢得高度认同后形成了我国建筑业企业大范围参与国际建筑市场竞争的新格局，以融投资带动的新型建造方式承接的国际工程项目越来越多，对接国际化职业健康安全环境和安保要求的资金投入增多。这些新的发展态势都给工程质量、安全生产管理手段、技术、方法、措施等提出了新的要求。为此，国务院和各相关部委深入学习习近平总书记新时代中国特色社会主义思想、贯彻落实"**创新、协调、绿色、开放、共享**"的发展理念，在不断对已经颁布实施的法律法规和部门规章进行修订、以提高法律法规的适用性和有效性的同时，加大了对基础设施类建设工程领域工程质量和安全生产法律法规的立法力度。

总之，历经 40 多年改革开放，特别是党的十八大以来，全国人大及各级政府先后颁布和修订了一系列工程质量、安全生产法律法规和部门规章、标准规范、政策文件，极大地促进了在工程建设过程中落实职责、明确责任、规范行为、强化约束、消除隐患、确保投入，提高工程质量和安全生产水平，减少安全生产事故。可以认为，目前我国已经初步建立了较为完整的建设工程质量和安全生产法律法规体系，满足了我国社会主义市场经济体制改革的需求，完善了建筑业行业管理体制和工程项目管理机制，奠定了构建国际工程建设市场竞争新格局的基础。

目前，常用的建设工程质量和安全生产法律法规主要有：

（一）《中华人民共和国建筑法》；

（二）《中华人民共和国安全生产法》；

（三）《中华人民共和国特种设备安全法》；

（四）《建设工程质量管理条例》；

（五）《建设工程勘察设计管理条例》；

（六）《建设工程安全生产管理条例》；

（七）《特种设备安全监察条例》；

（八）《安全生产许可证条例》；

（九）《生产安全事故报告和调查处理条例》；

（十）《生产安全事故应急条例》。

二、法律法规中的工程质量与安全生产要求

本节简要介绍工程建设领域相关法律法规中对工程质量和安全生产的基本规定。

（一）《中华人民共和国建筑法》

《中华人民共和国建筑法》（以下简称《建筑法》）是我国第一部规范建筑活动的部门法律。为了加强对建筑活动的监督管理，维护建筑市场秩序，保证建筑工程的质量和安全，促进建筑业健康发展，1997 年 11 月 1 日第八届全国人民代表大会常务委员会第 28 次会议审议通过了该法律，并从 1998 年 3 月 1 日起正式施行。现行有效的是 2011 年 4 月 22

日由第十一届全国人民代表大会常务委员会第 20 次会议修订的版本。在《中华人民共和国安全生产法》出台之前的一段时间内《建筑法》是规范我国工程质量和安全生产的唯一一部法律。它的颁布为工程质量和安全生产提供了法律保障。

《建筑法》第三条规定"**建筑活动应当确保建筑工程质量和安全，符合国家的建筑工程安全标准。**"在建筑活动中确保建筑工程质量和安全的基本要求，是必须符合国家的建筑工程安全标准。国家的建筑工程安全标准，包括有关涉及建筑工程安全的国家标准、行业标准。《中华人民共和国标准化法》第七条和第十四条规定。"**国家标准、行业标准分为强制性标准和推荐性标准。保障人体健康、人身、财产安全的标准和法律、行政法规规定强制执行的标准是强制性标准。**""**强制性标准，必须执行。**"依照本法和《标准化法》的规定，凡是依法制定的有关建筑工程安全的国家标准和行业标准，包括列入国家标准或行业标准的有关建筑工程安全的勘察、设计、施工、验收的技术规范、技术要求和方法，都属于强制性标准，各有关方面必须严格按照执行。建筑工程的建设单位不得以任何理由，要求建筑设计单位或者施工企业在工程设计或施工作业中，违反有关建筑工程安全的国家标准和行业标准的规定，降低工程质量；建筑工程的勘察、设计单位和施工企业，必须按照国家或行业有关建筑工程安全标准的要求进行勘察、设计和施工；建筑工程监理单位也必须按照安全标准进行工程监理。当然，有关建筑工程安全的国家或行业标准，是保障建筑工程安全的基本要求，建筑工程的发包方和承包方可以在合同中约定严于国家标准或行业标准的工程质量要求，但不得以合同约定低于国家或行业安全标准的质量要求。

《建筑法》将保证建筑工程的质量和安全放在核心地位，作了若干重要规定。规定有保证工程质量和安全的具体措施才能申请领取施工许可证，将"**有保证工程质量和安全的具体措施**"作为工程开工的必备条件之一，为工程质量和安全提供法律保障。

(二)《中华人民共和国安全生产法》

为了加强安全生产工作，防止和减少生产安全事故，保障人民众生命和财产安全，促进经济社会持续健康发展，2002 年 6 月 29 日经全国人大常委会三次审议正式通过《中华人民共和国安全生产法》(以下简称《安全生产法》)，之后分别在 2009 年和 2014 年对该法进行了修订。现行有效的是 2014 年 8 月 31 日由中华人民共和国第十二届全国人民代表大会常务委员会第十次会议通过修订，并从 2014 年 12 月 1 日起施行。该法是我国安全生产领域的综合性基本法，它的颁布实施是我国安全生产领域的一件大事，是我国安全生产监督与管理正式纳入法制化管理轨道的重要标志，是"**以人为本，关爱生产，热爱生命，尊重人权、关注安全生产**"的具体体现。也是我国为加强安全生产监督管理，防止和减少安全生产事故，保障人民群众生命财产安全所采取的一项具有战略意义、标本兼治的重大措施。

安全生产是指在生产经营活动中，为避免发生人员伤害和财产损失的事故，有效消除或控制危险和有害因素而采取一系列措施，使生产过程在符合规定的条件下进行，以保证从业人员的人身安全与健康以及设备和设施免受损坏，环境免遭破坏，保证生产经营活动得以顺利进行的相关活动。在市场经济条件下，从事生产经营活动的市场主体为了追求利益的最大化，在生产经营活动中往往都是以营利为目的。如果不注重安全生产，一旦发生事故，不但给他人的生命财产造成损害，生产经营者自身也会遭受重大损失。因此，保证生产安全，首先是生产经营单位自身的责任，既是对社会负责，也是对生产经营者自身利益负责。同时，国家作为社会公共利益的维护者，为了保障人民群众的生命财产安全，为了全体社会成员的共同利益，也必须运用国家权力，加强安全生产工作，对安全生产实施有效的监督管理。

生产安全事故是指生产经营单位在生产经营活动中突然发生的，伤害人身安全和健康、损坏设备设施或者造成直接经济损失，导致生产经营活动暂时中止或永远终止的意外事件。按照国务院关于生产安全事故报告和调查处理条例和规定，根据生产安全事故造成的人员伤亡或者直接经济损失，将事故分为四个等级：特别重大事故、重大事故、较大事故、一般事故。许多作业活动都存在着某些可能会对人身和财产安全造成损害的危险因素。如果在生产经营活动中对各种潜在的危险因素缺乏认识，或者没有采取有效的预防、控制措施，这种潜在的危险就会造成导致人身伤害和财产损害的生产安全事故。因此，保证生产安全，预防和减少事故发生，成为生产经营活动中最重要的主题。虽然有些事故还难以安全避免，但只要对安全生产高度重视，加大投入，严格遵守法律、法规、规章和操作规程，事故是可以预防和降到最低程度的。制定安全生产法，从法律制度上规范生产经营单位的安全生产行为，确立保障安全生产的法定措施，并以国家强制力保障这些法定制度和措施得以严格贯彻执行，就是为了防止和减少生产安全事故。

1. 安全生产工作的基本原则

该法第三条规定"安全生产工作应当以人为本，坚持安全发展，坚持安全第一、预防为主、综合治理的方针，强化和落实生产经营单位的主体责任，建立生产经营单位负责、职工参与、政府监管、行业自律和社会监督的机制。"以人为本，就是要以人的生命为本，在一个企业内，人的智慧、力量得到发挥，企业才能生存发展壮大。职工是企业效益的创造者，企业是职工获取人生财富、实现人生价值的场所和舞台。作为生产经营单位，在生产经营活动中，要做到以人为本，就要以尊重职工，爱护职工，维护职工的人身安全为出发点，以消灭生产过程中的潜在隐患为主要目的。要关心职工人身安全和身体健康，不断改善劳动环境和工作条件。真正做到干工作为了人，干工作依靠人，绝不能为了发展经济以牺牲人的生命作为代价，这就是以人为本。具体来讲就是，当人的生命健康和财产面临冲突时，首先应当考虑人的生命健康，而不是首先考虑和维护财产利益。安全发展的基本原则是统筹兼顾，协调发展。正确处理安全生产与经济社会发展、与速度质量效益的关系，坚持把安全生产放在首要位置，促进区域、行业领域的科学、安全、可持续发展战略，坚持依法依规，综合治理。健全完善安全生产法律法规、制度标准体系，严格安全生产执法，严厉打击非法违法行为，综合运用法律、行政、经济手段，推动安全生产工作规范、有序、高效开展。坚持重在预防，落实责任。加大安全投入，严格安全准入，深化隐患排查治理，筑牢安全生产基础，全面落实企业安全生产主体责任、政府及部门监管责任和属地管理责任。

2. 安全生产总的指导方针

坚持安全第一、预防为主、综合治理的方针是开展安全生产工作总的指导方针。

（1）安全第一。在生产经营活动中，在处理保证安全与实现生产经营活动的其他各项目标的关系上，要始终把安全特别是从业人员和其他人员的人身安全放在首位，实行"**安全优先**"的原则。在确保安全的前提下，努力实现生产经营的其他目标。当安全工作与其他活动发生冲突和矛盾时，其他活动要服从安全，绝不能以牺牲人的生命、健康、财产损失为代价换取发展和效益。安全第一，体现了以人为本的思想，是预防为主，综合治理的统率，没有安全第一的思想，预防为主就失去了思想支撑，综合治理就失去了整治依据。

（2）预防为主。是安全生产方针的核心和具体体现，是实施安全生产的根本途径，也是实现安全第一的根本途径。所谓预防为主，就是要把预防生产安全事故的发生放在安全生产工作的首位。对安全生产的管理，主要不是在发生事故后去组织抢救，进行事故调查，找原因、追责任、堵漏洞，而要谋事在先、尊重科学、探索规律，采取有效地事前控制措施，千方百计预防事故的发生，做到防患于未然，将事故消灭在萌芽状态。虽然人类在生产活动中还不可能完全杜绝安全事故的发生，但只要思想重视，预防措施得当，绝大部分事故特别是重大事故是可以避免发生的，坚持预防为主，就要坚持培训教育为主。在提高生产经营单位主要负责人、安全管理人员和从业人员的安全素质上下功夫，最大限度地减少违章指挥、违章作业、违反劳动纪律的现象，努力做到**"不伤害自己，不伤害他人，不被他人伤害"**。只在把安全生产的重点放在建立事故隐患预防体系上，超前防范，才能有效地减少事故造成的损失，实现安全第一。

（3）综合治理。将**"综合治理"**纳入安全生产方针，标志着对安全生产的认识上升到一个新的高度，是贯彻落实科学发展观的具体体现。所谓综合治理，就是要综合运用法律、经济、行政等手段，从发展规划、行业管理、安全投入、科技进步、经济政策、教育培训、安全文化以及责任追究等方面着手，建立安全生产长效机制。综合治理，秉承**"安全发展"**的理念，从遵循和适应安全生产的规律出发，运用法律、经济、行政等手段，多管齐下，并充分发挥社会、职工、舆论的监督作用，形成标本兼治、齐抓共管的格局。综合治理，是一种新的安全管理模式，它是保证**"安全第一，预防为主"**的安全管理目标实现的重要手段和方法，有不断健全和完善综合治理工作机制，才能有效贯彻安全生产方针。

3. 安全生产标准化

安全生产标准化包含安全目标、组织机构和人员、安全责任体系、安全生产投入、法律法规与安全管理制度、队伍建设、生产设备设施、科技创新和信息化、应急救援、事故的报告和调查处理、绩效评定和持续改进16个方面。

4. 相关人员的安全生产责任

本法第五条规定**"生产经营单位的主要负责人对本单位的安全生产工作全面负责。"**安全生产工作是企业管理工作中的重要内容，涉及企业生产经营活动的各个方面，必须要由企业**"一把手"**统一领导，统筹协调，负全面责任。生产经营单位可以安排副职负责人协助主要负责人分管安全生产工作，但不能因此减轻或免除主要负责人对本单位安全生产工作所负的全面责任。生产经营单位的安全生产不仅关系到本单位的从业人员人身安全和财产安全，还可能影响社会公共安全。生产经营单位的主要负责人对安全生产全面负责，不仅是对本单位的责任，也是对社会应负的责任，按照本法第十八条和第二十条的规定，生产经营单位的主要负责人对本单位安全生产工作所负的职责包括：保证本单位安全生产所需的资金投入；建立本单位安全生产责任制；组织制定本单位的安全生产规章制度和操作规程；组织制定并实施本单位安全生产教育和培训计划；督促、检查本单位的安全生产工作，及时消除生产安全事故隐患；组织制定并实施本单位的生产安全事故应急救援预案；及时、如实报告生产安全事故等。生产经营单位的主要负责人应当依法履行自己在安全生产方面的职责，做好本单位的安全生产工作。

第六条规定"**生产经营单位的从业人员有依法获得安全生产保障的权利，并应当依法履行安全生产方面的义务。**"生产经营单位的从业人员，是指该单位从事生产经营活动各项工作的所有人员，包括管理人员、技术人员和各岗位的工人，也包括生产经营单位临时聘用的人员和被派遣劳动者。按照本条规定，生产经营单位的从业人员有依法获得安全生产保障的权利。对从业人员的安全生产保障，关系到从业人员的生命安全。从业人员有获得安全生产保障的权利，它是劳动者应享有的基本人权。各国和有关国际组织对此都给予高度重视，以立法予以保障。《安全生产法》作为安全生产的专门法，在有关条款中，对从业人员获得安全生产保障的权利作了具体规定。按照《安全生产法》规定，从业人员享有的安全生产保障权利主要包括：

（1）有关安全生产的知情权。包括获得安全生产教育和技能培训的权利，被如实告知作业场所和工作岗位存在的危险因素、防范措施及事故应急措施的权利。

（2）有获得符合国家标准的劳动防护服务用品的权利。

（3）有对安全生产问题提出批评、建议的权利。从业人员有权对本单位安全生产管理工作存在的问题提出建议、批评、检举、控告，生产经营单位不得因此作出对从业人员不利的处分。

（4）有对违章指挥的拒绝权。从业人员对管理者作出的可能危及安全的违章指挥，有权拒绝执行，并不得因此受到对自己不利的处分。

（5）有采取紧急避险措施的权利。从业人员发现直接危及人身安全的紧急情况时，有权停止作业或者在采取紧急措施后撤离作业场所，并不得因此受到对自己不利的处分。

（6）在发生生产安全事故后，有获得及时抢救和医疗救治并获得工伤保险赔付的权利。

按照本条规定，生产经营单位的从业人员应当依法履行安全生产方面的义务。从业人员在享有获得安全生产保障权利的同时，也负有以自己的行为保证安全生产的义务。主要包括：

（1）在作业过程中必须遵守本单位的安全生产规章制度和操作规程，服从管理，不得违章作业。

（2）接受安全生产教育和培训，掌握本职工作所需要的安全生产知识。

（3）发现事故隐患应当及时向本单位安全生产管理人员或主要负责人报告。

（4）正确使用和佩戴劳动防护用品。只有每个从业人员都认真履行自己在安全生产方面的法定义务，生产经营单位的安全生产工作才能有保证。实践中，许多生产安全事故发生的原因，都是由于从业人员违章操作，或者不遵守规章制度造成的。因此，从业人员认真履行安全生产义务，是生产经营单位能够真正做到安全生产的非常重要的因素。

（三）《中华人民共和国特种设备安全法》

《中华人民共和国特种设备安全法》由全国人民代表大会常务委员会于2013年6月29日发布，自2014年1月1日起施行。近年来，随着我国经济的快速发展，特种设备数量迅猛增长，安全保障压力不断增大，该法的颁布实施是为了加强特种设备安全工作，预防特种设备事故，保障人身和财产安全，促进经济社会发展而制定。特种设备是指对人身和财产安全有较大危险性的锅炉、压力容器（含气瓶）、压力管道、电梯、起重机械、客运索道、大型游乐设施、场（厂）内专用机动车辆等 8 类，这些设备潜在危险性较大，一旦发生事故容易造成群死群伤、重大经济损失和较大社会影响。这些设备的生产（包括设计、制造、安装、改造、修理）、经营、使用、检验、检测和安全的监督管理，适用本法。本法确立了企业承担安全主体责任、政府履行安全监管职责和社会发挥监督作用三位一体的特种设备安全工作新模式。

该法第三条规定"**特种设备安全工作应当坚持安全第一、预防为主、节能环保、综合治理的原则。**"特种设备安全如同生产安全一样，所有的工作都是将安全放在第一位，其中人的生命是首要的重中之重，这也是社会进步的表现。特种设备安全工作涉及各方面的利益，尤其是经济利益，因此也会产生矛盾。比如，强化特种设备的安全性能，会因增加强度和刚度，来增加材料；会为保护安全，设置安全保护装置；会为加强可靠性，进行破坏性的型式试验等；这些措施都会增加设备本身的成本；采取许可、要求建立质量保证体系、加强人员培训考核、强化运行管理，实行监督检验就会增加管理成本。

第二十三条规定"**特种设备安装、改造、修理的施工单位应当在施工前将拟进行的特种设备安装、改造、修理情况书面告知直辖市或者设区的市级人民政府负责特种设备安全监督管理的部门。**"施工告知的目的是便于安全监督管理部门审查从事活动的有关企业的资格是否符合所从事活动的要求，审查安装的设备是否为合法生产、改造，修理工艺方法是否会降低设备的安全性能等，同时也能够及时掌握新安装设备和在用设备的改动情况，便于安排现场监察和检验工作，便于动态监管，有别于行政许可的性质和功能。为便于企业告知，接受告知的安全监督管理部门应按规定公布需要书面告知的内容、提供的材料、接受书面告知的地址。安全监督管理部门收到告知后，应及时审查，对无问题的将告知文件存档，并将有关情况通知注册登记和安装验收检验机构；对不符合要求的，应立即与施工单位联系，当确认其违反规定的，应责令停止施工，必须在有关问题纠正后，才可继续施工。安全监督管理部门在处理告知时必须注意，即不能过于烦琐，影响守法企业的施工；又不能置之不理，导致企业的失误不能及时发现，给后续的行政管理工作带来麻烦。

第二十四条规定"**特种设备安装、改造、修理竣工后，安装、改造、修理的施工单位应当在验收后三十日内将相关技术资料和文件移交特种设备使用单位。特种设备使用单位应当将其存入该特种设备的安全技术档案。**"第七十八条规定"**违反本法规定，特种设备安装、改造、修理的施工单位在施工前未书面告知负责特种设备安全监督管理的部门即行施工的，或者在验收后三十日内未将相关技术资料和文件移交特种设备使用单位的，责令限期改正；逾期未改正的，处一万元以上十万元以下罚款。**"特种设备的安装、改造、修理活动的技术资料是说明其活动是否符合国家有关规定证明材料，也涉及许多设备的安全性能参数，这些材料与设计、制造文件同等重要，必须及时移交给使用单位，这是施工单位必须履行的义务。为了留出资料的整理时间，本条规定了验收后 30 日内移交。验收是指建设单位与施工单位同意结束安装、改造、维修活动，并签署有关验收文件。

（四）《建设工程质量管理条例》

为了加强对建设工程质量的管理，保证建设工程质量，保护人民生命和财产安全，

2000 年 1 月 10 日国务院第 25 次常务会议通过，2000 年 1 月 30 日发布起施行《建设工程质量管理条例》。该条例是《建筑法》颁布实施后制定的第一部配套的行政法规，也是我国第一部建设工程质量条例。该条例的颁布目的是对《建筑法》确立的一些制度和法律责任作出更进一步的规定，对参与建筑活动的各方主体的责任和义务予以明确，对处罚的额度予以明确，以便实际执行。

该条例第二条规定"**凡在中华人民共和国境内从事建设工程的新建、扩建、改建等有关活动及实施对建设工程质量监督管理的，必须遵守本条例。**"新建，是指从基础开始建造的建设项目。按照国家规定也包括原有基础很小，经扩大建设规模后，其新增固定资产价值超过原有固定资产价值三倍以上，并需要重新进行总体设计的建设项目；迁移厂址的建设工程（不包括留在原厂址的部分），符合新建条件的建设项目。所谓扩建，是指在原有基础上加以扩充的建设项目；包括扩大原有产品生产能力、增加新的产品生产能力以及为取得新的效益和使用功能而新建主要生产场所或工程的建设活动；对于建筑工程，扩建主要是指在原有基础上加高加层（需重新建造基础的工程属于新建项目）。所谓改建，是指不增加建筑物或建设项目体量，在原有基础上，为提高生产效率，改进产品质量，或改变产品方向，或改善建筑物使用功能、改变使用目的，对原有工程进行改造的建设项目。装修工程也是改建。企业为了平衡生产能力，增加一些附属、辅助车间或非生产性工程，也属于改建项目。在改建的同时，扩大主要产品的生产能力或增加新效益的项目，一般称为改扩建项目。从事以上各项建设活动的单位和个人，要按照《条例》的规定，承担相应的责任和义务。

第二条第二款规定"**本条例所称建设工程，是指土木工程、建筑工程、线路管道和设备安装工程及装修工程。**"这里所指的土木工程包括矿山、铁路、公路、隧道、桥梁、堤坝、电站、码头、飞机场、运动场、营造林、海洋平台等工程；建筑工程是指房屋建筑工程，即有顶盖、梁柱、墙壁、基础以及能够形成内部空间，满足人们生产、生活、公共活动的工程实体，包括厂房、剧院、旅馆、商店、学校、医院和住宅等工程；线路、管道和设备安装工程包括电力、通信线路、石油、燃气、给水、排水、供热等管道系统和各类机构设备、装置的安装活动；装修工程包括对建筑物内、外进行以美化、舒适化、增加使用功能为目的的工程建设活动。

建设工程质量，不仅关系到国家建设资金的有效使用，而且关系国家经济持续快速健康发展和人民群众生命财产安全，在社会主义市场经济条件下，政府必须对建设工程质量实行监督管理。从近年来的情况看，工程质量总体上是比较好的，但由于一些单位质量意识淡薄，缺乏必要的监督约束机制，工程建设的一些责任主体行为不规范，例如一些建设单位肢解发包工程，任意压级压价，压缩工期，有些工程不经验收就投入使用等；一些承包单位忽视质量管理，不严格执行国家强制性标准，有些甚至偷工减料，以次充好等，这些行为往往造成恶性工程质量事故，给国家和人民生命财产造成很大损失。因此，要确保建设工程质量，不但需要建设单位、勘察设计单位、施工单位、工程监理单位等责任主体各负其责，各级政府建设行政主管部门和其他有关部门还必须加强对工程建设参与各方主体的行为和工程质量监督管理，加强对有关法律、法规和强制性标准执行情况的检查。

（五）《建设工程勘察设计管理条例》

为了加强对建设工程勘察、设计活动的管理，保证建设工程勘察、设计质量，保护人民生命和财产安全制定。2000 年 9 月 20 日国务院第 31 次常务会议通过并施行《建设工程勘察设计管理条例》。之后分别于 2015 年 6 月 12 日和 2017 年 10 月 23 日对条例进行修改。

本条例第二条规定"**从事建设工程勘察、设计活动，必须遵守本条例。**"建设工程勘察，是指根据建设工程的要求，查明、分析、评价建设场地的地质地理环境特征和岩土工程条件，编制建设工程勘察文件的活动。本条例所称建设工程设计，是指根据建设工程的要求，对建设工程所需的技术、经济、资源、环境等条件进行综合分析、论证，编制建设工程设计文件的活动。建设工程勘察的基本内容是工程测量、水文地质勘察和工程地质勘察。勘察任务在于查明工程项目建设地点的地形地貌、地层土壤岩性、地质构造、水文条件等自然地质条件资料，做出鉴定和综合评价，为建设项目的选址、工程设计和施工提供科学可靠的依据。

本条例所称建设工程设计，是指根据建设工程的要求，对建设工程所需的技术、经济、资源、环境等条件进行综合分析、论证，编制建设工程设计文件的活动。设计是基本建设的重要环节。在建设项目的选址和设计任务书已定的情况下，建设项目是否技术上先进和经济上合理，设计将起着决定作用。按我国现行规定，一般建设项目按初步设计和施工图设计两个阶段进行。对于技术复杂而又缺乏经验的项目，经主管部门指定，需增加技术设计阶段，对于一些大型联合企业、矿区和水利枢纽工程，为解决总体部署和开发问题，还需进行总体规划设计或总体设计。

第三条规定"**建设工程勘察、设计应当与社会、经济发展水平相适应，做到经济效益、社会效益和环境效益相统一。**"第四条规定"**从事建设工程勘察、设计活动，应当坚持先勘察、后设计、再施工的原则。**"第五条规定"**建设工程勘察、设计单位必须依法进行建设工程勘察、设计，严格执行工程建设强制性标准，并对建设工程勘察、设计的质量负责。**"第六条规定"**国家鼓励在建设工程勘察、设计活动中采用先进技术、先进工艺、先进设备、新型材料和现代管理方法。**"这几条法规条文规定的是建设工程勘察设计应该遵守的基本原则，即：（一）建设工程勘察、设计应当与社会、经济发展水平相适应，做到经济效益、社会效益和环境效益相统一。（二）从事建设工程勘察、设计活动，应当坚持先勘察、后设计、再施工的原则。（三）建设工程勘察、设计单位必须依法进行建设工程勘察、设计，严格执行工程建设强制性标准，并对建设工程勘察、设计的质量负责。（四）国家鼓励在建设工程勘察、设计活动中采用先进技术、先进工艺、先进设备、新型材料和现代管理方法。

本条例的第四章对勘察设计文件的编制和实施进行了规定。本条例规定应该依据项目批准文件、城乡规划、工程建设强制性标准和国家规定的建设工程勘察、设计深度要求来编制建设工程勘察、设计文件。铁路、交通、水利等专业建设工程，还应当以专业规划的要求为依据。同时，编制的建设工程勘察文件，应当满足建设工程规划、选址、设计、岩土治理和施工的需要，编制方案设计文件，应当满足编制初步设计文件和控制概算的需要，编制初步设计文件，应当满足编制施工招标文件、主要设备材料订货和编制施工图设计文件的需要，编制施工图设计文件，应当满足设备材料采购、非标准设备制作和施工的需要，并注明建设工程合理使用年限。此外，设计文件中选用的材料、构配件、设备，应当注明其规格、型号、性能等技术指标，其质量要求必须符合国家规定的标准。除有特殊要求的建筑材料、专用设备和工艺生产线等外，设计单位不得指定生产厂、供应商。

本条例还规定，建设单位、施工单位、监理单位不得修改建设工程勘察、设计文件；确需修改建设工程勘察、设计文件的，应当由原建设工程勘察、设计单位修改。经原建设工程勘察、设计单位书面同意，建设单位也可以委托其他具有相应资质的建设工程勘察、设计单位修改。修改单位对修改的勘察、设计文件承担相应责任。施工单位、监理单位发现建设工程勘察、设计文件不符合工程建设强制性标准、合同约定的质量要求的，应当报告建设单位，建设单位有权要求建设工程勘察、设计单位对建设工程勘察、设计文件进行补充、修改。建设工程勘察、设计文件内容需要作重大修改的，建设单位应当报经原审批机关批准后，方可修改。

本条例的第六章是关于违约处罚。工程勘察设计单位的违约责任包括：建设工程勘察、设计单位将所承揽的建设工程勘察、设计转包的，责令改正，没收违法所得，处合同约定的勘察费、设计费25％以上50％以下的罚款，可以责令停业整顿，降低资质等级；情节严重的，吊销资质证书。此外，勘察、设计单位未依据项目批准文件，城乡规划及专业规划，国家规定的建设工程勘察、设计深度要求编制建设工程勘察、设计文件的，责令限期改正；逾期不改正的，处10万元以上30万元以下的罚款；造成工程质量事故或者环境污染和生态破坏的，责令停业整顿，降低资质等级；情节严重的，吊销资质证书；造成损失的，依法承担赔偿责任。工程勘察设计人员的违约责任包括：未经注册，擅自以注册工程勘察、设计人员的名义从事建设工程勘察、设计活动的，责令停止违法行为；已经注册的执业人员和其他专业技术人员，但未受聘于一个建设工程勘察设计单位或同时受聘于两个以上建设工程勘察设计单位从事有关业务活动的，可责令停止执行业务或吊销资格证书。对于上述人员，还要没收其违法所得，处违法所得2倍以上5倍以下的罚款，给他人造成损失的，依法承担赔偿责任。

（六）《建设工程安全生产管理条例》

《建设工程安全生产管理条例》在2003年11月12日国务院第28次常务会议通过，自2004年2月1日起施行。该条例是我国第一部规范建设工程安全生产的行政法规。它的颁布实施是工程建设领域贯彻落实《建筑法》和《安全生产法》的具体表现，标志着我国建设工程安全生产管理进入法制化、规范化发展的新时期。该条例全面总结了我国建设工程安全管理的实践经验，借鉴了国外发达国家建设工程安全管理的成熟做法，对建设活动各方主体的安全责任、政府监督管理、生产安全事故的应急救援和调查处理以及相应的法律责任作了明确规定，确立了一系列符合中国国情以及适应社会主义市场经济要求的建设工程安全管理制度。该条例的颁布实施，对于规范和增强建设工程各方主体的安全行为和安全责任意识，强化和提高政府安全监管水平和依法行政能力，保障从业人员和广大人民群众的生命财产安全，具有十分重要的意义。

该条例第一章总则中规定的内容跟《建设工程质量管理条例》比较相似。本条例第二条规定在中华人民共和国境内从事建设工程的新建、扩建、改建和拆除等有关活动及实施对建设工程安全生产的监督管理，需要遵守本条例。此处的建设工程，是指土木工程、建筑工程、线路管道和设备安装工程及装修工程。第三条规定"**建设工程安全生产管理，坚持安全第一、预防为主的方针。**"第四条规定"**建设单位、勘察单位、设计单位、施工单位、工程监理单位及其他与建设工程安全生产有关的单位，必须遵守安全生产法律、法规**

的规定，保证建设工程安全生产，依法承担建设工程安全生产责任。"第五条规定"国家鼓励建设工程安全生产的科学技术研究和先进技术的推广应用，推进建设工程安全生产的科学管理。"

（七）《特种设备安全监察条例》

为了加强特种设备的安全监察，防止和减少事故，保障人民群众生命和财产安全，促进经济发展，2003 年 2 月 19 日国务院第 68 次常务会议通过《特种设备安全监察条例》，自 2003 年 6 月 1 日起施行。之后于 2009 年 1 月 24 日对其进行了修订。

《特种设备安全监察条例》和《特种设备安全法》是我国特种设备管理领域两个重要的法律法规，《特种设备安全监察条例》先于《特种设备安全法》发布，是我国第一部关于特种设备安全监督管理的专门法规。条例的修改颁布，对于进一步加强特种设备安全监察工作，拓展质监工作领域，提升质监部门服务经济社会大局的有效性，进而增强质监工作地位等，都具有重要的意义。该条例确立了特种设备安全性与经济性相统一的工作目标，为创建具有中国特色的特种设备安全监察和节能监管制度奠定了法制基础。《特种设备安全法》对《特种设备安全监察条例》中的内容进行了较大幅度的补充和细化。强化了特种设备生产安装、经营使用、维护保养、检验检测等全过程监管，确立了特种设备身份管理制度、报废制度、召回制度等。

该条例第三条第三款规定"房屋建筑工地和市政工程工地用起重机械、场（厂）内专用机动车辆的安装、使用的监督管理，由建设行政主管部门依照有关法律、法规的规定执行。"第十八条规定"电梯井道的土建工程必须符合建筑工程质量要求。电梯安装施工过程中，电梯安装单位应当遵守施工现场的安全生产要求，落实现场安全防护措施。电梯安装施工过程中，施工现场的安全生产监督，由有关部门依照有关法律、行政法规的规定执行。电梯安装施工过程中，电梯安装单位应当服从建筑施工总承包单位对施工现场的安全生产管理，并订立合同，明确各自的安全责任。"

（八）《安全生产许可证条例》

为了严格规范安全生产条件，进一步加强安全生产监督管理，防止和减少生产安全事故，根据《安全生产法》的有关规定国务院于 2004 年 1 月 7 日首次制定发布《安全生产许可证条例》，自 2004 年 1 月 13 日起正式施行。在 2014 年 7 月 29 日对该条例进行了修订。在安全生产领域，我国已经制定了一系列法律、法规，其中既有综合性的安全生产法，也有其他专门行业安全生产的法律、法规，有关安全生产的法律、法规正在逐步完善。现行有关安全生产的法律、法规对企业的安全生产条件、资质等虽然有一些规定，但从目前严峻的安全生产形势，特别是危险性较大的建筑企业安全生产的实际状况看，还需要进一步完善有关制度、措施，严格规范安全生产条件。因此，确有必要在现行法律、法规已有规定的基础上，再专门制定一个行政法规，对危险性较大的企业实行统一的、具有市场准入性质的安全生产许可制度，提高准入门槛，严格规范安全生产条件，使不具备安全生产条件的企业不能投入生产，从源头上防止生产安全事故。《安全生产许可证条例》是我国安全生产法律体系中一个非常重要的行政法规。本条例所确立的安全生产许可制度与其他有关安全生产的现行法律、法规仍然是互相衔接的。特别是，该条例与我国安全生产领域的基本法，即安全生产法的基本精神是完全一致的，可以说是对安全生产法有关规定的具体化。

该条例规定对危险性较大、容易发生生产安全事故的建筑施工企业实行安全生产许可制度，未取得安全生产许可证的，不得从事生产活动。确立安全生产许可制度，是《安全生产许可证条例》的核心内容。企业实行严格的安全生产许可制度，是防止和减少生产安全事故的一项重要措施。安全生产许可制度是一项专门的、统一的制度。这个制度是第一个专门针对安全生产条件而设立的许可制度，同时又是一个统一的制度，适用于矿山企业、建筑施工企业和危险化学品、烟花爆竹、民用爆破器材生产企业等五类企业，和其他只适用于某一类企业的安全生产审批、许可事项不同。并且，安全生产许可制度是一项带有市场准入性质的制度。企业要进行生产，就必须依法取得安全生产许可证。要取得安全生产许可证，就必须具备相应的安全生产条件。因此，这一制度实质上提高了企业从事生产活动的"门槛"，使不具备相应安全生产条件的企业不能进行生产，从而促使企业进一步规范其安全生产条件，有利于从源头上防止和减少生产安全事故，真正实现安全生产。

本条例第四条规定"**省、自治区、直辖市人民政府建设主管部门负责建筑施工企业安全生产许可证的颁发和管理，并接受国务院建设主管部门的指导和监督。**"《建设工程安全生产管理条例》第四十条规定"**国务院建设行政主管部门对全国的建设工程安全生产实施监督管理；县级以上地方人民政府建设行政主管部门对本行政区域内的建设工程安全生产实施监督管理。**"建筑施工企业安全生产许可证的颁发管理，是建筑活动安全生产监督管理工作的重要内容和组成部分，属于两级管理，国务院建设主管部门负责中央管理的建筑施工企业安全生产许可证的颁发管理，其他建筑施工企业安全生产许可证的颁发管理，由省、自治区、直辖市人民政府建设主管部门负责，并接受国务院建设主管部门的指导和监督。《建筑法》第六条规定"**国务院建设行政主管部门对全国的建筑活动实施统一管理。**"

（九）《生产安全事故报告和调查处理条例》

为了规范生产安全事故的报告和调查处理，落实生产安全事故责任追究制度，防止和减少生产安全事故。2007年3月28日国务院第172次常务会议通过《生产安全事故报告和调查处理条例》，自2007年6月1日起施行。《生产安全事故报告和调查处理条例》是《安全生产法》的重要配套行政法规，对生产安全事故的报告和调查处理作出了全面、明确的具体规定，是各级人民政府、安全生产监督管理部门和负有安全生产监督管理职责的有关部门做好事故报告和调查处理工作的重要依据。

生产安全事故的报告和调查处理是一项非常严肃、非常重要的工作，涉及的面很广，必须从法律上明确相应的操作规程，对事故报告和调查处理的组织体系、工作程序、时限要求、行为规范等作出明确规定，特别是明确事故发生单位及其有关人员，政府、有关部门及其有关人员以及其他单位和个人在事故报告和调查处理中的责任，以保证事故报告和调查处理工作在规范的基础上的顺利开展，做到客观、公正、高效。生产安全事故责任追究制度是搞好安全生产工作的强大法律武器，条例作为规范事故报告和调查处理工作的专门行政法规，其重要目的之一就是要落实事故责任追究制度。安全生产工作的最终目的是防止和减少生产安全事故的发生。事故报告和调查处理作为安全生产工作的重要环节，其最终目的同样是为了防止和减少生产安全事故的发生。

（十）《生产安全事故应急条例》

党中央和国务院历来高度重视生产安全。近年来，我国生产安全事故应急能力和水平不断提高，但仍然存在很多问题，尤其是应急救援管理部成立之后，如何协调各部门的职责，充分调动资源，成为当前需要着重解决的问题。面对我国应急救援中存在的应急预案流于形式、应急演练实效性不强、应急救援队伍不足、应急资源储备不充分、事故现场救援机制不够完善、救援程序和措施不够明确、救援指挥不够科学等现状。有必要针对生产安全事故应急工作中存在的突出问题，规范生产安全事故应急工作，保障人民群众生命和财产安全。

2016年5月6日，国务院法制办公室发布关于《生产安全事故应急条例（征求意见稿）》公开征求意见的通知。2019年2月17日，国务院总理李克强签署通过《生产安全事故应急条例》，并于2019年3月1日公布，自2019年4月1日起施行。

该条例规定，主要负责人对本单位的生产安全事故应急工作全面负责。应当针对本单位可能发生的生产安全事故的特点和危害，进行风险辨识和评估，制定相应的生产安全事故应急救援预案，并向本单位从业人员公布。生产单位制定的生产安全事故应急救援预案应当符合有关法律、法规、规章和标准的规定，具有科学性、针对性和可操作性，明确规定应急组织体系、职责分工以及应急救援程序和措施。并且规定，建筑施工单位应当将其制定的生产安全事故应急救援预案按照国家有关规定报送县级以上人民政府负有安全生产监督管理职责的部门备案，并依法向社会公布。

发生生产安全事故后，生产经营单位应当立即启动生产安全事故应急救援预案，采取相应的应急救援措施，并按照规定报告事故情况。有关地方人民政府及其部门接到生产安全事故报告后，按照预案的规定采取抢救遇险人员，救治受伤人员，研判事故发展趋势，防止事故危害扩大和次生、衍生灾害发生等应急救援措施，按照国家有关规定上报事故情况。有关人民政府认为有必要的，可以设立应急救援现场指挥部，指定现场指挥部总指挥，参加应急救援的单位和个人应当服从现场指挥部的统一指挥。

第二节 部门规章

一、相关的部门规章

在我国现行的法律体系中，部门规章处于重要的法律关系层级。目前，工程建设领域常用的部门规章有：

（一）《房屋建筑和市政基础设施工程施工图设计文件审查管理办法》（住房和城乡建设部令第13号）；

（二）《建筑工程施工许可管理办法》（住房和城乡建设部令第18号）；

（三）《建设工程质量检测管理办法》（建设部令第 141 号）；

（四）《房屋建筑和市政基础设施工程质量监督管理规定》（住房和城乡建设部令第 5 号）；

（五）《房屋建筑和市政基础设施工程竣工验收备案管理办法》（住房和城乡建设部令第 2 号）；

（六）《房屋建筑工程质量保修办法》（建设部令第 80 号）；

（七）《建筑施工企业安全生产许可证管理规定》（建设部令第 128 号）；

（八）《建筑起重机械安全监督管理规定》（建设部令第 166 号）；

（九）《建筑施工企业主要负责人、项目负责人和专职安全生产管理人员安全生产管理规定》（住房和城乡建设部令第 17 号）；

（十）《危险性较大的分部分项工程安全管理规定》（住房和城乡建设部令第 37 号）；

（十一）《建筑施工企业负责人及项目负责人施工现场带班暂行办法》（建质〔2011〕111 号）；

（十二）《建筑工程五方责任主体项目负责人质量终身责任追究暂行办法》（建质〔2014〕124 号）；

（十三）《建筑施工特种作业人员管理规定》（建质〔2008〕75 号）。

二、部门规章中的工程质量与安全生产要求

本节简要介绍工程建设领域主要部门规章中对工程质量和安全生产的基本规定。

（一）《房屋建筑和市政基础设施工程施工图设计文件审查管理办法》（住房和城乡建设部令第 13 号）

为了加强对房屋建筑工程、市政基础设施工程施工图设计文件审查的管理，提高工程勘察设计质量。2013 年 4 月 27 日第 95 次住房和城乡建设部常务会议审议通过并发布了《房屋建筑和市政基础设施工程施工图设计文件审查管理办法》，自 2013 年 8 月 1 日起施行。该办法是根据《建设工程质量管理条例》《建设工程安全管理条例》和《建设工程勘察设计管理条例》等行政法规制定的。施工图审查，是指施工图审查机构按照有关法律、法规，对施工图涉及公共利益、公众安全和工程建设强制性标准的内容进行的审查。施工图审查应当坚持先勘察、后设计的原则。该办法规定国家实施施工图设计文件（含勘察文件，以下简称"施工图"）审查制度。施工图未经审查合格的，不得使用。从事房屋建筑工程、市政基础设施工程施工、监理等活动，以及实施对房屋建筑和市政基础设施工程质量安全监督管理，应当以审查合格的施工图为依据。

该办法规定审查机构对施工图审查工作负责，承担审查责任。施工图经审查合格后，仍有违反法律、法规和工程建设强制性标准的问题，给建设单位造成损失的，审查机构依法承担相应的赔偿责任。

（二）《建筑工程施工许可管理办法》（住房和城乡建设部令第 18 号）

为了加强对建筑活动的监督管理，维护建筑市场秩序，保证建筑工程的质量和安全，

住房和城乡建设部令第 18 号发布了《建筑工程施工许可管理办法》，自 2014 年 10 月 25 日起施行。

该办法规定在我国境内从事各类房屋建筑及其附属设施的建造、装修装饰和与其配套的线路、管道、设备的安装，以及城镇市政基础设施工程的施工，建设单位在开工前应当依照本办法的规定，向工程所在地的县级以上地方人民政府住房城乡建设主管部门申请领取施工许可证。工程投资额在 30 万元以下或者建筑面积在 300 平方米以下的建筑工程，可以不申请办理施工许可证。按照国务院规定的权限和程序批准开工报告的建筑工程，不再领取施工许可证。依法应该取得施工许可证而未取得施工许可证的，一律不得开工。对于未取得施工许可证或者为规避办理施工许可证将工程项目分解后擅自施工的，由有管辖权的发证机关责令停止施工，限期改正，对建设单位处工程合同价款 1% 以上 2% 以下罚款；对施工单位处 3 万元以下罚款。

建设单位应当自领取施工许可证之日起三个月内开工。因故不能按期开工的，应当在期满前向发证机关申请延期，并说明理由；延期以两次为限，每次不超过三个月。既不开工又不申请延期或者超过延期次数、时限的，施工许可证自行废止。在建的建筑工程因故中止施工的，建设单位应当自中止施工之日起一个月内向发证机关报告，报告内容包括中止施工的时间、原因、在施部位、维修管理措施等，并按照规定做好建筑工程的维护管理工作。建筑工程恢复施工时，应当向发证机关报告；中止施工满一年的工程恢复施工前，建设单位应当报发证机关核验施工许可证。

领取施工许可证需要提交的资料

建设单位申请领取施工许可证需要向有关单位提供下列资料：

（1）依法应当办理用地批准手续的，已经办理该建筑工程用地批准手续。

（2）在城市、镇规划区的建筑工程，已经取得建设工程规划许可证。

（3）施工场地已经基本具备施工条件，需要征收房屋的，其进度符合施工要求。

（4）已经确定施工企业。按照规定应当招标的工程没有招标，应当公开招标的工程没有公开招标，或者肢解发包工程，以及将工程发包给不具备相应资质条件的企业的，所确定的施工企业无效。

（5）有满足施工需要的技术资料，施工图设计文件已按规定审查合格。

（6）有保证工程质量和安全的具体措施。施工企业编制的施工组织设计中有根据建筑工程特点制定的相应质量、安全技术措施。建立工程质量安全责任制并落实到人。专业性较强的工程项目编制了专项质量、安全施工组织设计，并按照规定办理了工程质量、安全监督手续。

（7）按照规定应当委托监理的工程已委托监理。

（8）建设资金已经落实。建设工期不足一年的，到位资金原则上不得少于工程合同价的 50%，建设工期超过一年的，到位资金原则上不得少于工程合同价的 30%。建设单位应当提供本单位截至申请之日无拖欠工程款情形的承诺书或者能够表明其无拖欠工程款情形的其他材料，以及银行出具的到位资金证明，有条件的可以实行银行付款保函或者其他第三方担保。

（9）法律、行政法规规定的其他条件。

建设单位隐瞒有关情况或者提供虚假材料申请施工许可证的，发证机关不予受理或者不予许可，并处 1 万元以上 3 万元以下罚款；构成犯罪的，依法追究刑事责任。伪造或者涂改施工许可证的，由发证机关责令停止施工，并处 1 万元以上 3 万元以下罚款；构成犯罪的，依法追究刑事责任。

（三）《建设工程质量检测管理办法》（建设部令第 141 号）

建设工程质量检测是指工程质量检测机构接受委托，依据国家有关法律、法规和工程建设强制性标准，对涉及结构安全项目的抽样检测和对进入施工现场的建筑材料、构配件的见证取样检测。工程质量检测在建设过程中居于重要地位，工程质量检测涉及工程建设的各个环节，不仅包含建筑材料、建筑结构，还包含对建筑物外观的检测。工程质量检测可以确保建筑材料安全可靠，为建筑进程提供合理的参考依据，进而确保建设工程的质量。

为了加强对建设工程质量检测的管理，建设部于 2005 年 8 月 23 日经第 71 次常务会议讨论通过《建设工程质量检测管理办法》（建设部令第 141 号），2005 年 11 月 1 日起施行。2015 年 5 月 4 日住房和城乡建设部令第 24 号《住房和城乡建设部关于修改〈房地产开发企业资质管理规定〉等部门规章的决定》对该办法进行了修订。之后海南省、山西省、河北省等省份，广州市、青岛市等市均根据《建设工程质量检测管理办法》（建设部令第 141 号），并结合各地的实际情况发布了当地的建设工程质量检测管理办法。

该办法根据《建筑法》《建设工程质量管理条例》等法规制定，是对这两部法律中一些质量相关规定的进一步细化，增强了一些规定的可实施性。申请从事对涉及建筑物、构筑物结构安全的试块、试件以及有关材料检测的工程质量检测机构资质，实施对建设工程质量检测活动的监督管理，应当遵守本办法。根据《房屋建筑和市政基础设施工程质量检测管理办法修订草案（征求意见稿）》，《建设工程质量检测管理办法》（建设部令第 141 号）将废止。并且目前《房屋建筑和市政基础设施工程质量检测管理办法修订草案（征求意见稿）》的征求意见已经结束。

（四）《房屋建筑和市政基础设施工程质量监督管理规定》（住房和城乡建设部令第 5 号）

为了加强房屋建筑和市政基础设施工程质量的监督，保护人民生命和财产安全，规范住房和城乡建设主管部门及工程质量监督机构（以下简称"主管部门"）的质量监督行为，根据《建筑法》《建设工程质量管理条例》等有关法律、行政法规，第 58 次住房和城乡建设部常务会议审议通过《房屋建筑和市政基础设施工程竣工验收备案管理办法》，2010 年 9 月 1 日起施行。我国境内主管部门实施对新建、扩建、改建房屋建筑和市政基础设施工程质量监督管理的，适用本规定。

工程质量监督管理是指主管部门依据有关法律法规和工程建设强制性标准，对工程实体质量和工程建设、勘察、设计、施工、监理单位和质量检测等单位的工程质量行为实施监督。工程实体质量监督是指主管部门对涉及工程主体结构安全、主要使用功能的工程实体质量情况实施监督。工程质量行为监督，是指主管部门对工程质量责任主体和质量检测等单位履行法定质量责任和义务的情况实施监督。

工程质量监督管理主要包括下列内容：

1. 执行法律法规和工程建设强制性标准的情况；

2. 抽查涉及工程主体结构安全和主要使用功能的工程实体质量；

3. 抽查工程质量责任主体和质量检测等单位的工程质量行为；

4. 抽查主要建筑材料、建筑构配件的质量；

5. 对工程竣工验收进行监督；

6. 组织或者参与工程质量事故的调查处理；

7. 定期对本地区工程质量状况进行统计分析；

8. 依法对违法违规行为实施处罚。

（五）《房屋建筑和市政基础设施工程竣工验收备案管理办法》（住房和城乡建设部令第 2 号）

为了加强房屋建筑和市政基础设施工程质量的管理，2000 年 4 月 4 日建设部发布《房屋建筑和市政基础设施工程竣工验收备案管理暂行办法》（建设部令第 78 号），2009 年 10 月 19 日《住房和城乡建设部关于修改〈房屋建筑工程和市政基础设施工程竣工验收备案管理暂行办法〉的决定》对其进行了修订。在我国境内新建、扩建、改建各类房屋建筑和市政基础设施工程的竣工验收备案，适用本办法。抢险救灾工程、临时性房屋建筑工程、农民自建低层住宅工程和军用房屋建筑工程竣工验收备案不适用本办法。

该办法规定，建设单位应当自工程竣工验收合格之日起 15 日内，依照本办法规定，向工程所在地的县级以上地方人民政府建设主管部门（以下简称"**备案机关**"）备案。建设单位在工程竣工验收合格之日起 15 日内未办理工程竣工验收备案的，备案机关责令限期改正，处 20 万元以上 50 万元以下罚款。并且，备案机关决定重新组织竣工验收并责令停止使用的工程，建设单位在备案之前已投入使用或者建设单位擅自继续使用造成使用人损失的，由建设单位依法承担赔偿责任。

建设单位办理工程竣工验收备案应当提交下列文件：1. 工程竣工验收备案表。2. 工程竣工验收报告。竣工验收报告应当包括工程报建日期，施工许可证号，施工图设计文件审查意见，勘察、设计、施工、工程监理等单位分别签署的质量合格文件及验收人员签署的竣工验收原始文件，市政基础设施的有关质量检测和功能性试验资料以及备案机关认为需要提供的有关资料。3. 法律、行政法规规定应当由规划、环保等部门出具的认可文件或者准许使用文件。4. 法律规定应当由公安消防部门出具的对大型的人员密集场所和其他特殊建设工程验收合格的证明文件；5. 施工单位签署的工程质量保修书；6. 法规、规章规定必须提供的其他文件。住宅工程还应当提交《住宅质量保证书》和《住宅使用说明书》。建设单位采用虚假证明文件办理工程竣工验收备案的，工程竣工验收无效，备案机关责令停止使用，重新组织竣工验收，处 20 万元以上 50 万元以下罚款；构成犯罪的，依法追究刑事责任。

（六）《房屋建筑工程质量保修办法》（建设部令第 80 号）

房屋建筑工程质量保修，是指对房屋建筑工程竣工验收后在保修期限内出现的质量缺陷，予以修复。质量缺陷，是指房屋建筑工程的质量不符合工程建设强制性标准以及合同的约定。为保护建设单位、施工单位、房屋建筑所有人和使用人的合法权益，维护公共安全和公众利益，根据《建筑法》和《建设工程质量管理条例》，2000年6月26日经建设部第24次部常务会议讨论通过《房屋建筑工程质量保修办法》，自发布之日起施行。

该办法规定房屋建筑工程在保修范围和保修期限内出现质量缺陷，施工单位应当履行保修义务。建设单位和施工单位应当在工程质量保修书中约定保修范围、保修期限和保修责任等，并且双方约定的保修范围、保修期限必须符合国家有关规定。

在正常使用下，房屋建筑工程的最低保修期限为：1. 地基基础和主体结构工程，为设计文件规定的该工程的合理使用年限；2. 屋面防水工程、有防水要求的卫生间、房间和外墙面的防渗漏，为5年；3. 供热与供冷系统，为2个采暖期、供冷期；4. 电气系统、给排水管道、设备安装为2年；5. 装修工程为2年。其他项目的保修期限由建设单位和施工单位约定。房屋建筑工程保修期从工程竣工验收合格之日起计算。

房屋建筑工程在保修期限内出现质量缺陷，建设单位或者房屋建筑所有人应当向施工单位发出保修通知。施工单位接到保修通知后，应当到现场核查情况，在保修书约定的时间内予以保修。发生涉及结构安全或者严重影响使用功能的紧急抢修事故，施工单位接到保修通知后，应当立即到达现场抢修。

发生涉及结构安全的质量缺陷，建设单位或者房屋建筑所有人应当立即向当地建设行政主管部门报告，由原设计单位或者具有相应资质等级的设计单位提出保修方案，施工单位实施保修，原工程质量监督机构负责监督。

施工单位不按工程质量保修书约定保修的，建设单位可以另行委托其他单位保修，由原施工单位承担相应责任。施工单位不履行保修义务或者拖延履行保修义务的，由建设行政主管部门责令改正，处10万元以上20万元以下的罚款。

保修费用由质量缺陷的责任方承担。在保修期内，因房屋建筑工程质量缺陷造成房屋所有人、使用人或者第三方人身、财产损害的，房屋所有人、使用人或者第三方可以向建设单位提出赔偿要求。建设单位向造成房屋建筑工程质量缺陷的责任方追偿。因保修不及时造成新的人身、财产损害，由造成拖延的责任方承担赔偿责任。

（七）《建筑施工企业安全生产许可证管理规定》（建设部令第128号）

为了严格规范建筑施工企业安全生产条件，进一步加强安全生产监督管理，防止和减少生产安全事故；也为了更好地落实《安全生产许可证条例》，指导建设建筑企业的安全生产许可证管理，2004年6月29日经第37次建设部常务会议讨论通过《建筑施工企业安全生产许可证管理规定》，自公布之日起施行。

该办法规定，我国建筑施工企业实行安全生产许可证制度，建筑施工企业从事建筑施工活动前，应当依照本规定向省级以上建设主管部门申请领取安全生产许可证。未取得安全生产许可证的，不得从事建筑施工活动。安全生产许可证的有效期为3年。安全生产许可证有效期满需要延期的，企业应当于期满前3个月向原安全生产许可证颁发管理机关申请办理延期手续。企业在安全生产许可证有效期内，严格遵守有关安全生产的法律法规，未发生死亡事故的，安全生产许可证有效期届满时，经原安全生产许可证颁发管理机关同意，不再审查，安全生产许可证有效期延期3年。建筑施工企业不得转让、冒用安全生产许可证或者使用伪造的安全生产许可证。

中央管理的建筑施工企业（集团公司、总公司）应当向国务院建设主管部门申请领取安全生产许可证。除此之外的其他建筑施工企业，包括中央管理的建筑施工企业（集团公司、总公司）下属的建筑施工企业，应当向企业注册所在地省、自治区、直辖市人民政府建设主管部门申请领取安全生产许可证。

建筑施工企业取得安全生产许可证，应当具备下列安全生产条件：

1.建立、健全安全生产责任制，制定完备的安全生产规章制度和操作规程；

2.保证本单位安全生产条件所需资金的投入；

3.设置安全生产管理机构，按照国家有关规定配备专职安全生产管理人员；

4.主要负责人、项目负责人、专职安全生产管理人员经建设主管部门或者其他有关部门考核合格；

5.特种作业人员经有关业务主管部门考核合格，取得特种作业操作资格证书；

6.管理人员和作业人员每年至少进行一次安全生产教育培训并考核合格；

7.依法参加工伤保险，依法为施工现场从事危险作业的人员办理意外伤害保险，为从业人员交纳保险费；

8.施工现场的办公、生活区及作业场所和安全防护用具、机械设备、施工机具及配件符合有关安全生产法律、法规、标准和规程的要求；

9.有职业危害防治措施，并为作业人员配备符合国家标准或者行业标准的安全防护用具和安全防护服装；

10.有对危险性较大的分部分项工程及施工现场易发生重大事故的部位、环节的预防、监控措施和应急预案；

11.有生产安全事故应急救援预案、应急救援组织或者应急救援人员，配备必要的应急救援器材、设备；

12.法律、法规规定的其他条件。

建筑施工企业申请安全生产许可证时，应当向建设主管部门提供下列材料：

1.建筑施工企业安全生产许可证申请表；

2.企业法人营业执照；

3.第四条规定的相关文件、材料。

建筑施工企业申请安全生产许可证，应当对申请材料实质内容的真实性负责，不得隐瞒有关情况或者提供虚假材料。

（八）《建筑起重机械安全监督管理规定》（建设部令第166号）

建筑起重机械是指纳入特种设备目录，在房屋建筑工地和市政工程工地安装、拆卸、使用的起重机械。建筑起重机械施工属于特种作业和高危作业，随着建筑业机械化水平的提高，近年来建筑起重机械的迅猛增加，而建筑起重机械事故也不断增加，给企业造成了巨大的经济损失和社会影响。为了加强建筑起重机械的安全监督管理，防止和减少生产安全事故，保障人民群众生命和财产安全。2008年1月8号经建设部第145次常务会议讨论通过《建筑起重机械安全监督管理规定》，自2008年6月1日起施行。该规定对建筑起重机械的租赁、安装、拆卸、使用及其监督等管理行为进行了详细的规定。

有下列情形之一的建筑起重机械，不得出租、使用：1.属国家明令淘汰或者禁止使用的；2.超过安全技术标准或者制造厂家规定的使用年限的；3.经检验达不到安全技术标准规定的；4.没有完整安全技术档案的；5.没有齐全有效的安全保护装置的。

出租单位、自购建筑起重机械的使用单位，应当建立建筑起重机械安全技术档案。建筑起重机械安全技术档案应当包括以下资料：1.购销合同、制造许可证、产品合格证、制造监督检验证明、安装使用说明书、备案证明等原始资料；2.定期检验报告、定期自行检查记录、定期维护保养记录、维修和技术改造记录、运行故障和生产安全事故记录、累计运转记录等运行资料；3.历次安装验收资料。

建筑起重机械安装单位应当履行的安全职责包括：1.按照安全技术标准及建筑起重机械性能要求，编制建筑起重机械安装、拆卸工程专项施工方案，并由本单位技术负责人签字；2.按照安全技术标准及安装使用说明书等检查建筑起重机械及现场施工条件；3.组织安全施工技术交底并签字确认；4.制定建筑起重机械安装、拆卸工程生产安全事故应急救援预案；5.将建筑起重机械安装、拆卸工程专项施工方案，安装、拆卸人员名单，安装、拆卸时间等材料报施工总承包单位和监理单位审核后，告知工程所在地县级以上地方人民政府建设主管部门。

安装单位应当建立建筑起重机械安装、拆卸工程档案。建筑起重机械安装、拆卸工程档案应当包括以下资料：1.安装、拆卸合同及安全协议书；2.安装、拆卸工程专项施工方案；3.安全施工技术交底的有关资料；4.安装工程验收资料；5.安装、拆卸工程生产安全事故应急救援预案。

使用单位应当履行的安全职责包括：1.根据不同施工阶段、周围环境以及季节、气候的变化，对建筑起重机械采取相应的安全防护措施；2.制定建筑起重机械生产安全事故应急救援预案；3.在建筑起重机械活动范围内设置明显的安全警示标志，对集中作业区做好安全防护；4.设置相应的设备管理机构或者配备专职的设备管理人员；5.指定专职设备管理人员、专职安全生产管理人员进行现场监督检查；6.建筑起重机械出现故障或者发生异常情况的，立即停止使用，消除故障和事故隐患后，方可重新投入使用。此外，使用单位应当对在用的建筑起重机械及其安全保护装置、吊具、索具等进行经常性和定期的检查、维护和保养，并做好记录。并且，使用单位在建筑起重机械租期结束后，应当将定期检查、维护和保养记录移交出租单位。

施工总承包单位应当履行下列安全职责：1.向安装单位提供拟安装设备位置的基础施工资料，确保建筑起重机械进场安装、拆卸所需的施工条件；2.审核建筑起重机械的特种设备制造许可证、产品合格证、制造监督检验证明、备案证明等文件；3.审核安装单位、使用单位的资质证书、安全生产许可证和特种作业人员的特种作业操作资格证书；4.审核安装单位制定的建筑起重机械安装、拆卸工程专项施工方案和生产安全事故应急救援预案；5.审核使用单位制定的建筑起重机械生产安全事故应急救援预案；6.指定专职安全生产管理人员监督检查建筑起重机械安装、拆卸、使用情况；7.施工现场有多台塔式起重机作业时，应当组织制定并实施防止塔式起重机相互碰撞的安全措施。

监理单位应当履行安全职责包括：1.审核建筑起重机械特种设备制造许可证、产品合格证、制造监督检验证明、备案证明等文件；2.审核建筑起重机械安装单位、使用单位的资质证书、安全生产许可证和特种作业人员的特种作业操作资格证书；3.审核建筑起重机械安装、拆卸工程专项施工方案；4.监督安装单位执行建筑起重机械安装、拆卸工程专项施工方案情况；5.监督检查建筑起重机械的使用情况；6.发现存在生产安全事故隐患的，应当要求安装单位、使用单位限期整改，对安装单位、使用单位拒不整改的，及时向建设单位报告。

（九）《建筑施工企业主要负责人、项目负责人和专职安全生产管理人员安全生产管理规定》（住房和城乡建设部令第17号）

建筑施工企业主要负责人、项目负责人和专职安全生产管理人员是建设项目安全的主要管理者，对建设项目安全水平的提高具有重要作用。为了加强房屋建筑和市政基础设施工程施工安全监督管理，提高建筑施工企业主要负责人、项目负责人和专职安全生产管理人员的安全生产管理能力，住房和城乡建设部制定了《建筑施工企业主要负责人、项目负责人和专职安全生产管理人员安全生产管理规定》，于第13次部常务会议审议通过，自2014年9月1日起施行。

企业主要负责人是指对本企业生产经营活动和安全生产工作具有决策权的领导人员。项目负责人是指取得相应注册执业资格，由企业法定代表人授权，负责具体工程项目管理的人员。专职安全生产管理人员是指在企业专职从事安全生产管理工作的人员，包括企业安全生产管理机构的人员和工程项目专职从事安全生产管理工作的人员，合称"安管人员"。这些人员参加安全生产考核，履行安全生产责任，以及对其实施安全生产监督管理，应当符合本规定。

"安管人员"应当通过其受聘企业，向企业工商注册地的省、自治区、直辖市人民政府住房城乡建设主管部门（以下简称"考核机关"）申请安全生产考核，并取得安全生产考核合格证书。安全生产考核包括安全生产知识考核和管理能力考核。安全生产知识考核内容包括：建筑施工安全的法律法规、规章制度、标准规范，建筑施工安全管理基本理论等。安全生产管理能力考核内容包括：建立和落实安全生产管理制度、辨识和监控危险性较大的分部分项工程、发现和消除安全事故隐患、报告和处置生产安全事故等方面的能力。申请参加安全生产考核的"安管人员"，应当具备相应文化程度、专业技术职称和一定安全生产工作经历，与企业确立劳动关系，并经企业年度安全生产教育培训合格。安全生产考核合格的核发安全生产考核合格证书，"安管人员"不得涂改、倒卖、出租、出借或者以其他形式非法转让安全生产考核合格证书。

本办法规定，"安管人员"的安全责任包括：

1.主要负责人对本企业安全生产工作全面负责，应当建立健全企业安全生产管理体系，设置安全生产管理机构，配备专职安全生产管理人员，保证安全生产投入，督促检查本企业安全生产工作，及时消除安全事故隐患，落实安全生产责任。并且应当与项目负责人签订安全生产责任书，确定项目安全生产考核目标、奖惩措施，以及企业为项目提供的安全管理和技术保障措施。工程项目实行总承包的，总承包企业应当与分包企业签订安全生产协议，明确双方安全生产责任。主要负责人还应当按规定检查企业所承担的工程项目，考核项目负责人安全生产管理能力。发现项目负责人履职不到位的，应当责令其改正；必要时，调整项目负责人。检查情况应当记入企业和项目安全管理档案。

2.项目负责人对本项目安全生产管理全面负责，应当建立项目安全生产管理体系，明确项目管理人员安全职责，落实安全生产管理制度，确保项目安全生产费用有效使用。并且，项目负责人应当按规定实施项目安全生产管理，监控危险性较大分部分项工程，及时排查处理施工现场安全事故隐患，隐患排查处理情况应当记入项目安全管理档案；发生事故时，应当按规定及时报告并开展现场救援。工程项目实行总承包的，总承包企业项目负责人应当定期考核分包企业安全生产管理情况。

3.企业安全生产管理机构专职安全生产管理人员应当检查在建项目安全生产管理情况，重点检查项目负责人、项目专职安全生产管理人员履责情况，处理在建项目违规违章行为，并记入企业安全管理档案。此外，还应当每天在施工现场开展安全检查，现场监督危险性较大的分部分项工程安全专项施工方案实施。对检查中发现的安全事故隐患，应当立即处理；不能处理的，应当及时报告项目负责人和企业安全生产管理机构。项目负责人应当及时处理。检查及处理情况应当记入项目安全管理档案。

4.建筑施工企业应当建立安全生产教育培训制度，制定年度培训计划，每年对"**安管人员**"进行培训和考核，考核不合格的，不得上岗。培训情况应当记入企业安全生产教育培训档案。建筑施工企业安全生产管理机构和工程项目应当按规定配备相应数量和相关专业的专职安全生产管理人员。危险性较大的分部分项工程施工时，应当安排专职安全生产管理人员现场监督。

（十）《**危险性较大的分部分项工程安全管理规定**》（住房和城乡建设部令第 37 号）

危险性较大的分部分项工程，是指房屋建筑和市政基础设施工程在施工过程中，容易导致人员群死群伤或者造成重大经济损失的分部分项工程。危险性较大分部分项工程施工引起的重大安全事故频频发生。加强危险性较大分部分项工程施工的监管，积极防范和遏制建筑施工生产安全事故的发生是建筑施工安全监督部门的日常监督中重中之重的工作。建立和完善危险性较大分部分项工程施工监管办法，并对建设项目施工日常安全监督有效实施，规范对各方责任主体在危险性较大分部分项工程施工安全管理，是遏制和减少事故发生的有效手段之一。为此，2018 年 2 月 12 日第 37 次部常务会议审议通过《危险性较大的分部分项工程安全管理规定》，自 2018 年 6 月 1 日起施行。

1. 危险性较大的分部分项工程范围

（1）基坑工程

① 开挖深度超过 3m（含 3m）的基坑（槽）的土方开挖、支护、降水工程。

② 开挖深度虽未超过 3m，但地质条件、周围环境和地下管线复杂，或影响毗邻建、构筑物安全的基坑（槽）的土方开挖、支护、降水工程。

（2）模板工程及支撑体系

① 各类工具式模板工程：包括滑模、爬模、飞模、隧道模等工程。

② 混凝土模板支撑工程：搭设高度 5m 及以上，或搭设跨度 10m 及以上，或施工总荷载（荷载效应基本组合的设计值，以下简称设计值）10kN/m² 及以上，或集中线荷载（设计值）15kN/m 及以上，或高度大于支撑水平投影宽度且相对独立无联系构件的混凝

土模板支撑工程。

③ 承重支撑体系：用于钢结构安装等满堂支撑体系。

（3）起重吊装及起重机械安装拆卸工程

① 采用非常规起重设备、方法，且单件起吊重量在 10kN 及以上的起重吊装工程。

② 采用起重机械进行安装的工程。

③ 起重机械安装和拆卸工程。

（4）脚手架工程

① 搭设高度 24m 及以上的落地式钢管脚手架工程（包括采光井、电梯井脚手架）。

② 附着式升降脚手架工程。

③ 悬挑式脚手架工程。

④ 高处作业吊篮。

⑤ 卸料平台、操作平台工程。

⑥ 异型脚手架工程。

（5）拆除工程。可能影响行人、交通、电力设施、通信设施或其他建、构筑物安全的拆除工程。

（6）暗挖工程。采用矿山法、盾构法、顶管法施工的隧道、洞室工程。

（7）其他

① 建筑幕墙安装工程。

② 钢结构、网架和索膜结构安装工程。

③ 人工挖孔桩工程。

④ 水下作业工程。

⑤ 装配式建筑混凝土预制构件安装工程。

⑥ 采用新技术、新工艺、新材料、新设备可能影响工程施工安全，尚无国家、行业及地方技术标准的分部分项工程。

2. 超过一定规模的危险性较大的分部分项工程范围

（1）深基坑工程。开挖深度超过 5m（含 5m）的基坑（槽）的土方开挖、支护、降水工程。

（2）模板工程及支撑体系

① 各类工具式模板工程：包括滑模、爬模、飞模、隧道模等工程。

② 混凝土模板支撑工程：搭设高度 8m 及以上，或搭设跨度 18m 及以上，或施工总荷载（设计值）15kN/m² 及以上，或集中线荷载（设计值）20kN/m 及以上。

③ 承重支撑体系：用于钢结构安装等满堂支撑体系，承受单点集中荷载 7kN 及以上。

（3）起重吊装及起重机械安装拆卸工程

① 采用非常规起重设备、方法，且单件起吊重量在 100kN 及以上的起重吊装工程。

② 起重量 300kN 及以上，或搭设总高度 200m 及以上，或搭设基础标高在 200m 及以上的起重机械安装和拆卸工程。

（4）脚手架工程

① 搭设高度 50m 及以上的落地式钢管脚手架工程。

② 提升高度在 150m 及以上的附着式升降脚手架工程或附着式升降操作平台工程。

③ 分段架体搭设高度 20m 及以上的悬挑式脚手架工程。

（5）拆除工程

① 码头、桥梁、高架、烟囱、水塔或拆除中容易引起有毒有害气（液）体或粉尘扩散、易燃易爆事故发生的特殊建、构筑物的拆除工程。

② 文物保护建筑、优秀历史建筑或历史文化风貌区影响范围内的拆除工程。

（6）暗挖工程。采用矿山法、盾构法、顶管法施工的隧道、洞室工程。

（7）其他

① 施工高度 50m 及以上的建筑幕墙安装工程。

② 跨度 36m 及以上的钢结构安装工程，或跨度 60m 及以上的网架和索膜结构安装工程。

③ 开挖深度 16m 及以上的人工挖孔桩工程。

④ 水下作业工程。

⑤ 重量 1000kN 及以上的大型结构整体顶升、平移、转体等施工工艺。

⑥ 采用新技术、新工艺、新材料、新设备可能影响工程施工安全，尚无国家、行业及地方技术标准的分部分项工程。

3. 危险性较大的工程应该编制专项施工方案

本条例规定"**施工单位应当在危大工程施工前组织工程技术人员编制专项施工方案。**"实行施工总承包的，专项施工方案应当由施工总承包单位组织编制。危大工程实行分包的，专项施工方案可以由相关专业分包单位组织编制。

专项施工方案应当由施工单位技术负责人审核签字、加盖单位公章，并由总监理工程师审查签字、加盖执业印章后方可实施。危大工程实行分包并由分包单位编制专项施工方案的，专项施工方案应当由总承包单位技术负责人及分包单位技术负责人共同审核签字并加盖单位公章。

对于超过一定规模的危大工程，施工单位应当组织召开专家论证会对专项施工方案进行论证。实行施工总承包的，由施工总承包单位组织召开专家论证会。专家论证前专项施工方案应当通过施工单位审核和总监理工程师审查。专家应当从地方人民政府住房城乡建设主管部门建立的专家库中选取，符合专业要求且人数不得少于 5 名。与本工程有利害关系的人员不得以专家身份参加专家论证会。专家论证会后，应当形成论证报告，对专项施工方案提出通过、修改后通过或者不通过的一致意见。专家对论证报告负责并签字确认。专项施工方案经论证不通过的，施工单位修改后应当按照本规定的要求重新组织专家论证。

第三节　标准与规范

在工程质量和安全生产管理的微观运行环节，标准和规范是工程质量和安全生产行为主体所遵循的依据，也是检测和验证工程质量和安全生产活动结果是否满足国家和合同约定要求的准绳。目前，工程建设领域常用的国家标准、行业标准如下文所示，其具体内容将在相关章节中阐述。

一、相关的国家标准

（一）《安全防范工程技术标准》GB 50348；

（二）《建筑地面工程施工质量验收规范》GB 50209；

（三）《岩土工程勘察安全规范》GB 50585；

（四）《建设工程施工现场消防安全技术规范》GB 50720；

（五）《建设工程监理规范》GB/T 50319；

（六）《建设工程施工现场供用电安全规范》GB 50194；

（七）《建筑电气工程施工质量验收规范》GB 50303；

（八）《混凝土结构工程施工质量验收规范》GB 50204；

（九）《建筑工程施工质量评价标准》GB/T 50375。

二、相关的行业标准

（一）《施工现场临时用电安全技术规范》JGJ 46；

（二）《建筑施工模板安全技术规范》JGJ 162；

（三）《建筑施工扣件式钢管脚手架安全技术规范》JGJ 130；

（四）《建筑深基坑工程施工安全技术规范》JGJ 311；

（五）《建筑施工高处作业安全技术规范》JGJ 80；

（六）《建筑拆除工程安全技术规范》JGJ 147；

（七）《市政工程施工安全检查标准》CJJ/T 275。

第四节　工程质量与安全生产的基本要求

基于上述工程质量安全生产法律法规、部门规章和标准规范，工程质量和安全生产的基本要求如下所述。

一、工程建设相关主体依法对工程质量与安全负责

工程建设相关主体包括建设、勘察、设计、施工、监理、检测等建设活动单位。建设工程的质量表现于两个方面，一是表现于建设管理活动的过程中，即按照建设管理程序进行的各个阶段的活动；二是表现于建筑产品上，即建筑活动成果的状况。控制建设工程的质量，既要使建筑活动的整个过程，又要使建筑产品本身，符合国家现行的有关法律、法规、技术标准、设计文件及工程合同中的安全、使用功能、经济等方面的要求。

基本建设程序一般包括：

（一）项目建议书，主要从宏观上衡量项目建设的必要性，评估其是否符合国家的长远方针和产业政策，同时初步分析建设的可行性。

（二）可行性研究，它是运用多种科学成果和手段，对建设项目在技术、工程、经济、

社会和外部协作条件等必要性、可行性、合理性进行全面论证分析，作多方案比选，推荐最佳方案，为决策提供科学依据。

（三）立项审批，投资主管部门根据可行性研究报告和国家经济政策，作立项审批，列入国家固定资产投资计划。

（四）规划审批，在城市规划区内的项目要向规划部门申请定点，核定其用地位置和界限，提供规划设计条件，核发建设用地规划许可证。

（五）勘察，获取拟建项目的水文地质资料。

（六）设计，根据立项审批的设计任务书和勘察结果编制设计文件。

（七）施工，是将投资转化为现实生产力的实施阶段。

（八）验收和交付，全面检查设计和施工质量，及时发现解决问题，保证按设计要求的技术经济指标正常生产，并分析概预算执行情况，考核投资效果各项指标，移交固定资产等。

在以上每一个程序内，又包含若干子程序，如在设计环节，就有方案设计阶段、初步设计阶段、施工图设计阶段、设计审查等；在施工环节，就包含《招标投标法》中规定的招标投标的程序，即从招标、投档、评标、定标到签订合同等。在整个建设程序中，建设、勘察、设计、施工、监理、检测等单位参与其中的不同阶段。为了保证建设工程质量和安全生产，需要对全过程进行管理，各单位均应该在其中承担一定的质量和安全生产责任。

建设单位是建设工程的投资人，也称"业主"。建设单位是工程建设项目建设过程的总负责方，拥有确定建设项目的规模、功能、外观、选用材料设备、按照国家法律法规规定选择承包单位等权力。建设单位可以是法人或自然人，包括房地产开发商。

勘察单位是指已通过建设行政主管部门的资质审查，从事工程测量、水文地质和岩土工程等工作的单位。勘察单位依据建设项目的目标要求，查明并分析、评价建设场地和有关范围内的地质、地理环境特征和岩土工作条件，编制建设项目所需的勘察文件，提供相关服务和咨询。

设计单位是指经过建设行政主管部门的资质审查，从事建设工程可行性研究、建设工程设计、工程咨询等工作的单位。设计是依据建设项目的目标要求，对其技术、经济、资源、环境等条件进行综合分析，制定方案，论证比选，编制建设项目所需的设计文件，并提供相关服务和咨询。

施工单位是指经过建设行政主管部门的资质审查，从事土木工程、建筑工程、线路管理设备安装、装修工程施工承包的单位。

工程监理单位是指经过建设行政主管部门的资质审查，受建设单位委托，依照国家法律规定要求和建设单位要求，在建设单位委托的范围内对建设工程进行监督管理的单位。

二、工程建设相关主体应当在依法取得的资质等级许可范围内从事建设工程活动

《建筑法》规定："从事建筑活动的建筑施工企业、勘察单位、设计单位和工程监理单位，按照其拥有的注册资本、专业技术人员、技术装备和已完成的建筑工程业绩等资质条件，划分为不同的资质等级，经资质审查合格，取得相应等级的资质证书后，方可在其资

质等级许可的范围内从事建筑活动。"此外，《建设工程质量检测管理办法（2015 修正）》也规定，检测机构从事质量检测业务，应当依法取得相应的资质证书。

《安全生产许可证条例》规定，建筑施工企业实行安全生产许可制度。企业未取得安全生产许可证的，不得从事生产活动。省、自治区、直辖市人民政府建设主管部门负责建筑施工企业安全生产许可证的颁发和管理，并接受国务院建设主管部门的指导和监督。

企业取得安全生产许可证，应当具备下列安全生产条件：

（一）建立、健全安全生产责任制，制定完备的安全生产规章制度和操作规程。

（二）安全投入符合安全生产要求。

（三）设置安全生产管理机构，配备专职安全生产管理人员。

（四）主要负责人和安全生产管理人员经考核合格。

（五）特种作业人员经有关业务主管部门考核合格，取得特种作业操作资格证书。

（六）从业人员经安全生产教育和培训合格。

（七）依法参加工伤保险，为从业人员缴纳保险费。

（八）厂房、作业场所和安全设施、设备、工艺符合有关安全生产法律、法规、标准和规程的要求。

（九）有职业危害防治措施，并为从业人员配备符合国家标准或者行业标准的劳动防护用品。

（十）依法进行安全评价。

（十一）有重大危险源检测、评估、监控措施和应急预案。

（十二）有生产安全事故应急救援预案、应急救援组织或者应急救援人员，配备必要的应急救援器材、设备。

（十三）法律、法规规定的其他条件。

三、工程建设相关主体的法定代表人应当授权委托工程项目负责人

《建筑工程五方责任主体项目负责人质量终身责任追究暂行办法》规定，参与新建、扩建、改建的建筑工程项目负责人按照国家法律法规和有关规定，在工程设计使用年限内对工程质量承担相应的责任。建设、勘察、设计、施工、监理等单位的法定代表人应当签署授权委托书，明确各自工程项目负责人。

对该办法施行后新开工建设的工程项目，建设、勘察、设计、施工、监理单位的法定代表人应当及时签署授权书，明确本单位在该工程的项目负责人。经授权的建设单位项目负责人、勘察单位项目负责人、设计单位项目负责人、施工单位项目经理和监理单位总监理工程师应当在办理工程质量监督手续前签署工程质量终身责任承诺书，连同法定代表人授权书，报工程质量监督机构备案。对未办理授权书、承诺书备案的，住房城乡建设主管部门不予办理工程质量监督手续、不予颁发施工许可证、不予办理工程竣工验收备案。

对已经开工正在建设的工程项目，建设、勘察、设计、施工、监理单位的法定代表人应当补签授权书，明确本单位在该工程的项目负责人。经授权的建设单位项目负责人、勘察单位项目负责人、设计单位项目负责人、施工单位项目经理和监理单位总监理工程师应

当补签工程质量终身责任承诺书，连同法定代表人授权书，报工程质量监督机构备案。对未办理授权书、承诺书备案的，住房城乡建设主管部门不予办理工程竣工验收备案。

四、专业技术人员应当在注册许可范围内依法承担质量安全责任

《建筑法》及相关法律规定，从事建筑活动的专业技术人员，应当依法取得相应的执业资格证书，并在执业资格证书许可的范围内和聘用单位业务范围内从事建筑活动，对签署技术文件的真实性和准确性负责，依法承担质量安全责任。专业技术人员是指直接在建筑工程的勘察、设计、施工工艺、工程监理等专业技术岗位上工作的技术人员。

注册建筑师是指依法取得注册建筑师证书并从事房屋建筑设计及相关业务的人员。注册建筑师分为一级注册建筑师和二级注册建筑师。

注册建造师是指通过考核认定或考试合格取得中华人民共和国建造师资格证书，并按照本规定注册，取得中华人民共和国建造师注册证书和执业印章，担任施工单位项目负责人及从事相关活动的专业技术人员。注册建造师实行注册执业管理制度，注册建造师分为一级注册建造师和二级注册建造师。

注册监理工程师是指经考试取得中华人民共和国监理工程师资格证书，并按照本规定注册，取得中华人民共和国注册监理工程师注册执业证书和执业印章，从事工程监理及相关业务活动的专业技术人员。

勘察设计注册工程师是指经考试取得中华人民共和国注册工程师资格证书，并按照本规定注册，取得中华人民共和国注册工程师注册执业证书和执业印章，从事建设工程勘察、设计及有关业务活动的专业技术人员。

五、施工企业安全生产管理人员应当取得安全生产考核合格证书

《建筑施工企业主要负责人、项目负责人和专职安全生产管理人员安全生产管理规定》规定（上述三类人员简称"安管人员"），"安管人员"应当通过其受聘企业，向企业工商注册地的省、自治区、直辖市人民政府住房城乡建设主管部门申请安全生产考核，并取得安全生产考核合格证书。

（一）申请条件

申请参加安全生产考核的"安管人员"，应当具备相应文化程度、专业技术职称和一定安全生产工作经历，与企业确立劳动关系，并经企业年度安全生产教育培训合格。

（二）安全生产考核内容

安全生产考核包括安全生产知识考核和管理能力考核。安全生产知识考核内容包括：建筑施工安全的法律法规、规章制度、标准规范，建筑施工安全管理基本理论等。安全生产管理能力考核内容包括：建立和落实安全生产管理制度、辨识和监控危险性较大的分部分项工程、发现和消除安全事故隐患、报告和处置生产安全事故等方面的能力。

（三）安全生产考核合格证书的获得、延续和变更等事宜

对安全生产考核合格的，考核机关应当在 20 个工作日内核发安全生产考核合格证书，并予以公告；对不合格的，应当通过"安管人员"所在企业通知本人并说明理由。安全生产考核合格证书有效期为 3 年，证书在全国范围内有效。证书式样由国务院住房城乡建设主管部门统一规定。

安全生产考核合格证书有效期届满需要延续的，"安管人员"应当在有效期届满前 3 个月内，由本人通过受聘企业向原考核机关申请证书延续。准予证书延续的，证书有效期延续 3 年。

对证书有效期内未因生产安全事故或者违反本规定受到行政处罚，信用档案中无不良行为记录，且已按规定参加企业和县级以上人民政府住房城乡建设主管部门组织的安全生产教育培训的，考核机关应当在受理延续申请之日起 20 个工作日内，准予证书延续。

"安管人员"变更受聘企业的，应当与原聘用企业解除劳动关系，并通过新聘用企业到考核机关申请办理证书变更手续。考核机关应当在受理变更申请之日起 5 个工作日内办理完毕。

"安管人员"遗失安全生产考核合格证书的，应当在公共媒体上声明作废，通过其受聘企业向原考核机关申请补办。考核机关应当在受理申请之日起 5 个工作日内办理完毕。

"安管人员"不得涂改、倒卖、出租、出借或者以其他形式非法转让安全生产考核合格证书。

六、工程施工特种作业人员应当取得特种作业操作资格证书

《安全生产法》规定"施工企业应当对从业人员进行安全生产教育和培训，保证从业人员具备必要的安全生产知识，熟悉有关的安全生产规章制度和安全操作规程，掌握本岗位的安全操作技能，了解事故应急处理措施，知悉自身在安全生产方面的权利和义务。未经安全生产教育和培训合格的从业人员，不得上岗作业。"该法同时指出，施工企业的特种作业人员必须按照国家有关规定经专门的安全作业培训，取得相应资格，方可上岗作业。特种作业人员的范围由国务院安全生产监督管理部门会同国务院有关部门确定。《建筑法》也规定"建筑施工企业应当建立健全劳动安全生产教育培训制度，加强对职工安全生产的教育培训；未经安全生产教育培训的人员，不得上岗作业。"工程施工一线作业人员应当按照相关行业职业标准和规定经培训考核合格。工程建设有关单位应当建立健全一线作业人员的职业教育、培训制度，定期开展职业技能培训。

《建筑施工特种作业人员管理规定》规定"建筑施工特种作业人员必须经建设主管部门考核合格，取得建筑施工特种作业人员操作资格证书，方可上岗从事相应作业。建筑施工特种作业人员应当参加年度安全教育培训或者继续教育，每年不得少于 24 小时。"

七、工程建设相关主体应当建立危险性较大的分部分项工程管理责任制

危险性较大的分部分项工程（以下简称"危大工程"）是指房屋建筑和市政基础设施

工程在施工过程中，容易导致人员群死群伤或者造成重大经济损失的分部分项工程。危大工程及超过一定规模的危大工程范围由国务院住房城乡建设主管部门制定。省级住房城乡建设主管部门可以结合本地区实际情况，补充本地区危大工程范围。

建设、勘察、设计、施工、监理、监测等单位应当建立完善危大工程管理责任制，落实安全管理责任，严格按照相关规定实施危大工程清单管理、专项施工方案编制及论证、现场安全管理等制度。建设、勘察、设计、施工、监理、监测等单位对于保障危大工程的安全均有责任，各单位应该落实各自的安全责任。

建设单位应当依法提供真实、准确、完整的工程地质、水文地质和工程周边环境等资料。

勘察单位应当根据工程实际及工程周边环境资料，在勘察文件中说明地质条件可能造成的工程风险。

设计单位应当在设计文件中注明涉及危大工程的重点部位和环节，提出保障工程周边环境安全和工程施工安全的意见，必要时进行专项设计。

施工单位应当在危大工程施工前组织工程技术人员编制专项施工方案。实行施工总承包的，专项施工方案应当由施工总承包单位组织编制。危大工程实行分包的，专项施工方案可以由相关专业分包单位组织编制。

监理单位应当结合危大工程专项施工方案编制监理实施细则，并对危大工程施工实施专项巡视检查。监理单位发现施工单位未按照专项施工方案施工的，应当要求其进行整改；情节严重的，应当要求其暂停施工，并及时报告建设单位。施工单位拒不整改或者不停止施工的，监理单位应当及时报告建设单位和工程所在地住房城乡建设主管部门。

监测单位应当编制监测方案。监测方案由监测单位技术负责人审核签字并加盖单位公章，报送监理单位后方可实施。监测单位应当按照监测方案开展监测，及时向建设单位报送监测成果，并对监测成果负责；发现异常时，及时向建设、设计、施工、监理单位报告，建设单位应当立即组织相关单位采取处置措施。

八、工程建设相关主体的法定代表人和项目负责人应当依法对安全生产事故和隐患承担相应责任

《安全生产法》规定，生产经营单位的主要负责人负责督促、检查本单位的安全生产工作，及时消除生产安全事故隐患。住房和城乡建设部颁发的《建设单位项目负责人质量安全责任八项规定（试行）》《建筑工程勘察单位项目负责人质量安全责任七项规定（试行）》《建筑工程设计单位项目负责人质量安全责任七项规定（试行）》《建筑工程项目总监理工程师质量安全责任六项规定（试行）》《建筑施工项目经理质量安全责任十项规定（试行）》等五个规定中对各个单位的负责人应该承担的质量和安全责任进行了详细的规定，详见附录八、九、十、十一、十二。建设、勘察、设计、施工、监理等单位法定代表人和项目负责人应当加强工程项目安全生产管理，依法对安全生产事故和隐患承担相应责任。

九、建设单位应当组织工程建设相关主体进行竣工验收

《建设工程质量管理条例》规定"建设单位收到建设工程竣工报告后，应当组织设计、施工、工程监理等有关单位进行竣工验收。""建设工程经验收合格的，方可交付使用。"《建筑法》规定"建筑工程竣工经验收合格后，方可交付使用；未经验收或者验收不合格的，不得交付使用。"

（一）工程符合下列要求方可进行竣工验收

1. 完成工程设计和合同约定的各项内容。

2. 施工单位在工程完工后对工程质量进行了检查，确认工程质量符合有关法律、法规和工程建设强制性标准，符合设计文件及合同要求，并提出工程竣工报告。工程竣工报告应经项目经理和施工单位有关负责人审核签字。

3. 对于委托监理的工程项目，监理单位对工程进行了质量评估，具有完整的监理资料，并提出工程质量评估报告。工程质量评估报告应经总监理工程师和监理单位有关负责人审核签字。

4. 勘察、设计单位对勘察、设计文件及施工过程中由设计单位签署的设计变更通知书进行了检查，并提出质量检查报告。质量检查报告应经该项目勘察、设计负责人和勘察、设计单位有关负责人审核签字。

5. 有完整的技术档案和施工管理资料。

6. 有工程使用的主要建筑材料、建筑构配件和设备的进场试验报告，以及工程质量检测和功能性试验资料。

7. 建设单位已按合同约定支付工程款。

8. 有施工单位签署的工程质量保修书。

9. 对于住宅工程，进行分户验收并验收合格，建设单位按户出具《住宅工程质量分户验收表》。

10. 建设主管部门及工程质量监督机构责令整改的问题全部整改完毕。

11. 法律、法规规定的其他条件。

（二）工程竣工验收应当按以下程序进行

1. 工程完工后，施工单位向建设单位提交工程竣工报告，申请工程竣工验收。实行监理的工程，工程竣工报告须经总监理工程师签署意见。

2. 建设单位收到工程竣工报告后，对符合竣工验收要求的工程，组织勘察、设计、施工、监理等单位组成验收组，制定验收方案。对于重大工程和技术复杂工程，根据需要可邀请有关专家参加验收组。

3. 建设单位应当在工程竣工验收 7 个工作日前将验收的时间、地点及验收组名单书面通知负责监督该工程的工程质量监督机构。

4. 建设单位组织工程竣工验收。

（1）建设、勘察、设计、施工、监理单位分别汇报工程合同履约情况和在工程建设各个环节执行法律、法规和工程建设强制性标准的情况；

（2）审阅建设、勘察、设计、施工、监理单位的工程档案资料；

（3）实地查验工程质量；

（4）对工程勘察、设计、施工、设备安装质量和各管理环节等方面作出全面评价，形成经验收组人员签署的工程竣工验收意见。

参与工程竣工验收的建设、勘察、设计、施工、监理等各方不能形成一致意见时，应当协商提出解决的方法，待意见一致后，重新组织工程竣工验收。

第四章 工程质量管理行为要求

第一节 建设单位

一、按规定办理工程质量监督手续

国家实行建设工程质量监督管理制度。《建设工程质量管理条例》第十三条规定"**建设单位在领取施工许可证或者开工报告前，应当按照国家有关规定办理工程质量监督手续。**"建筑工程开工前必须申请领取施工许可证，否则一律不得开工。建设单位在领取施工许可证或者开工报告之前，应当按照国家有关规定，到建设行政主管部门或国务院铁路、交通、水利等有关部门或其委托的建设工程质量监督机构或专业工程质量监督机构办理工程质量监督手续，接受政府部门的工程质量监督管理。

（一）实施工程质量监督的机构

国务院建设行政主管部门对全国的建设工程质量实施统一监督管理。国务院铁路、交通、水利等有关部门按照国务院规定的职责分工，负责对全国的有关专业建设工程质量的监督管理。县级以上地方人民政府建设行政主管部门对本行政区域内的建设工程质量实施监督管理。县级以上地方人民政府交通、水利等有关部门在各自的职责范围内，负责对本行政区域内的专业建设工程质量的监督管理。

（二）建设单位办理工程质量监督手续时应提供以下文件和资料：

1. 工程规划许可证；
2. 设计单位资质等级证书；
3. 监理单位资质等级证书，监理合同及《工程项目监理登记表》；
4. 施工单位资质等级证书及营业执照副本；
5. 工程勘察设计文件；
6. 中标通知书及施工承包合同等。

工程质量监督机构收到上述文件和资料后，进地审查，符合规定的，办理工程质量监督注册手续，签发监督通知书。

建设单位在办理工程质量监督手续的同时，按照国家有关规定缴纳建设工程质量监督费用。

根据《建设工程质量管理条例》规定，办理工程质量监督手续是法定程序，不办理监督手续的，县级以上人民政府建设行政主管部门和其他专业部门不发施工许可证，工程不得开工。

二、不得肢解发包工程

《建筑法》第二十四条规定"提倡对建筑工程实行总承包，禁止将建筑工程肢解发包。"

（一）肢解发包的含义

根据《建设工程质量管理条例》肢解发包是指建设单位将应当由一个承包单位完成的建设工程分解成若干部分发包给不同的承包单位的行为。建设单位在组织实施建设工程时，一般要确定一个总包单位来协调各分包的关系，或确定一个项目管理公司来协调各承包单位的关系，很少有建设单位把工程的设计分别委托给几个单位，或把工程的施工分别发包给几个单位实施的。

（二）肢解发包工程的处罚

《建筑法》第六十五条规定"发包单位将建筑工程肢解发包的，责令改正，处以罚款。"

《建设工程质量管理条例》规定"建设单位将建设工程肢解发包的，责令改正，处工程合同价款0.5%以上1%以下的罚款；对全部或者部分使用国有资金的项目，并可以暂停项目执行或者暂停资金拨付。"

三、不得任意压缩合理工期

工期是指施工的工程从开工起到完成承包合同规定的全部内容，达到竣工验收标准所经历的时间，工期以天数表示。施工工期是建筑企业重要的核算指标之一，其长短直接影响工程质量和建筑企业的经济效益。

《建设工程质量管理条例》第十条规定"建设工程发包单位不得任意压缩合理工期。"合理工期是指在正常建设条件下，采取科学合理的施工工艺和管理方法，以现行的建设行政主管部门颁布的工期定额为基础，结合项目建设的具体情况，而确定的使投资方、各参加单位均获得满意的经济效益的工期。合理工期要以工期定额为基础确定，但不一定与定额工期完全一致，可依施工条件等作适当调整，这是因为定额工期反映的是社会平均水平，是经选取的各类典型工程经分析整理后综合取得的数据，由于技术的进步，完成一个既定项目所需的时间会缩短，工期会提前。目前国家发布的工期定额文件是《建筑安装工程工期定额》TY 01—89—2016。

合理加快工程施工进度、缩短工程施工工期，是市场经济对施工单位的要求，是满足业主方要求的必要条件，也是施工单位提高经济效益和社会效益的有效途径。建设单位不能为了早日发挥项目的效益，迫使承包单位大量增加人力、物力投入、赶工期，损害承包单位的利益。《建设工程质量管理条例》第五十六条规定"建设单位任意压缩合理工期的责令改正，处 20 万元以上 50 万元以下的罚款。"

四、委托具有相应资质的检测单位进行检测工作

《建设工程质量检测管理办法》第十二条规定"质量检测业务，由工程项目建设单位**委托具有相应资质的检测机构进行检测。委托方与被委托方应当签订书面合同。**"

检测机构是具有独立法人资格的中介机构。检测机构从事本办法附件一规定的质量检测业务，应当依据本办法取得相应的资质证书。检测机构资质按照其承担的检测业务内容分为专项检测机构资质和见证取样检测机构资质。检测机构资质标准由本法附件二规定。检测机构未取得相应的资质证书，不得承担本办法规定的质量检测业务。

（一）专项检测机构和见证取样检测机构应满足下列基本条件：

1. 所申请检测资质对应的项目应通过计量认证；

2. 有质量检测、施工、监理或设计经历，并接受了相关检测技术培训的专业技术人员不少于 10 人；边远的县（区）的专业技术人员可不少于 6 人；

3. 有符合开展检测工作所需的仪器、设备和工作场所；其中，使用属于强制检定的计量器具，要经过计量检定合格后，方可使用；

4. 有健全的技术管理和质量保证体系。

（二）专项检测机构除应满足基本条件外，还需满足下列条件：

1. 地基基础工程检测类

专业技术人员中从事工程桩检测工作 3 年以上并具有高级或者中级职称的不得少于 4 名，其中 1 人应当具备注册岩土工程师资格。

2. 主体结构工程检测类

专业技术人员中从事结构工程检测工作 3 年以上并具有高级或者中级职称的不得少于 4 名，其中 1 人应当具备二级注册结构工程师资格。

3. 建筑幕墙工程检测类

专业技术人员中从事建筑幕墙检测工作 3 年以上并具有高级或者中级职称的不得少于 4 名。

4. 钢结构工程检测类

专业技术人员中从事钢结构机械连接检测、钢网架结构变形检测工作 3 年以上并具有高级或者中级职称的不得少于 4 名，其中 1 人应当具备二级注册结构工程师资格。

（三）见证取样检测机构除应满足基本条件外，专业技术人员中从事检测工作 3 年以上并具有高级或者中级职称的不得少于 3 名；边远的县（区）可不少于 2 人。

五、施工图设计文件报审查机构审查合格方可使用

《房屋建筑和市政基础设施工程施工图设计文件审查管理办法》规定"**我国实施施工图设计文件审查制度。**"《建设工程质量管理条例》第十一条规定"**建设单位应当将施工图设计文件报县级以上人民政府建设行政主管部门或者其他有关部门审查。施工图设计文件审查的具体办法，由国务院建设行政主管部门会同国务院其他有关部门制定。施工图设**

计文件未经审查批准的，不得使用。"

（一）施工图设计文件审查必要性

施工图设计文件审查成为基本建设必须进行的一道程序，建设单位应严格执行。施工图设计文件是设计文件的重要内容，是编制施工图预算、安排材料、设备订货和非标准设备制作，进行施工、安装和工程验收等工作的依据，施工图设计文件一经完成，建设工程最终所要达到的质量，尤其是地基基础和结构的安全性就有了约束，因此施工图设计文件的质量直接影响建设工程的质量。

在市场经济条件下，由于市场竞争的原因，设计单位常常受制于建设单位，违心地服从建设单位提出的不合理要求，违反国家和地方和有关规定和强制性标准、规范，有的建设单位规划报批方案与施工图设计文件不符，搞两张皮，边设计、边施工的现象也时有发生，这都会影响到实际的设计质量。而一旦发现设计的质量问题，往往已经开始施工甚至开始使用，这将带来巨大的损失。因此对施工图设计文件开展审查，既是对设计单位的成果进行质量控制，也能纠正参与建设活动各方的不规范行为，而且审查是在施工图设计文件完成之后，交付施工之前进行，这样就可以有效地避免损失，保证建设工程的质量。

（二）施工图设计审查机构和审查人员

审查机构要经政府有关部门认可，受政府委托开展审查工作。如建筑工程设计的审查机构应符合以下条件：

1.具有符合设计审查条件的工程技术人员组成的独立法人实体；

2.有固定的工作场所，注册资金不少于 20 万元；

3.有健全的技术管理和质量保证体系；

4.具有符合条件的结构审查人员不少于 6 人；勘察、建筑和其他配套专业的审查人员不少于 7 人；

5.审查人员应当熟悉国家和地方现行的强制性标准规范。

其中审查人员应具备以下条件：

1.具有 10 年以上结构设计工作经历，独立完成过五项二级以上（含二级）项目工程设计的一级注册结构工程师、高级工程师，年满 35 周岁，最高不超过 65 周岁；

2.有独立工作能力，并有一定语言文字表达能力；

3.有良好的职业道德。

（三）法律责任

施工图设计文件未经审查或者审查不合格，责令擅自施工的建设单位改正，处 20 万元以上 50 万元以下的罚款。

六、施工图设计文件有重大修改或变动的应当重新进行报审

《房屋建筑和市政基础设施工程施工图设计文件审查管理办法》第十四条规定，任何

单位或者个人不得擅自修改审查合格的施工图；确需修改的，而修改的内容包括：

（1）涉及是否符合工程建设强制性标准；

（2）地基基础和主体结构的安全性；

（3）是否符合民用建筑节能强制性标准，对执行绿色建筑标准的项目，还应当审查是否符合绿色建筑标准；

（4）勘察设计企业和注册执业人员以及相关人员是否按规定在施工图上加盖相应的图章和签字；

（5）法律、法规、规章规定必须审查的其他内容。

建设单位应当将修改后的施工图送原审查机构审查，审查合格方可使用。

七、向监理单位和施工单位提供经审查合格的施工图纸

《房屋建筑和市政基础设施工程施工图设计文件审查管理办法》规定"**建设单位应当将施工图送审查机构审查。**"施工图审查是指施工图审查机构按照有关法律、法规，对施工图涉及公共利益、公众安全和工程建设强制性标准的内容进行的审查。施工图审查应当坚持先勘察、后设计的原则。施工图未经审查合格的，不得使用。从事房屋建筑工程、市政基础设施工程施工、监理等活动，以及实施对房屋建筑和市政基础设施工程质量安全监督管理，应当以审查合格的施工图为依据。

八、组织图纸会审和设计交底工作

施工图纸是施工单位和监理单位开展工作最直接的依据。现阶段大多对施工进行监理，设计监理很少，图纸中差错难免存在，故设计交底与图纸会审更显必要。此外，设计交底与图纸会审是保证工程质量的重要环节，也是保证工程质量的前提，也是保证工程顺利施工的主要步骤，各参与建设方应当充分重视。

《建设工程施工合同（示范文本）》GF—2017—0201 第二部分通用合同条款的 1.6.1 图纸的提供和交底规定"**发包人应按照专用合同条款约定的期限、数量和内容向承包人免费提供图纸，并组织承包人、监理人和设计人进行图纸会审和设计交底。**"

（一）图纸会审和设计交底的目的

为了使参与工程建设的各方了解设计意图、了解设计内容和技术要求，掌握工程关键部分的技术要求，保证工程质量。同时，也为了认真进行图纸会审，发现和解决各专业设计之间的可能矛盾，减少图纸中的差错和遗漏，将图纸中的质量隐患与问题消灭在施工之前，使设计施工图纸更符合施工现场的具体要求，避免返工浪费。

（二）设计交底的内容

设计交底的内容主要包括：

1. 采用的设计规范；

2. 确定的抗震设防烈度；

3.防火等级；

4.基础、结构、内外装修及机电设备设计；

5.对主要建筑材料、构配件和设备的要求；

6.所采用的新技术、新工艺、新材料、新设备的要求等。

（三）设计交底与图纸会审应遵循的原则

1.设计单位应提交完整的施工图纸：各专业相互关联的图纸必须提供齐全、完整，对施工单位急需的重要分部分项专业图纸也可提前交底与会审，但在所有成套图纸到齐后需再统一交底与会审。现在很多工程已开工，而施工图纸还不全，以至后到的图纸拿来就施工。这些现象是不正常的。图纸会审不可遗漏，即使施工过程中另补的新图也应进行交底和会审。

2.在设计交底与图纸会审之前，建设单位、监理部及施工单位和其他有关单位必须事先指定主管该项目的有关技术人员看图自审，初步审查本专业的图纸，进行必要的审核和计算工作。各专业图纸之间必须核对。

3.设计交底与图纸会审时，设计单位应派负责该项目的主要设计人员参加。进行设计交底与图纸会审的工程图纸，必须经建设单位确认。未经确认不得交付施工。

4.凡直接涉及设备制造厂家的工程项目及施工图，应由订货单位邀请制造厂家代表到会，并请建设单位、监理部与设计单位的代表一起进行技术交底与图纸会审。

（四）设计交底与图纸会审会议的组织及程序

1.时间。设计交底与图纸会审在项目开工之前进行，开会时间由监理部决定并发通知。参加人员应包括监理、建设、设计、施工等单位的有关人员。

2.会议组织。按《建设工程监理规范》GB 50319第5.2.2条要求，项目监理人员应参加由建设单位组织的设计技术交底会，一般情况下，设计交底与图纸会审会议由总监理工程师主持，监理部和各专业施工单位（含分包单位）分别编写会审记录，由监理部汇总和起草会议纪要，总监理工程师应对设计技术交底会议纪要进行签认，并提交建设、设计和施工单位会签。

3.设计交底与图纸会审工作的程序

（1）首先由设计单位介绍设计意图、结构设计特点、工艺布置与工艺要求、施工中注意事项等。

（2）各有关单位对图纸中存在的问题进行提问。

（3）设计单位对各方提出的问题进行答疑。

（4）各单位针对问题进行研究与协调，制订解决办法。写出会审纪要，并经各方签字认可。

（五）设计交底与图纸会审的重点

1.施工图纸是否经过设计单位各级人员签署，是否通过施工图审查机构审查。

2.设计图纸与说明书是否齐全、明确，坐标、标高、尺寸、管线、道路等交叉连接是否相符；图纸内容、表达深度是否满足施工需要；施工中所列各种标准图册是否已经具备。

3.施工图与设备、特殊材料的技术要求是否一致；主要材料来源有无保证，能否代换；新技术、新材料的应用是否落实。

4.设备说明书是否详细，与规范、规程是否一致。

5.土建结构布置与设计是否合理，是否与工程地质条件紧密结合，是否符合抗震设计要求。

6.几家设计单位设计的图纸之间有无相互矛盾；各专业之间、平立剖面之间、总图与分图之间有无矛盾；建筑图与结构图的平面尺寸及标高是否一致，表示方法是否清楚；预埋件、预留孔洞等设置是否正确；钢筋明细表及钢筋的构造图是否表示清楚；混凝土柱、梁接头的钢筋布置是否清楚，是否有节点图；钢构件安装的连接节点图是否齐全；各类管沟、支吊架（墩）等专业间是否协调统一；是否有综合管线图，通风管、消防管、电缆桥架是否相碰。

7.设计是否满足生产要求和检修需要。

8.施工安全、环境卫生有无保证。

9.建筑与结构是否存在不能施工或不便施工的技术问题，或导致质量、安全及工程费用增加等问题。

10.防火、消防设计是否满足有关规程要求。

(六) 纪要与实施

1.项目监理部应将施工图会审记录整理汇总并负责形成会议纪要。经与会各方签字同意后，该纪要即被视为设计文件的组成部分，发送建设单位和施工单位，抄送有关单位并存档。施工过程中应严格执行会议纪要。

2.如有不同意见通过协商仍不能取得统一时，应报请建设单位定夺。

3.对会审会议上决定必须进行设计修改的，由原设计单位按设计变更管理程序提出修改设计，一般性问题经监理工程师和建设单位审定后，交施工单位执行；重大问题报建设单位及上级主管部门与设计单位共同研究解决。施工单位拟施工的一切工程项目设计图纸，必须经过设计交底与图纸会审，否则不得开工，已经交底和会审的施工图以下达会审纪要的形式作为确认。

九、按合同约定采购的建筑材料、建筑构配件和设备应符合质量要求

《建设工程质量管理条例》第十四条规定"**按照合同约定，由建设单位采购建筑材料、建筑构配件和设备的，建设单位应当保证建筑材料、建筑构配件和设备符合设计文件和合同要求。**"为保证建筑材料和设备的质量符合合同和设计的要求，建设单位采购建筑材料、建筑构配件和设备可以按照下列要求进行：

(一) 实行发包人（即建设单位）供应材料设备的，双方应当约定发包人供应材料设备的一览表，一览表包括发包人供应材料设备的品种、规格、型号、数量、单价、质量等级、提供时间和地点。

(二) 发包人按一览表约定的内容提供材料设备，并向承包人提供产品合格证明，对

其质量负责。发包人在所供材料设备到货前 24 小时，以书面形式通知承包人，由承包人派人与发包人共同清点。

（三）发包人供应的材料设备，承包人派人参加清点后由承包人妥善保管，发包人支付相应保管费用。因承包人原因发生丢失损坏，由承包人负责赔偿。发包人未通知承包人清点，承包人不负责材料设备的保管，丢失损坏由发包人负责。

（四）发包人供应的材料设备与一览表不符时，发包人承担有关责任。发包人应承担责任的具体内容，双方根据下列情况在专用条款内约定。

1. 材料设备单价与一览表不符，由发包人承担所有价差。

2. 材料设备的品种、规格、型号、质量等级与一览表不符，承包人可拒绝接收保管，由发包人运出施工场地并重新采购。

3. 发包人供应的材料规格、型号与一览表不符，经发包人同意，承包人可代为调剂串换，由发包人承担相应费用。

4. 到货地点与一览表不符，由发包人负责运至一览表指定地点。

5. 供应数量少于一览表约定的数量时，由发包人补齐，多于一览表约定数量时，发包人负责将多出部分运出施工场地。

6. 到货时间早于一览表约定时间，由发包人承担因此发生的保管费用；到货时间迟于一览表约定的供应时间，发包人赔偿由此造成的承包人的损失，造成工期延误的，相应顺延工期。

（五）发包人供应的材料设备使用前，由承包人负责检验或试验，不合格的不得使用，检验或试验费用由发包人承担。

（六）发包人供应材料设备的结算方法，双方在专用条款内约定。

根据以上规定，对建设单位供应的材料和设备，在使用前，承包单位要对其进行检验和试验，如果不合格，不得在工程上使用，并通知建设单位予以退换。

十、不得指定应由承包单位采购的建筑材料、建筑构配件和设备

《建筑法》第二十五条规定"**按照合同约定，建筑材料、建筑构配件和设备由工程承包单位采购的，发包单位不得指定承包单位购入用于工程的建筑材料、建筑构配件和设备或者指定生产厂、供应商。**"

建筑工程所需的建筑材料、构配件和设备根据具体情况，可以由发包方负责提供，也可以由承包方负责采购。应由谁负责建筑材料、构配件和设备的供应、采购，应当由承发包双方在承包合同中作出明确约定。《建设工程施工合同（示范文本）》GF—2017—0201 中规定"**合同约定由承包人采购的材料、工程设备，发包人不得指定生产厂家或供应商，发包人违反本款约定指定生产厂家或供应商的，承包人有权拒绝，并由发包人承担相应责任。**"按照合同约定由发包方供应材料、设备的，发包方应按协议条款约定的材料、设备种类、规格、数量单价、质量等级和提供时间、地点，向承包方提供材料、设备及其产品合格证明。

建设单位有权按照合同约定对承包方采购的建筑材料、构配件和设备是否符合规定的要求进行验收。对不符合要求的有权拒绝验收并要求承包方承担相应的责任。但

是，建设单位不得利用自己的有利地位，要求承包方购入由其指定的建筑材料、构配件或设备，包括不得要求承包方必须向其指定的生产厂或供应商购买建筑材料、构配件或设备。

建设单位指定应由承包单位采购的建筑材料、建筑构配件和设备，或者指定生产厂、供应商的行为，会影响建筑材料及构配件和设备的各生产者、供应者之间的正当竞争，而这种指定行为又往往产生于建设单位与建筑材料及构配件、设备的生产者、供应者的相互串通，同时，在建筑工程按合同约定实行固定计价的情况下，建设单位指定承包方购买高价的建筑材料、构配件和设备，也会损害承包方的利益。

十一、按合同约定及时支付工程款

《国务院办公厅关于全面治理拖欠农民工工资问题的意见》中规定了规范工程款支付和结算行为。全面推行施工过程结算，建设单位应按合同约定的计量周期或工程进度结算并支付工程款。工程竣工验收后，对建设单位未完成竣工结算或未按合同支付工程款，且未明确剩余工程款支付计划的，探索建立建设项目抵押偿付制度，有效解决拖欠工程款问题。对长期拖欠工程款结算或拖欠工程款的建设单位，有关部门不得批准其新项目开工建设。

在工程建设领域推行工程款支付担保制度，采用经济手段约束建设单位履约行为，预防工程款拖欠。加强对政府投资工程项目的管理，对建设资金来源不落实的政府投资工程项目不予批准。政府投资项目一律不得以施工企业带资承包的方式进行建设，并严禁将带资承包有关内容写入工程承包合同及补充条款。

第二节　勘察、设计单位

一、向施工单位和监理单位详细说明审查合格的施工图设计文件

施工图设计文件是施工单位和监理单位开展工作最直接的依据。《建设工程勘察设计管理条例》第三十条第一款规定"**建设工程勘察、设计单位应当在建设工程施工前，向施工单位和监理单位说明建设工程勘察、设计意图，解释建设工程勘察、设计文件。**"《建设工程质量管理条例》第二十三条规定"**设计单位应当就审查合格的施工图设计文件向施工单位作出详细说明。**"

施工图设计文件完成并经审查合格后，设计单位仍应就设计文件向施工单位和监理单位进行设计交底，这对施工正确贯彻设计意图，加深对设计文件难点、疑点的理解，确保工程质量有重要的意义。设计交底通常的做法是设计文件完成后，设计单位将设计图纸交建设单位，再由建设单位交施工单位后，由设计单位将设计的意图、特殊的工艺要求以及建筑、结构、设备等各专业在施工中的难点、疑点和容易发生的问题等向施工单位逐一说明，并负责解释施工单位对设计图纸的疑问。

（一）设计交底与图纸会审应遵循的原则

1.设计单位应提交完整的施工图纸，各专业相互关联的图纸必须提供齐全、完整。

2.在设计交底与图纸会审之前，建设单位、监理部及施工单位和其他有关单位必须事先指定主管该项目的有关技术人员看图自审，初步审查本专业的图纸，进行必要的审核和计算工作。各专业图纸之间必须核对。

3.设计交底与图纸会审时，设计单位必须委派负责该项目的主要设计人员出席。进行设计交底与图纸会审的工程图纸，必须经建设单位确认。未经确认不得交付施工。

（二）设计交底与图纸会审的时间

设计交底与图纸会审在项目开工之前进行，开会时间由监理部决定并发通知。参加人员应包括监理、建设、设计、施工等单位的有关人员。

（三）设计交底与图纸会审的组织

项目监理人员应参加由建设单位组织的设计技术交底会，一般情况下，设计交底与图纸会审会议由总监理工程师主持，监理部和各专业施工单位（含分包单位）分别编写会审记录，由监理部汇总和起草会议纪要，总监理工程师应对设计技术交底会议纪要进行签认，并提交建设、设计和施工单位会签。

（四）设计交底与图纸会审的重点

1.设计单位资质情况，是否无证设计或越级设计；施工图纸是否经过设计单位各级人员签署，是否通过施工图审查机构审查。

2.设计图纸与说明书是否齐全、明确，坐标、标高、尺寸、管线、道路等交叉连接是否相符；图纸内容、表达深度是否满足施工需要；施工中所列各种标准图册是否已经具备。

3.施工图与设备、特殊材料的技术要求是否一致；主要材料来源有无保证，能否代换；新技术、新材料的应用是否落实。

4.设备说明书是否详细，与规范、规程是否一致。

5.土建结构布置与设计是否合理，是否与工程地质条件紧密结合，是否符合抗震设计要求。

6.几家设计单位设计的图纸之间有无相互矛盾；各专业之间、平立剖面之间、总图与分图之间有无矛盾；建筑图与结构图的平面尺寸及标高是否一致，表示方法是否清楚；预埋件、预留孔洞等设置是否正确；钢筋明细表及钢筋的构造图是否表示清楚；混凝土柱、梁接头的钢筋布置是否清楚，是否有节点图；钢构件安装的连接节点图是否齐全；各类管沟、支吊架（墩）等专业间是否协调统一；是否有综合管线图，通风管、消防管、电缆桥架是否相碰。

7.设计是否满足生产要求和检修需要。

8.建筑与结构是否存在不能施工或不便施工的技术问题，或导致质量、安全及工程费用增加等问题。

9.施工安全、环境卫生有无保证。

10.防火、消防设计是否满足有关规程要求。

二、解决施工中发现的勘察设计问题

《建设工程勘察设计管理条例》第三十条第二款规定"**建设工程勘察、设计单位应当及时解决施工中出现的勘察、设计问题。**"《建设工程质量管理条例》第二十四条规定"**设计单位应当参与建设工程质量事故分析，并对因设计造成的质量事故，提出相应的技术处理方案。**"

事故发生后，工程的勘察、设计单位有义务参与质量事故分析，建设工程的功能、所要求达到的质量在设计阶段就已确定，因此在工程出现事故时，该工程的勘察、设计单位对事故的分析具有权威性。勘察、设计是技术性很强的工作，勘察、设计单位最有可能在短时间内发现存在的问题。

事故发生后，对因设计造成的质量事故原设计单位必须提出相应的技术处理方案，这是设计单位的义务，因为考虑到设计单位对自己设计的工程在事故分析时的权威性，其方案也对日后的加固、修复有重要的意义。已建成工程发生事故后的修复为一项新的建设工程，因此，是否采用原设计单位提供的处理方案属于新的委托设计工作。但是在通常情况下，考虑到设计工作的特殊性以及设计单位在工程合理使用年限内所承担的责任，在设计单位具备提出合理技术处理方案的能力时，建设单位原则上应优先委托原设计单位进行加固、修复的设计工作。

三、按规定参与施工验槽

地基与基础工程验槽是指由建设单位组织建设单位、勘察单位，设计单位，施工单位、监理单位的项目负责人或技术质量负责人共同检查验收，地基是否满足设计、规范等有关要求，是否与地质勘察报告中土质情况相符，包括：基坑（槽）、基地开挖到设计标高后，应进行工程地质检验；对各种组砌基础、混凝土基础（包括设备基础、桩基础、人工地基等）做好隐蔽纪录。

验槽是为了检验勘察结果施工是否符合实际。检验基础深度是否达到设计深度，持力层是否到位或超挖，基坑尺寸是否正确，轴线位置及偏差、基础尺寸是否符合设计要求，基坑是否积水，基底土层是否被扰动；以及解决遗留和新发现的问题。基坑验槽应在施工单位自检合格的基础上进行。施工单位确认自检合格后提出验收申请，由总监理工程师或建设单位项目负责人组织建设、监理、勘察、设计及施工单位的项目负责人、技术质量负责人，共同按设计要求和有关规定进行。

施工验槽的内容包括：

（一）校核基槽开挖的平面位置与槽底标高是否符合勘察、设计要求。

（二）检验槽底持力层土质与勘察报告是否相同。

（三）当发现基槽平面土质显著不均匀，或局部存在古井、菜窖、坟穴、河沟等不良地基，可用钎探查明其平面范围与深度。

（四）检查基槽钎探结果。

《建设工程勘察质量管理办法》第九条规定"**工程勘察企业应当参与施工验槽，及时解决工程设计和施工中与勘察工作有关的问题。**"工程勘察企业不参加施工验槽的，由工程勘察质量监督部门责令改正，处1万元以上3万元以下的罚款。

第三节　施工单位

一、不得违法分包、转包工程

《建筑法》规定"**禁止承包单位将其承包的全部建筑工程转包给他人，禁止承包单位将其承包的全部建筑工程肢解以后以分包的名义分别转包给他人。**"《建设工程质量管理条例》第二十五条规定"**施工单位不得转包或者违法分包工程。**"

（一）根据住房和城乡建设部颁发的《建筑工程施工转包违法分包等违法行为认定查处管理办法（试行）》（建市〔2014〕118号），违法分包主要包括：

1.施工单位将工程分包给个人。

2.施工单位将工程分包给不具备相应资质或安全生产许可的单位。

3.施工合同中没有约定，又未经建设单位认可，施工单位将其承包的部分工程交由其他单位施工。

4.施工总承包单位将房屋建筑工程的主体结构的施工分包给其他单位，钢结构工程除外。

5.专业分包单位将其承包的专业工程中非劳务作业部分再分包。

6.劳务分包单位将其承包的劳务再分包。

7.劳务分包单位除计取劳务作业费用外，还计取主要建筑材料款、周转材料款和大中型施工机械设备费用。

8.法律法规规定的其他违法分包行为。

（二）转包是指承包单位承包建设工程后，不履行合同约定的责任和义务，将其承包的全部建设工程转给他人或者将其承包的全部工程肢解以后以分包的名义分别转给他人承包的行为。

根据住房和城乡建设部颁发的《建筑工程施工转包违法分包等违法行为认定查处管理办法（试行）》，转包行为主要包括：

1.施工单位将其承包的全部工程转给其他单位或个人施工的。

2.施工总承包单位或专业承包单位将其承包的全部工程肢解以后，以分包的名义分别转给其他单位或个人施工的。

3.施工总承包单位或专业承包单位未在施工现场设立项目管理机构或未派驻项目负责人、技术负责人、质量管理负责人、安全管理负责人等主要管理人员，不履行管理义务，未对该工程的施工活动进行组织管理的。

4.施工总承包单位或专业承包单位不履行管理义务，只向实际施工单位收取费用，主要建筑材料、构配件及工程设备的采购由其他单位或个人实施的。

5.劳务分包单位承包的范围是施工总承包单位或专业承包单位承包的全部工程，劳务分包单位计取的是除上缴给施工总承包单位或专业承包单位**"管理费"**之外的全部工程价款的。

6.施工总承包单位或专业承包单位通过采取合作、联营、个人承包等形式或名义，直接或变相的将其承包的全部工程转给其他单位或个人施工的。

7.法律法规规定的其他转包行为。

转包与分包的根本区别在于，转包行为中，原承包单位将其工作全部倒手转给他人，自己并不履行合同约定的责任和义务，而在分包行为中，承包单位只是将承包工程的某一部分或几部分在分包给其他承包单位，原承包仍要就承包合同约定的全部义务的履行向发包方负责。

（三）建设工程实行总包与分包，要满足以下四个方面的要求：

1.实行总包与分包的工程，总包单位应将工程发包给具有相应资质条件的分包单位。总承包单位和分包单位均应该有相应的资质。

2.总承包单位进行分包，应经建设单位的认可。建设单位通过对总承包单位的资质条件也就是施工单位的综合能力进行考察后将工程发包给某一总承包单位。工程承包合同对双方均有约束力，总承包单位要将所承包的工程再行分包给他人，应当告知建设单位，并取得建设单位的认可。

3.实行施工总承包的，建筑工程的主体结构不得进行分包。《建筑法》规定建筑工程的主体结构施工必须由施工总承包单位自行完成。

4.实行总分包的工程，分包单位不得再分包，即二次分包。分包层次过多，一方面管理层次增加，总包单位对工程的控制力减弱，另一方面管理成本增加，不利于保证工程质量。

《建筑法》规定**"承包单位将承包的工程转包的，或者违反本法规定进行分包的，责令改正，没收违法所得，并处罚款，可以责令停业整顿，降低资质等级；情节严重的，吊销资质证书。"**根据《建设工程质量管理条例》，承包单位将承包的工程转包或者违法分包的，责令改正，没收违法所得，对勘察、设计单位处合同约定的勘察费、设计费25％以上50％以下的罚款；对施工单位处工程合同价款0.5％以上1％以下的罚款；可以责令停业整顿，降低资质等级；情节严重的，吊销资质证书。工程监理单位转让工程监理业务的，责令改正，没收违法所得，处合同约定的监理酬金25％以上50％以下的罚款；可以责令停业整顿，降低资质等级；情节严重的，吊销资质证书。

二、施工项目经理资格符合要求并到岗履职

施工单位的项目经理是指受企业法人委派，对工程项目施工过程全面负责的项目管理者，是一种岗位职务。由项目经理选调技术、生产、材料、成本等管理人员，组成项目管理班子。项目经理在工程项目施工中处于中心地位，对工程项目施工质量全面负责。

《建筑施工项目经理质量安全责任十项规定（试行）》（建质〔2014〕123号）中规定，项目经理必须按规定取得相应执业资格和安全生产考核合格证书；合同约定的项目经

理必须在岗履职，不得违反规定同时在两个及两个以上的工程项目担任项目经理。建筑施工企业应当定期或不定期对项目经理履职情况进行检查，发现项目经理履职不到位的，及时予以纠正；必要时，按照规定程序更换符合条件的项目经理。

（一）项目经理的质量责任主要有：

1.项目经理必须对工程项目施工质量负全责，负责建立质量管理体系，负责配备专职质量施工现场管理人员，负责落实质量责任制、质量管理规章制度和操作规程。

2.项目经理必须按照工程设计图纸和技术标准组织施工，不得偷工减料；负责组织编制施工组织设计，负责组织制定质量技术措施，负责组织编制、论证和实施危险性较大分部分项工程专项施工方案；负责组织质量技术交底。

3.项目经理必须组织对进入现场的建筑材料、构配件、设备、预拌混凝土等进行检验，未经检验或检验不合格，不得使用；必须组织对涉及结构安全的试块、试件以及有关材料进行取样检测，送检试样不得弄虚作假，不得篡改或者伪造检测报告，不得明示或暗示检测机构出具虚假检测报告。

4.项目经理必须组织做好隐蔽工程的验收工作，参加地基基础、主体结构等分部工程的验收，参加单位工程和工程竣工验收；必须在验收文件上签字，不得签署虚假文件。

5.项目经理必须在起重机械安装、拆卸，模板支架搭设等危险性较大分部分项工程施工期间现场带班；必须组织起重机械、模板支架等使用前验收，未经验收或验收不合格，不得使用；必须组织起重机械使用过程日常检查，不得使用安全保护装置失效的起重机械。

6.项目经理必须将安全生产费用足额用于安全防护和安全措施，不得挪作他用；作业人员未配备安全防护用具，不得上岗；严禁使用国家明令淘汰、禁止使用的危及施工质量安全的工艺、设备、材料。

7.项目经理必须定期组织质量隐患排查，及时消除质量隐患；必须落实住房城乡建设主管部门和工程建设相关单位提出的质量隐患整改要求，在隐患整改报告上签字。

8.项目经理必须组织对施工现场作业人员进行岗前质量教育，组织审核建筑施工特种作业人员操作资格证书，未经质量教育和无证人员不得上岗。

9.项目经理必须按规定报告质量事故，立即启动应急预案，保护事故现场，开展应急救援。

（二）法律责任

1.未按规定取得建造师执业资格注册证书担任大中型工程项目经理的，其所签署的工程文件无效，由县级以上地方人民政府建设主管部门或者其他有关部门给予警告，责令停止违法活动，并可处以1万元以上3万元以下的罚款。

2.违反规定同时在两个及两个以上工程项目担任项目经理的，由县级以上地方人民政府建设主管部门或者其他有关部门给予警告，责令改正，没有违法所得的，处以1万元以下的罚款；有违法所得的，处以违法所得3倍以下且不超过3万元的罚款。

三、设立项目质量管理机构并配备质量管理人员

一般情况下，项目质量管理机构由项目经理、总工程师、副经理、工程部、质检部和现场施工队组成。项目部的工程质量管理多实行三级管理体系，项目部负责工程质量巡检，工程技术部和质检部对工程质量实行例检，施工队伍对工程质量实行自检。当然，质量管理需要项目部的每个部门参与。

项目质量管理机构建立后，需要明确各部门在质量管理中的具体任务、责任和权利。《建设工程质量管理条例》第二十六条规定"**施工单位应当建立质量责任制，确定工程项目的项目经理、技术负责人和施工管理负责人。**"施工单位的质量责任制，是其质量保证体系的一个重要组成部分，也是项目质量目标得以实现的重要保证。建立质量责任制，主要包括制定质量目标计划，建立考核标准，并层层分解落实到具体的责任单位和责任人，赋予相应的质量责任和权力。

对于工程技术和施工管理负责人，除了要明确工程项目上的技术和施工管理负责人外，还应该明确企业技术和施工管理负责人，对该工程所应承担的技术责任。如：施工组织设计，应经企业总工程师或相应的技术和质量部门批准、工程质量验收应由企业质量和技术部门参加或主持等。此外还应确定工程项目上的其他管理人员，如各工种的工长等施工管理人员。

四、编制并实施施工组织设计

施工组织设计是以施工项目为对象编制的、用以指导施工的技术、经济和管理的综合性文件。施工图设计解决的是造什么样的建筑物产品，施工组织设计解决如何建造的问题。由于受建筑产品及其施工特点的影响，每一个工程项目开工前，都必须根据工程特点与施工条件来编制施工组织设计。

根据现行《建筑施工组织设计规范》GB/T 50502，施工组织设计按设计阶段和编制对象不同，分为施工组织总设计、单位工程施工组织设计和施工方案三类。

（一）施工组织总设计

施工组织总设计是以若干单位工程组成的群体工程或特大型项目为主要对象编制的施工组织设计。施工组织总设计一般在建设项目的初步设计或扩大初步设计批准之后，总承包单位在总工程师领导下进行。建设单位、设计单位和分包单位协助总承包单位工作。

施工组织总设计是对整个项目的施工过程起统筹规划、重点控制的作用。其任务是确定建设项目的开展程序，主要建筑物的施工方案，建设项目的施工总进度计划和资源需用量计划及施工现场总体规划等。

（二）单位工程施工组织设计

单位工程施工组织设计是以单位（子单位）工程为主要对象编制的施工组织设计，对单位（子单位）工程的施工过程起指导和约束作用。单位工程施工组织设计是施工图纸设计完成之后、工程开工之前，在施工项目负责人领导下进行编制的。

（三）施工方案

施工方案是以分部（分项）工程或专项工程为主要对象编制的施工技术与组织方案，用以具体指导其施工过程。施工方案由项目技术负责人负责编制。

对重点、难点分部（分项）工程和危险性较大工程的分部（分项）工程，施工前应编制专项施工方案；对于超过一定规模的危险性较大的分部（分项）工程，应当组织专家对专项方案进行论证。

五、编制并实施施工方案

（一）施工方案是根据一个施工项目制定的实施方案，一般包括以下内容：

1. 编制依据、原则。

2. 编制范围。

3. 工程概况。

4. 总体布置及工期安排，即确定施工流程和施工顺序。

5. 施工技术方案。

6. 工期保证措施。

7. 质量目标、保证体系及保证措施。

8. 安全生产目标及保证措施。

9. 应急救援预案。

10. 冬、雨期施工保证措施。

11. 绿色施工与环境保护措施。

12. 文明施工要求。

13. 与甲方、监理、设计间的协调。

（二）确定施工顺序的原则

1. 先地下、后地上。施工时，通常应首先完成管道、管线等地下设施、土方工程和基础工程，然后开始地上工程施工。但采用逆作法施工时除外。

2. 先主体、后围护。施工时应先进行框架主体结构施工，然后进行围护结构施工。

3. 先结构、后装饰。施工时先进行主体结构施工，然后进行装饰工程施工。但是，随着新建筑体系的不断涌现和建筑工业化水平的提高，某些装饰与结构构件均在工厂完成。

4. 先土建、后设备。先土建、后设备是指一般的土建与水、暖、电等工程的总体施工程序。

（三）施工机械和施工方法的选择

1. 土石方工程

（1）计算土石方工程的工程量，确定土石方开挖或爆破方法，选择土石方施工机械。

（2）确定土壁放边坡的坡度系数或土壁支撑形式以及板桩打设方法。

（3）选择排除地面、地下水的方法。确定排水沟、集水井或井点布置方案所需设备。

（4）确定土石方平衡调配方案。

2. 基础工程

（1）浅基础的垫层、混凝土基础和钢筋混凝土基础施工的技术要求，以及地下室施工的技术要求。

（2）桩基础施工的施工方法和施工机械选择。

3. 砌筑工程

（1）墙体的组砌方法和质量要求。

（2）弹线及皮数杆的控制要求。

（3）确定脚手架搭设方法及安全网的挂设方法。

（4）选择垂直和水平运输机械。

4. 钢筋混凝土工程

（1）确定混凝土工程施工方案：滑模法、升板法或其他方法。

（2）确定模板类型及支模方法，对于复杂工程还需进行模板设计和绘制模板放样图。

（3）选择钢筋的加工、绑扎和焊接方法。

（4）选择混凝土的制备方案，如采用商品混凝土，还是现场拌制混凝土；确定搅拌、运输、浇筑顺序和方法，以及泵送混凝土和普通垂直运输混凝土的机械选择。

（5）选择混凝土搅拌、振捣设备的类型和规格，确定施工缝留设位置。

（6）确定预应力混凝土的施工方法、控制应力和张拉设备。

5. 结构安装工程

（1）确定起重机械类型、型号和数量。

（2）确定结构安装方法（分件吊装法或综合吊装法），安排吊装顺序、机械位置和开行路线及构件的制作、拼装场地。

（3）确定构件运输、装卸、堆放方法和所需机具设备的规格、数量和运输道路要求。

6. 屋面工程

（1）屋面工程各个分项工程施工的操作要求。

（2）确定屋面材料的运输方式和现场存放方式。

7. 装饰工程

（1）各种装饰工程的操作方法及质量要求。

（2）确定材料运输方式及储存要求。

（3）确定所需机具设备。

8. 现场垂直运输、水平运输及脚手架等搭设

（1）明确垂直运输和水平运输方式、布置位置、开行路线，选择垂直运输及水平运输机具型号和数量；

（2）根据不同建筑类型，确定脚手架所用材料、搭设方法及安全网的挂设方法。

（四）保证和提高工程质量的主要措施

1.保证定位放线、轴线尺寸、标高测量等准确无误的措施。

2.保证地基承载力、基础、地下结构及防水施工质量的措施。

3.保证主体结构等关键部位施工质量的措施。

4.保证屋面、装修工程施工质量的措施。

5.冬、雨期施工措施。

6.解决质量通病措施。

7.保证采用新工艺、新材料、新技术和新结构的工程施工质量的措施。

8.保证和提高工程质量的组织措施，如现场管理机构的设置、人员培训、建立质量检查制度等。

9.提出分部分项工程的质量评定的目标计划等。

六、按规定进行技术交底

《危险性较大的分部分项工程安全管理规定》第十五条规定"**专项施工方案实施前，编制人员或者项目技术负责人应当向施工现场管理人员进行方案交底。**"施工现场管理人员应当向作业人员进行安全技术交底，并由双方和项目专职安全生产管理人员共同签字确认。

在建筑施工企业中的技术交底是指在某一单位工程开工前，或一个分项工程施工前，由相关专业技术人员向参与施工的人员进行的技术性交代，其目的是使施工人员对工程特点、技术质量要求、施工方法与措施和安全等方面有一个较详细的了解，以便于科学地组织施工，避免技术质量等事故的发生。技术交底应尽量采用可视化的形式。

（一）技术交底的分类

技术交底分为三类：

1.设计交底，即设计图纸交底。这是在建设单位主持下，由设计单位向各施工单位（土建施工单位与各专业施工单位）进行的交底，主要交代建筑物的功能与特点、设计意图与要求和建筑物在施工过程中应注意的各个事项等。

2.施工设计交底。一般由施工单位组织，在管理单位专业工程师的指导下，主要介绍施工中遇到的问题，和经常性犯错误的部位，要使施工人员明白该怎么做，规范上是如何规定的等。

3.专项方案交底、分部分项工程交底、质量（安全）技术交底、作业等。

（二）设计交底的内容

1.工地（队）交底中有关内容：是否具备施工条件、与其他工种之间的配合与矛盾等。

2.施工范围、工程量、工作量和施工进度要求：主要根据自己的实际情况，实事求是的向甲方说明即可。

3.施工图纸的解说：设计者的大体思路，以及自己以后在施工中存在的问题等。

4.施工方案措施：根据工程的实况，编制出合理、有效的施工组织设计以及安全文明施工方案等。

5.操作工艺和保证质量安全的措施：先进的机械设备和高素质的工人等。

6. 工艺质量标准和评定办法：参照现行的行业标准以及相应的设计、验收规范。

7. 技术检验和检查验收要求：包括自检以及监理的抽检的标准。

8. 增产节约指标和措施。

9. 技术记录内容和要求。

10. 其他施工注意事项。

未向施工现场管理人员和作业人员进行方案交底和安全技术交底的，依照《中华人民共和国安全生产法》《建设工程安全生产管理条例》对单位和相关责任人员进行处罚。

七、配备齐全项目涉及的设计图集、施工规范及相关标准

施工企业和项目经理部应当为施工现场开展技术、质量、安全、成本、绿色施工、文明施工等活动提供所需要的工程设计图集、技术与管理标准和规范、规程等文件。

八、建筑材料、建筑构配件和设备等应经监理单位见证取样检验合格后使用

《建设工程质量管理条例》第三十一条规定"施工人员对涉及结构安全的试块、试件以及有关材料，应当在建设单位或者工程监理单位监督下现场取样，并送具有相应资质等级的质量检测单位进行检测。"

建设工程施工检测，应实行有见证取样和送检制度。施工单位在建设单位或监理单位见证下取样，送至具有相应资质的质量检测单位进行检测。结构用钢筋及焊接试件、混凝土试块、砌筑砂浆试块、防水材料等项目，实行有见证取样及送检制度。有见证取样主要是要为了保证技术上符合标准的要求，如取样方法、数量、频率、规格等，还要从程序上保证该试块和试件能真实的代表工程或相应部位的质量特性。

该条规定是为了保证对工程及实物质量做出真实、准确的判断，防止假试块、假试件和假试验报告。

九、施工单位检验的建筑材料、建筑构配件和设备应报监理单位审查合格后使用

《建筑法》第五十九条规定"建筑施工企业必须按照工程设计要求、施工技术标准和合同的约定，对建筑材料、建筑构配件和设备进行检验，不合格的不得使用。"

建筑工程所使用的建筑材料、建筑构配件和设备的质量，是关系到整个建筑工程质量的基础。工程使用的建筑材料、建筑构配件和设备不合格，建筑工程质量也就不可能符合要求。因此，建筑施工企业必须依照本条规定，对建筑材料、建筑构配件和设备按照有关技术要求进行检验，不合格的不得使用。

（一）建筑施工企业应当依据以下三个方面的要求，对建筑材料、建筑构配件和设备

进行检验：

1. 必须按照工程设计要求进行检验。即必须按照设计文件规定的建筑材料、建筑构配件和设备的规格、型号、性能等技术要求，对建筑材料等进行检验，对不符合设计文件规定的技术要求的建筑材料、建筑构配件和设备，施工企业不得在工程中使用。

2. 必须按照有关的施工技术标准进行检验。在各项施工作业的技术标准中，对施工所用的建筑材料、建筑构配件等的质量要求作出规定的，施工企业必须按照有关施工技术标准的规定进行检验，不符合施工技术标准的不得使用。

3. 必须按照建筑工程承包合同约定的技术要求进行检验。在建筑工程承包合同中对工程所使用的建筑材料、建筑构配件和设备的质量要求有明确约定的，建筑施工企业必须按照合同约定的技术要求进行检验，不符合合同约定要求的，不得使用。

（二）建筑施工企业对工程施工所使用的建筑材料、建筑构配件和设备的质量进行检验时，还应当按照有关规定，使用正确的检验方法，主要包括：

1. 抽样和试验的方法，应符合《建筑材料质量标准与管理规程》，要能反映该批建筑材料的质量性能。对于重要构件或非匀质的材料，还应酌情增加采样的数量。

2. 凡是用于重要结构、部位的材料，检验时必须仔细核对，确认材料的品种、规格、型号、性能有无错误，是否适合工程特点和满足设计要求。

3. 需要在现场配制的材料，如混凝土、砂浆、防水材料、防腐材料、绝缘材料、保温材料等的配合比，应先提出试配要求，经试配检验合格后才能使用。

4. 高压电缆、电压绝缘材料等要进行耐压试验。

5. 应严格按照建筑材料、建筑构配件和设备的各项规定质量标准进行检验，不应漏项。

6. 检验应根据检验对象的不同情况，按规定采用外观检验、理化检验、无损检验等方法进行检验。

施工企业必须严格履行对工程使用的建筑材料、建筑构配件和设备的质量检验义务。因建筑施工企业不履行该义务，在施工中使用不合格的建筑材料、建筑构配件和设备的，施工企业应依法承担法律责任。施工单位未对建筑材料、建筑构配件、设备和商品混凝土进行检验，或者未对涉及结构安全的试块、试件以及有关材料取样检测的，责令改正，处10万元以上20万元以下的罚款；情节严重的，责令停业整顿，降低资质等级或者吊销资质证书；造成损失的，依法承担赔偿责任。

十、按审查合格的施工图设计文件进行施工、不得擅自修改设计文件

《建筑法》规定"建筑施工企业必须按照工程设计图纸和施工技术标准施工，工程设计的修改由原设计单位负责，建筑施工企业不得擅自修改工程设计。"

工程设计图纸是建筑设计单位根据工程在功能、质量等方面的要求所做出的设计工作的最终成果，其中的施工图是对建筑物、设备、管线等工程对象物的尺寸、布置、选用材料、构造、相互关系、施工及安装质量要求的详细图纸和说明，是指导施工的直接依据。进行建筑工程的各项施工活动，包括土建工程的施工、给水排水系统的施

工、供热采暖系统的施工、电气照明系统的施工等，都必须按照相应的施工图纸的要求进行。

建筑施工企业除必须严格按照工程设计图纸施工外，还必须按照建筑工程施工技术标准的要求进行施工。施工技术标准包括对各项施工的施工准备、施工操作工艺流程和应达到的质量要求的规定，是施工作业人员进行每一项施工操作的技术依据。施工企业的作业人员必须按照施工技术标准的规定进行施工。

建筑工程设计的修改，应由原设计单位负责，建筑施工企业不得擅自修改工程设计。建筑工程设计是由具有相应的建筑设计资质条件的设计单位，根据工程项目的要求，按照有关的设计技术规范所作出的技术文件。工程设计质量要由设计单位承担全部责任，建筑施工企业无权擅自修改设计。如果施工企业在施工过程中认为工程设计质量有问题，或者施工技术条件无法实现设计要求，以及有其他要求修改设计的正当理由的，应当向建设单位或者设计单位提出，如确属需要修改设计的，应经建设单位同意后，由原设计单位进行必要的修改。

十一、严格按施工技术标准进行施工

《建设工程质量管理条例》第二十八条规定"**施工单位必须按照工程设计图纸和施工技术标准施工，不得擅自修改工程设计，不得偷工减料。**"

施工技术标准，也是施工单位在施工中所必须遵循的。根据《工程建设国家标准管理办法》规定，国家标准分为强制性标准和推荐性标准。施工单位只有按施工技术标准、特别是强制性标准的要求组织施工，才能保证工程的施工质量。施工技术标准包括《混凝土质量控制标准》GB 50164、《混凝土强度检验评定标准》GB/T 50107、《混凝土结构实验方法标准》GB/T 50152、《钢结构工程施工规范》GB 50755 等。

施工企业不得偷工减料。偷工是指不按施工技术标准规定的施工工艺流程进行施工作业，擅自减少工作量的行为。减料是指在工程施工中违反设计文件和施工技术标准的规定，擅自减少建筑用料的数量和降低用料质量的行为。工程施工中偷工减料行为是造成建筑工程质量问题以及发生重大质量事故的重要原因。法律法规禁止在施工中偷工减料行为。

不按照工程设计图纸或施工技术标准施工的其他行为的，责令改正，处工程合同价款 2%以上 4%以下的罚款；造成建设工程质量不符合质量标准的，负责返工、修理，并赔偿因此造成的损失；情节严重的，责令停业整顿，降低资质等级或吊销资质证书。

十二、实时记录各类施工过程的质量和安全管理内容

施工记录是施工单位在施工过程中形成的，为保证工程质量和安全的各种内部检查记录的统称。主要内容包括：隐蔽工程验收记录、交接检查记录、地基验槽记录、地基处理记录、桩施工记录、混凝土浇灌申请书、混凝土养护测温记录、构件吊装记录、预应力筋张拉记录等。

施工记录资料包括：

（一）建筑与结构

1. 图纸会审记录、设计变更通知单、工程洽商记录、竣工图。
2. 工程定位测量、放线记录。
3. 原材料出厂合格证书及进场检验、试验报告。
4. 施工试验报告及见证检测报告。
5. 隐蔽工程验收记录。
6. 施工记录。
7. 地基、基础、主体结构检验及抽样检测资料。
8. 分项、分部工程质量验收记录。
9. 工程质量事故调查处理资料。
10. 新技术论证、备案及施工记录。

（二）给水排水与供暖

1. 图纸会审记录、设计变更通知单、工程洽商记录、竣工图。
2. 原材料出厂合格证书及进场检验、试验报告。
3. 管道、设备强度试验、严密性试验记录。
4. 隐蔽工程验收记录。
5. 系统清洗、灌水、通水、通球试验记录。
6. 施工记录。
7. 分项、分部工程质量验收记录。
8. 新技术论证、备案及施工记录。

（三）通风与空调

1. 图纸会审记录、设计变更通知单、工程洽商记录、竣工图。
2. 原材料出厂合格证书及进场检验、试验报告。
3. 制冷、空调、水管道强度试验、严密性试验记录。
4. 隐蔽工程验收记录。
5. 制冷设备运行调试记录。
6. 通风、空调系统调试记录。
7. 施工记录。
8. 分项、分部工程质量验收记录。
9. 新技术论证、备案及施工记录。

（四）建筑电气

1. 图纸会审记录、设计变更通知单、工程洽商记录、竣工图。
2. 原材料出厂合格证书及进场检验、试验报告。
3. 设备调试记录。

4.接地、绝缘电阻测试记录。

5.隐蔽工程验收记录。

6.施工记录。

7.分项、分部工程质量验收记录。

8.新技术论证、备案及施工记录。

(五) 建筑智能化

1.图纸会审记录、设计变更通知单、工程洽商记录、竣工图。

2.原材料出厂合格证书及进场检验、试验报告。

3.隐蔽工程验收记录。

4.施工记录。

5.系统功能测定及设备调试记录。

6.系统技术、操作和维护手册。

7.系统管理、操作人员培训记录。

8.系统检测报告。

9.分项、分部工程质量验收记录。

10.新技术论证、备案及施工记录。

(六) 建筑智能化

1.图纸会审、设计变更、洽商记录、竣工图及设计说明。

2.材料、设备出厂合格证及进场检（试）验报告。

3.隐蔽工程验收记录。

4.施工记录。

5.系统功能测定及设备调试记录。

6.系统技术、操作和维护手册。

7.系统管理、操作人员培训记录。

8.系统检测报告。

9.分项、分部工程质量验收记录。

10.新技术论证、备案及施工记录。

(七) 建筑节能

1.图纸会审记录、设计变更通知单、工程洽商记录、竣工图。

2.原材料出厂合格证书及进场检验、试验报告。

3.隐蔽工程验收记录。

4.施工记录。

5.外墙、外窗节能检验报告。

6.设备系统节能检测报告。

7.分项、分部工程质量验收记录。

8.新技术论证、备案及施工记录。

十三、按规定做好隐蔽工程质量检查和记录

国家规范标准规定隐蔽工程检查项目，应做好隐蔽工程检查验收并填写隐蔽工程验收记录，涉及结构安全的重要部位应留置隐蔽前的影像资料。

隐蔽工程质量检查的主要项目：

（一）地基基础工程与主体结构工程

1. 土方工程：基槽、房心回填前检查基底清理、基底标高情况等。

2. 支护工程：检查锚杆、土钉的品种、规格、数量、位置、插入长度、钻孔直径、深度和角度等。检查地下连续墙的成槽宽度、深度、垂直度、钢筋笼规格、位置、槽底清理、沉渣厚度等。

3. 桩基工程：检查钢筋笼规格、尺寸、沉渣厚度、清孔情况等。

4. 地下防水工程：检查混凝土变形缝、施工缝、后浇带、穿墙套管、埋设件等设置的形式和构造。人防出口止水做法。防水层基层、防水材料规格、厚度、铺设方式、阴阳角处理、搭接密封处理等。

5. 结构工程（基础、主体）：检查用于绑扎的钢筋品种、规格、数量、位置、锚固和接头位置、搭接长度、除锈及除污情况、保护层垫块厚度和位置、钢筋代换变更及插筋处理等。检查钢筋连接形式、连接种类、接头位置、数量及焊条、焊剂、焊口形式、焊缝长度、厚度及表面清渣和连接质量等。检查预埋件、预留孔洞预留位置、牢固性等。

6. 预应力工程：检查预留孔道的规格、数量、位置、形状、端部预埋垫板、预应力筋下料长度、切断方法、竖向位置偏差、固定、护套的完整性、锚具、夹具、连接点组装等。

7. 钢结构工程：检查钢结构原材、焊接材料及地脚螺栓规格、位置、埋设方法、紧固、制作和安装等要求。

（二）建筑装饰装修工程

1. 地面工程：检查各基层（垫层、找平层、隔离层、防水层、填充层、地龙骨）材料品种、规格、铺设厚度、方式、坡度、标高、表面情况、密封处理、粘结情况等。

2. 抹灰工程：具有加强措施的抹灰应检查其加强构造的材料规格、铺设、固定、搭接等。

3. 门窗工程：检查预埋件和锚固件、螺栓等的规格数量、位置、间距、埋设方式、与框的连接方式、防腐处理、缝隙的嵌填、密封材料的粘结等。

4. 吊顶工程：检查吊顶龙骨及吊件材质、规格、间距、连接方式、固定方法、表面防火、防腐处理、外观情况、接缝和边缝情况、填充和吸声材料的品种、规格、铺设、固定情况等。

5. 轻质隔墙工程：检查预埋件、连接件、拉结筋的规格位置、数量、连接方式、与周边墙体及顶棚的连接、龙骨连接、间距、防火、防腐处理、填充材料设置等。

6. 饰面板（砖）工程：检查预埋件、后置埋件、连接件规格、数量、位置、连接方式、防腐处理等。有防水构造的部位应检查找平层、防水层的构造做法，同地面工程

检查。

7.幕墙工程：检查构件之间以及构件与主体结构的连接节点的安装及防腐处理；幕墙四周、幕墙与主体结构之间间隙节点的处理、封口的安装；幕墙伸缩缝、沉降缝、防震缝及墙面转角节点的安装；幕墙防雷接地节点的安装等。

8.细部工程：检查预埋件、后置埋件和连接件的规格、数量、位置、连接方式、防腐处理等。

（三）建筑屋面工程

检查基层、找平层、保温层、防水层、隔离层材料的品种、规格、厚度、铺贴方式、搭接宽度、接缝处理、粘结情况；附加层、天沟、檐沟、泛水和变形缝细部做法、隔离层设置、密封处理部位等。

（四）建筑给水、排水及采暖工程

1.直埋入地下或结构中，暗敷设于沟槽、管井、进入吊顶内的给水、排水、雨水、采暖、消防管道和相关设备，以及有防水要求的套管：检查管材、管件、阀门、设备的材质与型号、安装位置、标高、坡度；防水套管的定位及尺寸；管道连接作法及质量；附件使用、支架固定，以及是否已按照设计要求及施工规范规定完成强度、严密性、冲洗、灌水、通球等试验。

2.有绝热、防腐要求的给水、排水、采暖、消防、喷淋管道和相关设备：检查绝热方式、绝热材料的材质与规格、绝热管道与支架之间的防结露措施、防腐处理材料及做法等。

3.埋地的采暖、热水管道、保温层、保护层完成后，所在部位进行回填之前，应进行隐检，检查安装位置、标高、坡度；支架做法、保温层、保护层设置等。

（五）建筑电气工程

1.埋于结构内的各种电线导管：检查导管的品种、规格、位置、弯曲度、弯曲半径、连接、跨接地线、防腐、管盒固定、管口处理、敷设情况、保护层、需焊接部位的焊接质量等。

2.利用结构钢筋做的避雷引下线：检查轴线位置、钢筋数量、规格、搭接长度、焊接质量、与接地极、避雷网、均压环等连接点的情况等。

3.等电位及均压环暗埋：检查使用材料的品种、规格、安装位置、连接方法、连接质量、保护层厚度等。

4.接地极装置埋设：检查接地极的位置、间距、数量、材质、埋深、接地极的连接方法、连接质量、防腐情况等。

5.金属门窗、幕墙与避雷引下线的连接：检查连接材料的品种、规格、连接位置和数量、连接方法和质量等。

6.不进入吊顶内的电线导管：检查导管的品种、规格、位置、弯曲度、弯曲半径、连接、跨接地线、防腐、需焊接部位的焊接质量、管盒固定、管口处理、固定方法、固定间距等。

7. 不进入吊顶内的线槽：检查材料品种、规格、位置、连接、接地、防腐、固定方法、固定间距及其他管线的位置关系等。

8. 直埋电缆：检查电缆的品种、规格、埋设方法、埋深、弯曲半径、标桩埋设情况等。

9. 不进入电缆沟敷设的电缆：检查电缆的品种、规格、弯曲半径、固定方法、固定间距、标识情况等。

（六）通风与空调工程

1. 敷设于竖井内、不进入吊顶内的风道（包括各类附件、部件、设备等）：检查风道的标高、材质、接头、接口严密性，附件、部件安装位置，支、吊、托架安装、固定，活动部件是否灵活可靠、方向正确，风道分支、变径处理是否合理，是否符合要求，是否已按照设计要求及施工规范规定完成风管的漏光、漏风检测、空调水管道的强度严密性、冲洗等试验。

2. 有绝热、防腐要求的风管、空调水管及设备：检查绝热形式与做法、绝热材料的材质和规格、防腐处理材料及做法。绝热管道与支吊架之间应垫以绝热衬垫或经防腐处理的木衬垫，其厚度应与绝热层厚度相同，表面平整，衬垫接合面的空隙应填实。

（七）电梯工程隐检

检查电梯承重梁、起重吊环埋设；电梯钢丝绳头灌注；电梯井内导轨、层门的支架、螺栓埋设等。

（八）智能建筑工程

1. 埋在结构内的各种导管：检查导管的品种、规格、位置、弯曲度、弯曲半径、连接、跨接地线、防腐、需焊接部位的焊接质量、管盒固定、管口处理、敷设情况、保护层等。

2. 不能进入吊顶内的导管：检查导管的品种、规格、位置、弯曲度、弯曲半径、连接、跨接地线、防腐、需焊接部位的焊接质量、管盒固定、管口处理、固定方法、固定间距等。

3. 不能进入吊顶内的线槽：检查其品种、规格、位置、连接接地、防腐、固定方法、固定间距等。

4. 直埋电缆：检查电缆的品种、规格、埋设方法、埋深、弯曲半径、标桩埋设情况。

5. 不进入电缆沟敷设的电缆：检查电缆的品种、规格、弯曲半径、固定方法、固定间距、标识情况等。

（九）建筑节能工程

1. 墙体节能工程应对下列部位或内容进行隐蔽工程验收，并应有详细的文字记录和必要的图像资料：保温层附着的基层及其表面处理、保温板粘结或固定、锚固件、增强网铺设、墙体热桥部位处理、预置保温板或预制保温墙板的板缝及构造节点、现场喷涂或浇注有机类保温材料的界面、被封闭的保温材料厚度、保温隔热砌块填充墙体等。

2.幕墙节能工程施工中应对下列部位或项目进行隐蔽工程验收，并应有详细的文字记录和必要的图像资料：被封闭的保温材料厚度和保温材料的固定、幕墙周边与墙体的接缝处保温材料的填充、构造缝、结构缝、隔汽层、热桥部位、断热节点、单元式幕墙板块间的接缝构造、冷凝水收集和排放构造、幕墙的通风换气装置等。

3.建筑外门窗工程施工中，应对门窗框与墙体接缝处的保温填充做法进行隐蔽工程验收，并应有隐蔽工程验收记录和必要的图像资料。

4.屋面保温隔热工程应对下列部位进行隐蔽工程验收，并应有详细的文字记录和必要的图像资料：基层、保温层的敷设方式、厚度、板材缝隙填充质量、屋面热桥部位、隔汽层等。

5.地面节能工程应对下列部位进行隐蔽工程验收，并应有详细的文字记录和必要的图像资料：基层、被封闭的保温材料厚度、保温材料粘结、隔断热桥部位等。

6.采暖系统应随施工进度对与节能有关的隐蔽部位或内容（被封闭的采暖保温管道及附件等）进行验收，并应有详细的文字记录和必要的图像资料。

7.通风与空调系统应随施工进度对与节能有关的隐蔽部位或内容进行验收，并应有详细的文字记录和必要的图像资料。通常主要隐蔽部位检查内容有：地沟和吊顶内部的管道、配件安装及绝热、绝热层附着的基层及其表面处理、绝热材料粘结或固定、绝热板材的板缝及构造节点、热桥部位处理等。

8.空调与采暖系统冷热源和辅助设备及其管道和室外管网系统，应随施工进度对与节能有关的隐蔽部位或内容进行验收，并应有详细的文字记录和必要的图像资料。通常主要的隐蔽部位检查内容有：地沟和吊顶内部的管道安装及绝热、绝热层附着的基层及其表面处理、绝热材料粘结或固定、绝热板材的板缝及构造节点、热桥部位处理等。

十四、按规定做好检验批、分项工程、分部工程的质量检验

施工单位在每道工序完成后，首先有劳务分包单位进行自检，劳务分包单位自检合格后，由工长填写工序（隐蔽）报验通知单，报工长，工长检查合格，在隐蔽报验通知单上签上验收意见后，通知项目质量检测室进行复查，经质量检测室复查合格后，通知项目总工程师、项目生产经理审批，审批通过后，报各专业监理工程师验收，各专业监理工程师验收合格后，报建设单位各专业工程师验收，验收合格后，方可进入下道工序。未经监理工程师检查合格并签字，不得进行下道工序施工。报验申请表，见表4-1。

按照验收规定，工程施工质量验收按检验批、分项、分部、单位工程质量检查的顺序进行申报和验收。检验批的检查验收签证是工程质量验收的基本单元，也是其他分项、分部和单位工程验收的基础。

检验批质量合格与否主要取决于主控项目和一般项目的检验结果，其实测值必须在允许偏差范围内，一般项目有允许偏差的抽检点，合格点率应达到验收标准。

工程施工质量检查签证验收的程序依次为检验批、分项工程、分部工程、单位工程。签证验收工作按其所处阶段分别由监理单位或建设单位组织进行。

报验申请表		表 4-1

工程名称：　　　　　　　　　　　　　编号：

致：（监理单位）

　　我单位已完成了　　　　　　　　　　工作，现报上该工程报验申请表，请予以审查和验收。

　　附件：

承包单位(章)：

项目经理：

日　　期：

审查意见：

审查结论：

　　□合格，可以进入下道工序施工。

　　□不合格，整改后再报验。

项目监理机构：

总/专业监理工程师：

日　　期：

　　本表一式三份，监理单位 2 份、承包单位 1 份。

十五、按规定及时处理质量问题和质量事故

　　《建设工程质量管理条例》第三十二条规定**"施工单位对施工中出现质量问题的建设工程或者竣工验收不合格的建设工程，应当负责返修。"**《合同法》规定，因施工单位原因致使工程质量不符合约定的，建设单位有权要求施工单位在合理期限内无偿修理或者返工、改建。

　　返修包括返工和修理。所谓返工是工程质量不符合规定的质量标准，而又无法修理的情况下重新进行施工；修理是指工程质量不符合标准，而又有可能修复的情况下，对工程进行修补使其达到质量标准的要求。不论是施工过程中出现质量问题的建设工程，还是竣工验收时发现质量问题的工程，施工单位都要负责返修。

　　对在保修期限和保修范围内发生质量问题的，一般应先由建设单位组织勘察、设计、施工等单位分析质量问题的原因，确定保修方案，由施工单位负责保修。但当问题严重时和紧急时，不管是什么原因造成的，均先由施工单位履行保修义务，不得推诿和扯皮。

施工单位在《建设工程质量保修书》中对建设单位合理使用工程应有提示。因建设单位或用户使用不当或擅自改动结构、设备位置或不当装修和使用等造成的质量问题，施工单位不承担保修责任；因此而造成的房屋质量受损或其他用户损失，由责任人承担相应责任。

十六、实施样板引路制度

样板引路施工管理制度是工程管理全过程中的重要制度之一，样板引路的具体做法是：

（一）项目部对每道工序的第一板块，要在设计规范要求下，严格控制施工过程，使之符合设计规范要求。

（二）对该板块进行项目管理机构、监理、设计和施工的四方验收，验收合格的板块作为整道工序的样板工程。

（三）该工序的各板块需以该样板施工为指导，各施工方法均需按样板为要求，以确保该工序的各板块均达到样板的要求。

（四）对不符合样板施工要求的施工方法坚决给予否定，违者按章处罚，做好样板的唯一性，权威性。

将这一制度深入运用到每道工序中，确保整个工程均达到样板工程要求。

十七、按规定处置不合格试验报告

不合格试验报告的处置方式：

（一）检测机构应建立检测结果不合格项目台账，并应对涉及结构安全、重要使用功能的不合格检测项目按规定报送时间报县建筑工程质量监督站，办公室专人接收，并办理交接手续，同时通知监理单位总监理工程师（建设单位项目负责人）。

（二）负责接件人员应建立检测机构上报的不合格检测报告台账，并及时转发至监督工程师进行处理，监督工程师按有关程序对不合格检测进行处理，并对不合格检测报告的处理结果进行记录和核实，并于每月月底前汇总至办公室管理，由办公室管理上报站长。

（三）检测机构对于不合格检测结果隐瞒不报或者将不合格检测结果直接告知该工程施工单位或者材料供应商，更换样品弄虚作假的检测机构，县建设行政主管部门应进行严肃查处。

（四）常规检测项目中的钢筋原材料、钢筋焊接接头、钢筋机械连接接头、承重结构中的砖和砌块检测不合格结果，检测机构应在 24 小时内上报县建筑工程质量监督站，并由县建筑工程质量监督站监督工程师组织监理（建设）、施工等各方相关人员在施工现场不合格部位进行取样送检测机构复检。

（五）常规检测项目中的混凝土试块、砌筑砂浆试块检测不合格结果，检测机构应在 24 小时内上报县建筑工程质量监督站，该项目监督工程师组织监理（建设）、施工、检测机构等各方相关人员对不合格部位进行回弹法或者钻芯法、贯入法检测，并对该过程进行监督。

（六）结构实体基础混凝土强度钻芯法检测不合格结果，检测机构应在 24 小时内上报县建筑工程质量监督站，该项目监督工程师按有关规定通知监理（建设）、施工、检测机构等各方相关人员进行钻芯法扩大检测。芯样试件上有监理（建设）、施工、检测机构等各方相关人员的签名，检测机构保护好芯样试件的标识并在检测前通知监理（建设）、施工、质监等各方相关人员并将已确定芯样检测具体时间提前一个工作日通知，监理（建设）、施工人员在原始记录中签名。

（七）结构实体梁、柱混凝土强度回弹法检测不合格结果，检测机构应在 24 小时内上报县建筑工程质量监督站，并由该项目监督工程师按有关规定通知监理（建设）、施工、检测机构等各方相关人员进行回弹法批量扩大检测，若批量检测仍不合格，可采用回弹钻芯修正的方法进行批量检测。检测机构应将已确定的现场检测具体时间提前一个工作日通知监理（建设）、施工、质监等各方相关人员。

（八）结构实体钢筋保护层厚度、现浇板厚度检测不合格结果，检测机构应在 24 小时内上报县建筑工程质量监督站，若施工单位有异议由县建筑工程质量监督站监督工程师组织监理（建设）、施工、检测机构等各方相关人员进行复测或者钻孔剔凿验证。检测机构检测时应在构件检测部位作出明显标志，以便复查。

（九）监督组应加强对不合格检测报告的处理实施跟踪监督管理。

第四节　监理单位

一、总监理工程师资格应符合要求并到岗履职

监理工程师是经全国统一考试合格，取得职业资格并经注册取得《监理工程师岗位证书》的工程建设监理人员。总监理工程师是指由工程监理单位法定代表人书面任命，负责履行建设工程监理合同、主持项目监理机构工作的注册监理工程师。《建设工程监理规范》规定建设工程监理应实行总监理工程师负责制。《建设工程质量管理条例》规定，工程监理单位应当选派具备相应资格的总监理工程师和监理工程师进驻施工现场。

工程监理实行总监理工程师负责制。总监理工程师享有合同赋予监理单位的全部权利，全面负责受委托的监理工作。总监理工程师的职责主要有：

1.确定项目监理机构人员及其岗位职责。

2.组织编制监理规划，审批监理实施细则。

3.根据工程进展及监理工作情况调配监理人员，检查监理人员工作。

4.组织召开监理例会。

5.组织审核分包单位资格。

6.组织审查施工组织设计、（专项）施工方案。

7.审查开复工报审表，签发工程开工令、暂停令和复工令。

8.组织检查施工单位现场质量、安全生产管理体系的建立及运行情况。

9.组织审核施工单位的付款申请，签发工程款支付证书，组织审核竣工结算。

10.组织审查和处理工程变更。

11.调解建设单位与施工单位的合同争议，处理工程索赔。

12.组织验收分部工程，组织审查单位工程质量检验资料。

13.审查施工单位的竣工申请，组织工程竣工预验收，组织编写工程质量评估报告，参与工程竣工验收。

14.参与或配合工程质量安全事故的调查和处理。

15.组织编写监理月报、监理工作总结，组织整理监理文件资料。

总监理工程师任命书，见表4-2。

总监理工程师任命书

表4-2

工程名称：	编号：

致： （建设单位）

兹任命 （注册监理工程师注册号： ）为我单位项目总监理工程师。

负责履行建设工程监理合同、主持项目监理机构工作。

工程监理单位(盖章)

法定代表人(签字)：

年 月 日

填报说明：本表一式三份，项目监理机构、建设单位、施工单位各一份。

二、配备足够的具备资格的监理人员并到岗履职

监理人员代表建设单位对施工质量实施监理，并对施工质量承担监理责。《建设工程监理规范》GB 50319 中规定，监理单位履行施工阶段的委托监理合同时必须在施工现场建立项目监理机构，监理机构中的监理人员应包括总监理工程师、专业监理工程师和监理员，必要时可配备总监理工程师代表。项目监理机构的监理人员应专业配套、数量满足建设工程项目监理工作的需要。

（一）总监理工程师的岗位职责已经在前一规定中说明。

（二）专业监理工程师的职责：

1.参与编制监理规划，负责编制监理实施细则。

2.审查施工单位提交的涉及本专业的报审文件，并向总监理工程师报告。

3. 参与审核分包单位资格。

4. 指导、检查监理员工作，定期向总监理工程师报告本专业监理工作实施情况。

5. 检查进场的工程材料、构配件、设备的质量。

6. 验收检验批、隐蔽工程、分项工程，参与验收分部工程。

7. 处置发现的质量问题和安全事故隐患。

8. 进行工程计量。

9. 参与工程变更的审查和处理。

10. 组织编写监理日志，参与编写监理月报。

11. 收集、汇总、参与整理监理文件资料。

12. 参与工程竣工预验收和竣工验收。

（三）监理员的职责：

1. 检查施工单位投入工程的人力、主要设备的使用及运行状况。

2. 进行见证取样。

3. 复核工程计量有关数据。

4. 检查工序施工结果。

5. 发现施工作业中的问题，及时指出并向专业监理工程师报告。

如果监理单位在责任期内，不按照监理合同约定履行监理职责，给建设单位或其他单位造成损失的，属违约责任，应当向建设单位赔偿。

三、编制并实施监理规划

《建设工程监理规范》GB 50319 中规定，监理人员的职责之一是编制监理规划。监理规划是指项目监理机构全面开展建设工程监理工作的指导性文件。

（一）编制依据

1. 已批准的监理规划。

2. 建设工程的相关法律、法规及项目审批文件。

3. 与专业工程相关的标准。

4. 设计文件。

5. 技术资料。

6. 施工组织设计。

7. 施工合同，质量监理合同文件等。

（二）编制要求

1. 应结合工程实际情况，明确项目监理机构的工作目标，确定具体的监理工作制度、内容、程序、方法和措施。

2. 应在签订委托监理合同及收到设计文件后开始编制，完成后必须经监理单位技术负责人审核批准，并应在召开第一次工地会议前报送建设单位。

3. 由总监理工程师主持、专业监理工程师参加编制。

（三）主要内容

1. 工程概况。

2. 监理工作范围、内容、目标。

3. 监理工作依据。

4. 监理组织形式、人员配备及进退场计划、监理人员岗位职责。

5. 监理工作制度

（1）图纸会审制度。

（2）施工组织设计审核制度。

（3）开工报告审批制度。

（4）材料、构件检验及复核制度。

（5）隐蔽工程、分部分项工程质量验收制度。

（6）工程质量监理制度。

（7）工程质量事故处理制度。

（8）工程质量检验制度。

（9）施工进度监督报告制度。

（10）工程造价监督制度。

（11）监理报告制度。

（12）工程竣工验收制度。

（13）现场协调会制度。

（14）备忘录签发制度。

（15）工程款签审制度。

（16）索赔签审制度。

6. 工程质量控制

（1）工程质量控制的原则。

（2）工程质量控制的基本程序。

（3）工程质量控制方法。

（4）工程质量事前预控措施。

（5）施工过程中的质量控制措施。

（6）工程质量事后把关控制。

（7）工程质量事故处理。

7. 工程造价控制

（1）工程造价控制的依据。

（2）工程造价控制的原则。

（3）工程造价控制基本程序。

（4）工程造价的控制方法。

8. 工程进度控制

（1）工程进度控制的原则。

（2）工程进度控制的基本程序。

（3）工程进度的组织措施。

（4）工程进度控制的技术措施。

9.安全生产管理的监理工作

（1）安全监理目标。

（2）安全监理范围。

（3）安全监理组织机构。

（4）安全监理工作内容。

（5）安全监理程序。

（6）安全监理措施。

10.合同与信息管理

（1）管理的原则和内容。

（2）管理的基本程序。

11.组织协调

（1）监理协调工作的内容。

（2）监理协调工作的原则。

（3）监理协调工作的措施。

12.监理工作设施

四、编制并实施监理实施细则

《建设工程监理规范》GB 50319 规定，监理人员负责编制监理实施细则。监理实施细则是指针对某一专业或某一方面建设工程监理工作的操作性文件。《建设工程监理规范》GB 50319 规定"**对于建设工程的新建、扩建、改建监理与相关服务活动，监理实施细则应在相应工程施工开始前由专业监理工程师编制，并报总监理工程师审批。**"

（一）编制依据

1.已批准的工程建设监理规划。

2.相关的专业工程的标准、设计文件和有关的技术资料。

3.施工组织设计。

4.专项施工方案。

（二）编制要求

1.应符合监理规划的要求，并应具有可操作性。

2.应在相应工程施工开始前由专业监理工程师编制，并应报总监理工程师审批。

3.在实施建设工程监理过程中，监理实施细则可根据实际情况进行补充、修改，并应经总监理工程师批准后实施。

（三）主要内容

1.工程概况。

2.监理依据。

3.监理工作范围及工作目标。

4.监理工作内容。

（1）准备阶段。

（2）施工阶段。

5.监理工作流程。

6.监理工作的控制要点及目标。

（1）督促施工单位建立健全安全生产管理制度、责任制度及安全技术操作规程。

（2）审查施工单位的专项方案。

（3）审核施工单位的管理人员及特殊工种作业人员的资格。

（4）核查特种设备的验收手续。

（5）安全检查。

7.监理工作的方法及措施。

（1）监理工作方法（手段）。

（2）监理工作措施。

8.安全质量隐患及事故的处理程序。

（1）安全质量隐患的处理程序。

（2）安全质量事故的处理程序。

9.监理工作制度。

（1）设计文件、图纸审查制度。

（2）施工图纸会审及设计交底制度。

（3）施工组织设计（专项施工方案）审查制度。

（4）工程开工申请审批制度。

（5）工程材料，半成品质量检验制度。

（6）安全物资查验制度。

（7）设计变更处理制度。

（8）工程安全隐患整改制度。

（9）工程安全事故处理制度。

（10）监理报告制度。

（11）监理日记和会议制度。

（12）监理组织工作会议制度。

（13）对外行文审批制度。

（14）安全监理工作日志制度。

（15）安全监理月报制度。

（16）技术、经济资料及档案管理制度。

10.监理资料。

五、对施工组织设计和施工方案进行审查

《建设工程监理规范》GB 50319 规定，监理人员的一项职责是组织审查施工组织设

计、(专项) 施工方案。

(一) 施工组织设计审查主要审查下列内容

1. 施工总平面布置是否合理。
2. 施工总进度是否符合合同工期要求。
3. 主要技术措施是否先进、合理、针对性强。
4. 劳动力配备是否合理，符合工程进度需要。
5. 施工机械、器具配置是否合理，满足工程需要。
6. 保证质量和工期的措施是否可行。
7. 项目管理班子是否健全。
8. 安全措施是否可靠，组织机构是否健全、落实。

(二) 专项施工方案审查主要审查下列内容

1. 土方工程

(1) 地上障碍物的防护措施是否可行。
(2) 地下隐蔽物、相邻建筑物的保护措施是否可行。
(3) 土方开挖过程中的施工组织及施工机械的安全措施是否完整且具有针对性。
(4) 场区的排水防洪措施是否可行且有针对性。
(5) 基坑四周的安全防护措施是否完整且具有针对性。
(6) 基坑的边坡稳定支护措施是否完整且具有针对性。
(7) 土方开挖施工方案是否通过了审批。

2. 脚手架工程

(1) 脚手架设计方案是否完整，且具有针对性和可操作性。
(2) 脚手架施工方案是否经过审批。
(3) 脚手架设计计算书是否完整、计算方法是否正确。
(4) 脚手架施工方案、使用安全措施、拆除方案是否完整，且具有针对性和可操作性。

3. 模板作业

(1) 模板结构设计计算书的荷载取值是否符合工程实际，计算方法是否正确。
(2) 模板设计图中细部构造的大样图、材料规格、尺寸、连接件等是否完整。
(3) 模板设计中安全措施是否具有针对性和可操作性。
(4) 模板施工方案是否经过严格的审批。

4. 高处、临边作业

(1) 临边作业、洞口作业、悬空作业的防护措施是否满足安全要求。
(2) 高处作业施工方案是否经过审批。

5. 塔式起重机

(1) 塔式起重机的基础是否满足要求。
(2) 塔式起重机安装/拆卸的安全措施是否完整，是否有针对性。
(3) 塔式起重机操作人员的特种作业资格是否有效。

（4）塔式起重机使用时班前检查和使用制度是否健全。

（5）塔式起重机安装/拆卸方案是否经过审批。

6. 临时用电

（1）电源的进线、总配电箱的装设位置和线路走向是否合理。

（2）负荷计算是否正确。

（3）选择的导线截面和电气设备的类型规格是否正确。

（4）电气平面图、接线系统图是否正确。

（5）施工用电是否采用 TN—S 接零保护系统。

（6）是否实行"一机一闸一漏一箱"制；是否满足分级分段漏电保护。

（7）临时用电方案是否经过审批。

六、对建筑材料、建筑构配件和设备投入使用前进行审查

监理工程师拥有对建筑材料、建筑构配件和设备以及每道施工工序的检查权。在施工过程中，监理工程师对工序、建筑材料、构配件和设备进行检查、检验，根据检查、检验的结果来确定是否允许建筑材料、构配件、设备在工程上使用。《建设工程监理规范》GB 50319 规定**"检查进场的工程材料、构配件、设备的质量"**，并且施工过程中**"检查使用的工程材料、构配件和设备是否合格。"**

监理单位对建筑材料、建筑构配件和设备进行审查的方法有：

（一）审核工程所用材料、构配件及设备的出厂合格证或质量保证书。

（二）对工程原材料、构配件及设备在使用前需进行抽检或复试，其试验的范围，按有关规定、标准的要求确定。

（三）凡采用新材料、新型制品，应检查技术鉴定文件。

（四）对重要原材料、构配件及设备的生产工艺、质量控制、检测手段等进行检查，必要时应到生产厂家实地考察，以确定供货单位。

（五）所有设备，在安装前应按相应技术说明书的要求进行质量检查，必要时还应由法定检测部门检测。

由于工程监理单位与被监理工程的承包单位以及建筑材料、建筑构配件和设备供应单位之间是一种监督与被监督的关系，为了保证工程监理单位能客观、公正地执行监理任务，工程监理单位不得与被监理工程的承包单位以及建筑材料、建筑构配件和设备供应单位有隶属关系或者其他利害关系。这里的隶属关系是指工程监理单位与被监理工程的承包单位以及建筑材料、建筑构配件和设备供应单位有行政上下级关系等。其他利害关系，是指监理单位与施工单位或材料供应单位之间存在的可能直接影响监理单位工作公正性的非常明显的经济或其他利益关系，如参股、联营等关系。当出现工程监理单位与被监理工程的承包单位以及建筑材料、建筑构配件和设备供应单位有隶属关系或者其他利害关系的情况时，工程监理单位在接受建设单位委托前，应当自行回避；在接受委托后，发现这一情况时，应当依法解除委托关系。

工程材料、构配件和设备报审表，见表 4-3。

工程材料/构配件/设备报审表

表 4-3

工程名称：　　　　　　　　　　　　　　　　　　　　　编号：

致：　　　　　　　　　　　　　　　　　　（项目监理机构）

　　于　　年　　月　　日进场的用于工程　　　　　　部位的　　　　，经我方检验合格，现将相关资料报上，请予以审查。

附件：1. 工程材料/构配件/设备清单
　　　2. 质量证明文件
　　　3. 自检结果

施工项目经理部（盖章）

项目经理（签字）：

年　　月　　日

审查意见：

项目监理机构（盖章）

专业监理工程师（签字）：

年　　月　　日

　　填报说明：本表一式二份，项目监理机构、施工单位各一份。

七、对分包单位的资质进行审核

《建设工程监理规范》GB 50319 中规定总监理工程师的职责之一是审查分包单位的资质并提出审查意见。分包工程开工前，项目监理机构应审核施工单位报送的分包单位资格报审表，专业监理工程师提出审查意见后，应由总监理工程师审核签认。

（一）分包单位的资质审核的主要内容

1.营业执照。主要审核是否通过了年度检验，以及企业的组织机构代码和税务登记证。

2.企业资质等级证书。审查资质等级证书是否由建设行政主管部门颁发，并具有所承包工程相应的承包资质和建筑专业劳务分包企业资质。

3.安全生产许可文件。审核文件是否由建设行政主管部门颁发的资质证书，并在有效期内。

4.类似工程业绩。审核提供的工程名称、质量等级证明文件是否真实、可靠。

5.主要管理人员资格证书和相关操作人员、特种作业人员的岗位资格证书。

6.主要工程机械设备名称、型号、数量及完好情况。

7. 分包合同。重点审查承包单位的发包性质。

(二) 审核流程

1. 专业监理工程师填写书面审核意见,签署审查意见。

2. 总监理工程师对专业监理工程师的审查意见进行审核,并签署自己的意见。

3. 上报建设单位。

施工单位资格报审表,见表 4-4。

施工单位资格报审表　　　　　　　　　　　　　　表 4-4

工程名称:　　　　　　　　　　　　　　　　　　　　　　编号:

致:　　　　　　　　　　　　　　(项目监理机构)

　　经考察,我方认为拟选择的(分包单位)具有承担下列工程的施工/安装资质和能力,可以保证本工程按施工合同第条款的约定进行施工/安装。分包后,我方仍承担本工程施工合同的全部责任。请予以审查。

分包工程名称(部位)	分包工程质量	分包工程合同额
合　　　计		

附件:1.分包单位资质材料
　　　2.分包单位业绩材料
　　　3.分包单位专职管理人员和特种作业人员的资格证书
　　　4.施工单位对分包单位的管理制

施工项目经理部(盖章)

项目经理(签字):

年　　月　　日

审查意见:

专业监理工程师(签字):

年　　月　　日

审核意见:

项目监理机构(盖章)

总监理工程师(签字):

年　　月　　日

填报说明:本表一式三份,项目监理机构、建设单位、施工单位各一份。

八、对重点部位、关键工序实施旁站监理并做好旁站记录

重点部位和关键工序是指对影响结构安全和主要使用功能的分部、分项工程和关键工序。旁站是指项目监理机构对工程的关键部位或关键工序的施工质量进行的监督活动。

《建设工程质量管理条例》第三十八条规定"监理工程师应当按照工程监理规范的要求，采取旁站、巡视和平行检验等形式，对建设工程实施监理。"《建设工程监理规范》也规定"项目监理机构应根据工程特点和施工单位报送的施工组织设计，确定旁站的关键部位；关键工序，安排监理人员进行旁站，并应及时记录旁站情况。"

旁站记录表，见表4-5。

旁站记录 表4-5

工程名称：		编号：	
旁站的关键部位、关键工序		施工单位	
旁站开始时间	年 月 日 时 分	旁站开始时间	年 月 日 时 分

旁站的关键部位、关键工序施工情况：

旁站的问题及处理情况：

旁站监理人员(签字)：

年　　　月　　　日

填报说明：本表一式一份，项目监理机构留存。

九、对施工质量进行巡查并做好巡查记录

巡查是指项目监理机构对施工现场进行的定期或不定期的检查活动。

《建设工程监理规范》GB 50319规定，项目监理机构应安排监理人员对工程施工质量进行巡视，即巡查。巡查的内容包括：

1.施工单位是否按工程设计文件、工程建设标准和批准的施工组织设计、（专项）施工方案施工。

2.使用的工程材料、构配件和设备是否合格。

3.施工现场管理人员，特别是施工质量管理人员是否到位。

4.特种作业人员是否持证上岗。

同时还要对巡查的内容做好记录。

十、对施工质量进行平行检验并做好平行检验记录

平行检验是指项目监理机构在施工单位自检的同时，按有关规定、建设工程监理合同约定对同一检验项目进行的检测试验活动。

项目监理机构应审查施工单位报送的用于工程的材料、构配件、设备的质量证明文件，并应按有关规定、建设工程监理合同约定，对用于工程的材料进行见证取样，平行检验。还应根据工程特点、专业要求，以及建设工程监理合同约定，对施工质量进行平行检验。

十一、对隐蔽工程进行验收

隐蔽工程是指建筑物、构筑物、在施工期间将建筑材料或构配件埋于物体之中后被覆盖外表看不见的实物。如房屋基础，钢筋，水电构配件，设备基础等分部分项工程。由于隐蔽工程在隐蔽后，如果发生质量问题，还得重新覆盖和掩盖，会造成返工等非常大的损失，为了避免资源的浪费和当事人双方的损失，保证工程的质量和工程顺利完成，隐蔽工程隐蔽以前，应该由监理单位对其进行验收。

项目监理机构应对施工单位报验的隐蔽工程进行验收，对验收合格的应给予签认，对验收不合格的应拒绝签认，同时应要求施工单位在指定的时间内整改并重新报验。

对已同意覆盖的工程隐蔽部位质量有疑问的，或发现施工单位私自覆盖工程隐蔽部位的，项目监理机构应要求施工单位对该隐蔽部位进行钻孔探测或揭开或其他方法进行重新检验。

房建工程的隐蔽工程主要有：

（一）给水排水工程。

（二）电气管线工程。

（三）地板基层。

（四）护墙基层。

（五）门窗套基层。

（六）吊顶基层。

（七）强电线缆。

（八）网络综合布线线缆。

隐蔽工程报验表，见表4-6。

隐蔽工程　报审/验表　　　　　　　　　　表 4-6

工程名称：　　　　　　　　　　　　　　　　编号：

致：　　　　　　　　　　　（项目监理机构）

　　我方已完成　　　　　　　工作，经自验合格，现将有关资料报上，请予以审查/验收。

　　附：□隐蔽工程资料检查资料

　　　　□检验批质量检验资料

　　　　□分项工程质量检验资料

　　　　□施工试验室证明资料

　　　　□其他

　　　　　　　　　　　　　　　　　　　施工项目经理部（盖章）

　　　　　　　　　　　　　　　　　　　项目经理或项目技术负责人（签字）：

　　　　　　　　　　　　　　　　　　　　　年　　月　　日

审查、验收意见：

　　　　　　　　　　　　　　　　　　　项目监理机构（盖章）

　　　　　　　　　　　　　　　　　　　专业监理工程师（签字）：

　　　　　　　　　　　　　　　　　　　　　年　　月　　日

　　填报说明：本表一式二份，项目监理机构、施工单位各一份。

十二、对检验批工程进行验收

　　检验批是验收的最小单位。项目监理机构应对施工单位报验的检验批进行验收，对验收合格的应给予签认，对验收不合格的应拒绝签认，同时应要求施工单位在指定的时间内整改并重新报验。

（一）检验批的质量验收的主要内容

　　1.对原材料、构配件和器具等产品的进场复验，应按进场的批次和产品的抽样检验方案执行。

　　2.对混凝土强度、预制构件结构性能等，应按国家现行有关标准和本规范规定的抽样检验方案执行。

　　3.对本规范中采用计数检验的项目，应按抽查总点数的合格点率进行检查。

　　4.资料检查，包括原材料、构配件和器具等的产品合格证（中文质量合格证明文件、规格、型号及性能检测报告等）及进场复验报告、施工过程中重要工序的自检和交接检记录、抽样检验报告、见证检测报告、隐蔽工程验收记录等。

（二）检验批检验标准

1. 主控项目的质量经抽样检验合格。

2. 一般项目的质量经抽样检验合格，当采用计数检验时，除有专门要求外，一般项目的合格点率应达到 80% 及以上，且不得有严重缺陷。

3. 具有完整的施工操作依据和质量验收记录。

4. 对验收合格的检验批，宜作出合格标志。

十三、对分项、分部（子分部）工程按规定进行质量验收

项目监理机构应对施工单位报验的分项工程和分部工程进行验收，对验收合格的应给予签认，对验收不合格的应拒绝签认，同时应要求施工单位在指定的时间内整改并重新报验。

（一）分部工程质量验收应具备的条件

1. 分部工程包括的范围：土方开挖工程、桩基工程、基础工程、主体结构工程、装饰工程、屋面防水工程、安装工程。

2. 分部验收条件：（1）所含分项工程质量均应合格；（2）质量控制资料应完整；（3）分部工程中有关结构安全与功能的检测结果应符合、设计及有关规定；（4）观感质量应符合要求。

（二）分部工程组织验收程序：实施建设工程监理制度的由总监理工程师组织施工单位项目负责人、技术负责人及勘察、设计单位项目负责人进行工程验收。建设单位项目负责人对总监理工程师及工程项目各参与方项目负责人的质量行为给予监督、检查、管理。

（三）分项工程验收应具备的条件

1. 分项工程的范围：如钢筋工程、模板工程、混凝土工程等。

2. 分项验收的条件。

（1）钢筋工程验收条件。

① 按施工图核查纵向受力钢筋，检查钢筋品种、直径，数量、位置、间距、形状。

② 检查混凝土保护层厚度，构造钢筋是否符合要求。

③ 检查钢筋接头，如绑扎搭接，要检查搭接长度、接头位置和数量（错开搭接，接头百分比）；如焊接接头或机械连接，要检查外观质量，取样试件力学性能试验是否达到要求，接头位置（相互错开）、数量（接头百分比）。

（2）模板工程验收条件。

① 每层都要复查，关键轴线及轴线标高一次。

② 检查预留孔、洞及预埋构件的尺寸是否符合要求。

③ 检查模板是否具有足够的强度、刚度和稳定性。

④ 检查模板尺寸偏差是否在规定允许的范围内。

（3）混凝土工程验收的条件。

① 混凝土浇注前应检查水泥出厂合格证，技术说明，按规定送检的试验报告。

② 检查砂石质量。

③ 钢筋隐蔽验收是否合格。

④ 检查水、电、材料、机械设备、作业人员及施工技术员是否已全部到位。

十四、签发质量问题通知单并复查质量问题整改结果

项目监理机构发现施工存在质量问题的，或施工单位采用不适当的施工工艺，或施工不当，造成工程质量不合格的，应及时签发监理通知单，要求施工单位整改。整改完毕后，项目监理机构应根据施工单位报送的监理通知回复对整改情况进行复查，提出复查意见。

监理通知单，见表 4-7。

监理通知单 表 4-7

工程名称： 编号：

致： （施工项目经理部）

事由：

内容：

项目监理结构(盖章)

总/专业监理工程师(签字、加盖执业印章)：

年 月 日

填报说明：本表一式三份，项目监理机构、建设单位、施工单位各一份。

第五节 检测单位

一、不得转包检测业务

《建设工程质量检测管理办法》规定，检测机构不得转包检测业务，检测单位在资质

证书有效期内转包检测业务的原审批机关不予延期。

质量检测的业务内容包括：

（一）专项检测

1.地基基础工程检测

（1）地基及复合地基承载力静载检测。

（2）桩的承载力检测。

（3）桩身完整性检测。

（4）锚杆锁定力检测。

2.主体结构工程现场检测

（1）混凝土、砂浆、砌体强度现场检测。

（2）钢筋保护层厚度检测。

（3）混凝土预制构件结构性能检测。

（4）后置埋件的力学性能检测。

3.建筑幕墙工程检测

（1）建筑幕墙的气密性、水密性、风压变形性能、层间变位性能检测。

（2）硅酮结构胶相容性检测。

4.钢结构工程检测

（1）钢结构焊接质量无损检测。

（2）钢结构防腐及防火涂装检测。

（3）钢结构节点、机械连接用紧固标准件及高强度螺栓力学性能检测。

（4）钢网架结构的变形检测。

（二）见证取样检测

1.水泥物理力学性能检验。

2.钢筋（含焊接与机械连接）力学性能检验。

3.砂、石常规检验。

4.混凝土、砂浆强度检验。

5.简易土工试验。

6.混凝土掺加剂检验。

7.预应力钢绞线、锚夹具检验。

8.沥青、沥青混合料检验。

转包检测业务的单位由县级以上地方人民政府建设主管部门责令改正，可并处1万元以上3万元以下的罚款；构成犯罪的，依法追究刑事责任。

二、不得涂改、倒卖、出租、出借或者以其他形式非法转让资质证书

《建设工程质量检测管理办法》规定，任何单位和个人不得涂改、倒卖、出租、出借或者以其他形式非法转让资质证书。检测单位在资质证书有效期内涂改、倒卖、出租、出

借或者以其他形式非法转让资质证书的，原审批机关不予延期。

国务院建设主管部门负责对全国质量检测活动实施监督管理，并负责制定检测机构资质标准。

（一）专项检测机构和见证取样检测机构资质应满足下列基本条件：

1.所申请检测资质对应的项目应通过计量认证。

2.有质量检测、施工、监理或设计经历，并接受了相关检测技术培训的专业技术人员不少于10人；边远的县（区）的专业技术人员可不少于6人。

3.有符合开展检测工作所需的仪器、设备和工作场所；其中，使用属于强制检定的计量器具，要经过计量检定合格后，方可使用。

4.有健全的技术管理和质量保证体系。

（二）专项检测机构除应满足基本条件外，还需满足下列条件：

1.地基基础工程检测类

专业技术人员中从事工程桩检测工作3年以上并具有高级或者中级职称的不得少于4名，其中1人应当具备注册岩土工程师资格。

2.主体结构工程检测类

专业技术人员中从事结构工程检测工作3年以上并具有高级或者中级职称的不得少于4名，其中1人应当具备二级注册结构工程师资格。

3.建筑幕墙工程检测类

专业技术人员中从事建筑幕墙检测工作3年以上并具有高级或者中级职称的不得少于4名。

4.钢结构工程检测类

专业技术人员中从事钢结构机械连接检测、钢网架结构变形检测工作3年以上并具有高级或者中级职称的不得少于4名，其中1人应当具备二级注册结构工程师资格。

（三）见证取样检测机构除应满足基本条件外，专业技术人员中从事检测工作3年以上并具有高级或者中级职称的不得少于3名；边远的县（区）可不少于2人。

涂改、倒卖、出租、出借、转让资质证书的，由县级以上地方人民政府建设主管部门责令改正，可并处1万元以上3万元以下的罚款；构成犯罪的，依法追究刑事责任。

三、不得推荐或者监制建筑材料、构配件和设备

《建设工程质量检测管理办法》规定"检测机构和检测人员不得推荐或者监制建筑材料、构配件和设备。"

四、不得与公共事务管理组织以及相关主体有利害关系

《建设工程质量检测管理办法》规定"检测机构不得与行政机关，法律、法规授权的具有管理公共事务职能的组织以及所检测工程项目相关的设计单位、施工单位、监理单位有隶属关系或者其他利害关系。"

五、按照国家有关工程建设强制性标准进行检测

建设工程质量检测，是指工程质量检测机构接受委托，依据国家有关法律、法规和工程建设强制性标准，对涉及结构安全项目的抽样检测和对进入施工现场的建筑材料、构配件的见证取样检测。《建设工程质量检测管理办法》规定，检测单位在资质证书有效期内未按照国家有关工程建设强制性标准进行检测，造成质量安全事故或致使事故损失扩大的，原审批机关不予延期。

（一）检测内容

1. 地基基础工程检测

（1）地基及复合地基承载力静载检测。

（2）桩的承载力检测。

（3）桩身完整性检测。

（4）锚杆锁定力检测。

2. 主体结构工程现场检测

（1）混凝土、砂浆、砌体强度现场检测。

（2）钢筋保护层厚度检测。

（3）混凝土预制构件结构性能检测。

（4）后置埋件的力学性能检测。

3. 建筑幕墙工程检测

（1）建筑幕墙的气密性、水密性、风压变形性能、层间变位性能检测。

（2）硅酮结构胶相容性检测。

4. 钢结构工程检测

（1）钢结构焊接质量无损检测。

（2）钢结构防腐及防火涂装检测。

（3）钢结构节点、机械连接用紧固标准件及高强度螺栓力学性能检测。

（4）钢网架结构的变形检测。

（二）建筑工程质量检测方法

1. 书面检测。要求施工单位对试验报告、质量保证文件等进行收集整理，然后提交给监理人员，通过审核看有没有质量问题。

2. 外观检测。以施工规范为准，通过灯光照射、敲打、触摸等，看工程外观有无质量问题。以混凝土为例，通过外观检测，看拌料的颜色、稠度、有无硬块等。

3. 理化检测。使用专用的测量工具和仪器，测定工程的物理力学性能和化学成分，其中物理特征包括体积、密度、孔隙率等指标；力学性能包括硬度、抗弯强度、抗拉强度、抗压强度、冲击韧性等指标。

4. 无损检测。采用超声、射线、电磁等高科技手段，在不损坏工程外观和结构的前提下进行质量检测，了解检测对象的技术状态，判断缺陷的大小、位置、性质、数量。

未按照国家有关工程建设强制性标准进行检测的检测单位，由县级以上地方人民政府建设主管部门责令改正，可并处 1 万元以上 3 万元以下的罚款；构成犯罪的，依法追究刑事责任。

六、对检测数据和检测报告的真实性和准确性负责

《建设工程质量检测管理办法》规定，检测机构应当对其检测数据和检测报告的真实性和准确性负责。质量检测试样的取样应当严格执行有关工程建设标准和国家有关规定，在建设单位或者工程监理单位监督下现场取样。提供质量检测试样的单位和个人，应当对试样的真实性负责。任何单位和个人不得明示或者暗示检测机构出具虚假检测报告，不得篡改或者伪造检测报告。

检测机构完成检测业务后，应当及时出具检测报告。检测报告经检测人员签字、检测机构法定代表人或者其授权的签字人签署，并加盖检测机构公章或者检测专用章后方可生效。检测报告经建设单位或者工程监理单位确认后，由施工单位归档。见证取样检测的检测报告中应当注明见证人单位及姓名。

检测单位在资质证书有效期内伪造检测数据，出具虚假检测报告或者鉴定结论的原审批机关不予延期。

检测机构伪造检测数据，出具虚假检测报告或者鉴定结论的，县级以上地方人民政府建设主管部门给予警告，并处 3 万元罚款；给他人造成损失的，依法承担赔偿责任；构成犯罪的，依法追究其刑事责任。

七、及时报告工程建设相关主体的违反法律法规行为

《建设工程质量检测管理办法》规定"检测机构应当将检测过程中发现的建设单位、监理单位、施工单位违反有关法律、法规和工程建设强制性标准的情况，以及涉及结构安全检测结果的不合格情况，及时报告工程所在地建设主管部门。"

检测机构未按规定上报发现的违法违规行为和检测不合格事项，由县级以上地方人民政府建设主管部门责令改正，可并处 1 万元以上 3 万元以下的罚款；构成犯罪的，依法追究刑事责任。

八、单独建立检测结果不合格项目台账

根据《建设工程质量检测管理办法》的规定，检测机构应当单独建立检测结果不合格项目台账。档案资料管理混乱，造成检测数据无法追溯的，由县级以上地方人民政府建设主管部门责令改正，可并处 1 万元以上 3 万元以下的罚款；构成犯罪的，依法追究刑事责任。

九、建立检测档案管理制度

《建设工程质量检测管理办法》规定，检测机构应当建立档案管理制度，检测合同、

委托单、原始记录、检测报告应当按年度统一编号，编号应当连续，不得随意抽撤、涂改。否则将由县级以上地方人民政府建设主管部门责令改正，可并处 1 万元以上 3 万元以下的罚款；构成犯罪的，依法追究刑事责任。

第六节　施工图设计审查单位

一、施工图审查单位的分类

审查单位按承接业务范围分两类，一类单位承接房屋建筑、市政基础设施工程施工图审查业务范围不受限制；二类单位可以承接中型及以下房屋建筑、市政基础设施工程的施工图审查。

（一）一类审查单位应当具备下列条件

1.有健全的技术管理和质量保证体系。

2.审查人员应当：有良好的职业道德；有 15 年以上所需专业勘察、设计工作经历；主持过不少于 5 项大型房屋建筑工程、市政基础设施工程相应专业的设计或者甲级工程勘察项目相应专业的勘察；已实行执业注册制度的专业，审查人员应当具有一级注册建筑师、一级注册结构工程师或者勘察设计注册工程师资格，并在本审查机构注册；未实行执业注册制度的专业，审查人员应当具有高级工程师职称；近 5 年内未因违反工程建设法律法规和强制性标准受到行政处罚。

3.在本审查机构专职工作的审查人员数量：从事房屋建筑工程施工图审查的，结构专业审查人员不少于 7 人，建筑专业不少于 3 人，电气、暖通、给水排水、勘察等专业审查人员各不少于 2 人；从事市政基础设施工程施工图审查的，所需专业的审查人员不少于 7 人，其他必须配套的专业审查人员各不少于 2 人；专门从事勘察文件审查的，勘察专业审查人员不少于 7 人。

承担超限高层建筑工程施工图审查的，还应当具有主持过超限高层建筑工程或者 100 米以上建筑工程结构专业设计的审查人员不少于 3 人。

4.60 岁以上审查人员不超过该专业审查人员规定数的 1/2。

（二）二类审查机构应当具备下列条件

1.有健全的技术管理和质量保证体系。

2.审查人员应当：有良好的职业道德；有 10 年以上所需专业勘察、设计工作经历；主持过不少于 5 项中型以上房屋建筑工程、市政基础设施工程相应专业的设计或者乙级以上工程勘察项目相应专业的勘察；已实行执业注册制度的专业，审查人员应当具有一级注册建筑师、一级注册结构工程师或者勘察设计注册工程师资格，并在本审查机构注册；未实行执业注册制度的专业，审查人员应当具有高级工程师职称；近 5 年内未因违反工程建设法律法规和强制性标准受到行政处罚。

3.在本审查机构专职工作的审查人员数量：从事房屋建筑工程施工图审查的，结构专业审查人员不少于 3 人，建筑、电气、暖通、给水排水、勘察等专业审查人员各不少于 2 人；从事市政基础设施工程施工图审查的，所需专业的审查人员不少于 4 人，其他必须配套的专业审查人员各不少于 2 人；专门从事勘察文件审查的，勘察专业审查人员不少于 4 人。

4.60 岁以上审查人员不超过该专业审查人员规定数的 1/2。

二、施工图设计审查的内容

审查单位应当对施工图审查下列内容：

1.是否符合工程建设强制性标准。

2.地基基础和主体结构的安全性。

3.消防安全性。

4.人防工程（不含人防指挥工程）防护安全性。

5.是否符合民用建筑节能强制性标准，对执行绿色建筑标准的项目，还应当审查是否符合绿色建筑标准。

6.勘察设计企业和注册执业人员以及相关人员是否按规定在施工图上加盖相应的图章和签字。

7.法律、法规、规章规定必须审查的其他内容。

三、施工图审查的时间

施工图审查原则上不超过下列时限：

1.大型房屋建筑工程、市政基础设施工程为 15 个工作日，中型及以下房屋建筑工程、市政基础设施工程为 10 个工作日。

2.工程勘察文件，甲级项目为 7 个工作日，乙级及以下项目为 5 个工作日。

以上时限不包括施工图修改时间和审查机构的复审时间。

四、建设单位需要向审查机构提供的资料

建设单位应当向审查机构提供下列资料并对所提供资料的真实性负责：

1.作为勘察、设计依据的政府有关部门的批准文件及附件。

2.全套施工图。

3.其他应当提交的材料。

五、施工图审查结果的处理

审查机构对施工图进行审查后，应当根据下列情况分别做出处理：

1.审查合格的，审查机构应当向建设单位出具审查合格书，并在全套施工图上加盖审

查专用章。审查合格书应当有各专业的审查人员签字，经法定代表人签发，并加盖审查机构公章。审查机构应当在出具审查合格书后 5 个工作日内，将审查情况报工程所在地县级以上地方人民政府住房城乡建设主管部门备案。

2.审查不合格的，审查机构应当将施工图退建设单位并出具审查意见告知书，说明不合格原因。同时，应当将审查意见告知书及审查中发现的建设单位、勘察设计企业和注册执业人员违反法律、法规和工程建设强制性标准的问题，报工程所在地县级以上地方人民政府住房城乡建设主管部门。

施工图退建设单位后，建设单位应当要求原勘察设计企业进行修改，并将修改后的施工图送原审查机构复审。

六、施工图设计审查单位的违规行为

施工图设计审查单位具有下列行为的属于违规行为：

1.超出范围从事施工图审查的。

2.使用不符合条件审查人员的。

3.未按规定的内容进行审查的。

4.未按规定上报审查过程中发现的违法违规行为的。

5.未按规定填写审查意见告知书的。

6.未按规定在审查合格书和施工图上签字盖章的。

7.已出具审查合格书的施工图，仍有违反法律、法规和工程建设强制性标准的。

8.审查机构出具虚假审查合格书。

第五章　工程安全生产管理行为要求

第一节　建设单位

一、按规定办理施工安全监督手续

（一）施工安全监督主要内容

安全生产监督部门对建设单位的施工安全监督内容包括：

1. 对工程建设责任主体履行安全生产职责情况，工程建设责任主体执行法律、法规、规章、制度及工程建设强制性标准情况，以及建筑施工安全生产标准化开展情况进行抽查。

2. 组织或参与工程项目施工安全事故的调查处理。

3. 依法对工程建设责任主体违法违规行为实施行政处罚。

4. 依法处理与工程项目施工安全相关的投诉、举报。

（二）施工安全监督程序

1. 建设单位申请并办理工程项目安全监督手续。

2. 安全生产监督部门制定工程项目施工安全监督工作计划并组织实施。

3. 安全生产监督部门实施工程项目施工安全监督抽查并形成监督记录。

4. 安全生产监督部门评定工程项目安全生产标准化工作并办理终止施工安全监督手续。

5. 安全生产监督部门整理工程项目施工安全监督资料并立卷归档。建设工程施工安全监督备案表，见表5-1。

（三）办理施工安全监督手续，建设单位需要提交的资料

1. 工程概况。

2. 建设、勘察、设计、施工、监理等单位及项目负责人等主要管理人员一览表。

3. 危险性较大分部分项工程清单（表5-2）。

4. 施工合同中约定的安全防护、文明施工措施费用支付计划。

5. 建设、施工、监理单位法定代表人及项目负责人安全生产承诺书。

6. 省级住房城乡建设主管部门规定的其他保障安全施工具体措施的资料。

监督机构收到建设单位提交的资料后进行查验，必要时进行现场踏勘，对符合要求的，在5个工作日内向建设单位发放《施工安全监督告知书》。

建设工程施工安全监督备案表　　　　　　　　表5-1

工程名称				施工安全监督编号		
工程地址						
工程造价		结构层数		建筑面积		
建设单位	公 章 年 月 日			项目负责人	姓名	
					电话	
监理单位	公 章 年 月 日			项目总监	姓名	
					电话	
施工单位	公 章 年 月 日			安全生产许可证书号		
项目经理	姓名	安全生产考核合格证书编号	电话	专职安全生产管理人员	姓 名	安全生产考核合格证书编号
开工日期				竣工日期		
经办人			联系电话			

备注:本表一式四份,建设单位、监理单位、施工单位、监督机构各持一份,并加盖建设单位、施工单位、监理单位公章。

危险性较大的分部分项工程清单　　　　　　　表5-2

工程名称		施工安全监督编号	
一、危险性较大的分部分项工程清单			如涉及请在括号里打√
(一)基坑支护、降水工程			( )
开挖深度超过3m(含3m)或虽未超过3m但地质条件和周边环境复杂的基坑(槽)支护、降水工程			( )
(二)土方开挖工程			( )
开挖深度超过3m(含3m)的基坑(槽)的土方开挖工程			( )
(三)模板工程及支撑体系			( )
1.各类工具式模板工程:包括大模板、滑模、爬模、飞模等工程			( )

工程名称		施工安全监督编号	
2. 混凝土模板支撑工程:搭设高度 5m 及以上;搭设跨度 10m 及以上;施工总荷载 10kN/m² 及以上;集中线荷载 15kN/m 及以上;高度大于支撑水平投影宽度且相对独立无联系构件的混凝土模板支撑工程			( )
3. 承重支撑体系:用于钢结构安装等满堂支撑体系			( )
(四)起重吊装及安装拆卸工程			( )
1. 采用非常规起重设备、方法,且单件起吊重量在 10kN 及以上的起重吊装工程			( )
2. 采用起重机械进行安装的工程			( )
3. 起重机械设备自身的安装、拆卸			( )
(五)脚手架工程			( )
1. 搭设高度 24m 及以上的落地式钢管脚手架工程			( )
2. 附着式整体和分片提升脚手架工程			( )
3. 悬挑式脚手架工程			( )
4. 吊篮脚手架工程			( )
5. 自制卸料平台、移动操作平台工程			( )
6. 新型及异型脚手架工程			( )
(六)拆除、爆破工程			( )
1. 建筑物、构筑物拆除工程			( )
2. 采用爆破拆除的工程			( )
(七)其他			( )
1. 建筑幕墙安装工程			( )
2. 钢结构、网架和索膜结构安装工程			( )
3. 人工挖扩孔桩工程			( )
4. 地下暗挖、顶管及水下作业工程			( )
5. 预应力工程			( )
6. 采用新技术、新工艺、新材料、新设备及尚无相关技术标准的危险性较大的分部分项工程			( )
二、超过一定规模的危险性较大的分部分项工程清单			如涉及请在括号里打√
(一)深基坑工程			( )
1. 开挖深度超过 5m(含 5m)的基坑(槽)的土方开挖、支护、降水工程			( )
2. 开挖深度虽未超过 5m,但地质条件、周围环境和地下管线复杂,或影响毗邻建筑(构筑)物安全的基坑(槽)的土方开挖、支护、降水工程			( )
(二)模板工程及支撑体系			( )
1. 工具式模板工程:包括滑模、爬模、飞模工程			( )

续表

工程名称		施工安全监督编号	
2. 混凝土模板支撑工程：搭设高度 8m 及以上；搭设跨度 18m 及以上，施工总荷载 15kN/m² 及以上；集中线荷载 20kN/m 及以上			（　）
3. 承重支撑体系：用于钢结构安装等满堂支撑体系，承受单点集中荷载 700kg 以上			（　）
（三）起重吊装及安装拆卸工程			（　）
1. 采用非常规起重设备、方法，且单件起吊重量在 100kN 及以上的起重吊装工程			（　）
2. 起重量 300kN 及以上的起重设备安装工程；高度 200m 及以上内爬起重设备的拆除工程			（　）
（四）脚手架工程			（　）
1. 搭设高度 50m 及以上落地式钢管脚手架工程			（　）
2. 提升高度 150m 及以上附着式整体和分片提升脚手架工程			（　）
3. 架体高度 20m 及以上悬挑式脚手架工程			（　）
（五）拆除、爆破工程			（　）
1. 采用爆破拆除的工程			（　）
2. 码头、桥梁、高架、烟囱、水塔或拆除中容易引起有毒有害气（液）体或粉尘扩散、易燃易爆事故发生的特殊建、构筑物的拆除工程			（　）
3. 可能影响行人、交通、电力设施、通信设施或其他建、构筑物安全的拆除工程			（　）
4. 文物保护建筑、优秀历史建筑或历史文化风貌区控制范围的拆除工程			（　）
（六）其他			（　）
1. 施工高度 50m 及以上的建筑幕墙安装工程			（　）
2. 跨度大于 36m 及以上的钢结构安装工程；跨度大于 60m 及以上的网架和索膜结构安装工程			（　）
3. 开挖深度超过 16m 的人工挖孔桩工程			（　）
4. 地下暗挖工程、顶管工程、水下作业工程			（　）
5. 采用新技术、新工艺、新材料、新设备及尚无相关技术标准的危险性较大的分部分项工程			（　）
其他情况请附表书面说明			

　　在上述危险性较大的分部分项工程施工前，我公司承诺将督促施工单位、监理单位按照建质〔2009〕87 号文件要求编制专项方案、组织专家论证、建立危险性较大的分部分项工程安全管理制度，并督促其按确定的方案施工。

建设单位（盖章）

二、与参建各方签约明确安全责任并加强履约管理

　　《安全生产法》规定，建设单位应当与参建各方签订专门的安全生产管理合同（协

议），并且要在合同中约定各自的安全生产管理职责。建设单位没有与各参建方签订专门的安全生产管理协议或者未在合同中明确各自的安全生产管理职责，或者未对各参建方安全生产统一协调、管理的，责令限期改正，可以处五万元以下的罚款，对其直接负责的主管人员和其他直接责任人员可以处一万元以下的罚款；逾期未改正的，责令停产停业整顿。

合同中建设单位的安全责任如下。

（一）依法办理有关批准手续：

建设单位需要按照国家有关规定办理申请批准手续的情况有：

1.需要临时占用规划批准范围以外场地。

2.可能损坏道路、管线、电力、邮电通信等公共设施。

3.需要临时停水、停电、中断道路交通。

4.需要进行爆破作业等。

（二）向施工单位提供真实、准确和完整的相关资料。

（三）不得提出违法要求和随意压缩合同工期。《建设工程安全生产管理条例》规定，建设单位不得对勘察、设计、施工、工程监理等单位提出不符合建设工程安全生产法律、法规和强制性标准规定的要求，不得压缩合同约定的工期。

（四）编制工程概算时应当确定建设工程安全费用。

（五）建设单位不得明示或者暗示施工单位购买、租赁、使用不符合安全施工要求的安全防护用具、机械设备、施工机具及配件、消防设施和器材。

（六）申领施工许可证时提供有关安全施工措施。建设单位在申请领取施工许可证时，应当提供的建设工程有关安全施工措施资料有：

1.工程中标通知书。

2.工程施工合同。

3.施工现场总平面布置图。

4.施工进度计划、安全措施费用计划和施工现场安全防护设施搭设计划。

5.专项安全施工组织设计（方案、措施）。

6.工程项目负责人、安全管理人员及特种作业人员持证上岗情况。

7.建设单位安全监督人员名册、工程监理单位人员名册以及其他应提交的材料。

8.临时设施规划方案和已搭建情况。

9.拟进入施工现场使用的施工起重机械设备的型号和数量。

（七）依法实施装修工程和拆除工程。房屋拆除应当由具备保证安全条件的建筑施工单位承担。建设单位应当将拆除工程发包给具有相应资质等级的施工单位。并在拆除工程施工15日前，将施工单位资质等级证明；拟拆除建筑物、构筑物及可能危及毗邻建筑的说明；拆除施工组织方案；堆放、清除废弃物的措施等向建设工程所在地的县级以上地方人民政府建设行政主管部门或者其他有关部门备案。

（八）建设单位违法行为应承担的法律责任。建设单位未提供建设工程安全生产作业环境及安全施工措施所需费用的，责令限期改正；逾期未改正的，责令该建设工程停止施工。未将保证安全施工的措施或者拆除工程的有关资料报送有关部门备案的，责令限期改正，给予警告。

三、将监理合同的相关内容书面通知被监理的建筑施工企业

建筑工程监理是指由具有法定资质条件的工程监理单位，根据建设单位的委托，依照法律、行政法规及有关的技术标准、设计文件和建筑工程承包合同，对承包单位在施工质量、建设工期和建设资金使用等方面，代表建设单位对工程施工实施监督的专门活动。

《建设工程监理规范》GB 50319 中指出，实施建设工程监理前，建设单位必须委托具有相应资质的工程监理单位，并以书面形式与工程监理单位订立建设工程监理合同，合同中应包括监理工作的范围、内容、服务期限和酬金，以及双方的义务、违约责任等相关条款。在订立建设工程监理合同时，建设单位将勘察、设计、保修阶段等相关服务一并委托的，应在合同中明确相关服务的工作范围、内容、服务期限和酬金等相关条款。《建筑法》第三十三条规定"实施建筑工程监理前，建设单位应当将委托的工程监理单位、监理的内容及监理权限，书面通知被监理的建筑施工企业。"

（一）强制监理的范围

1. 国家重点建设工程

国家重点建设工程，是指依据《国家重点建设项目管理办法》所确定的对国民经济和社会发展有重大影响的骨干项目。

2. 大中型公用事业工程

大中型公用事业工程，是指项目总投资额在 3000 万元以上的下列工程项目：

（1）供水、供电、供气、供热等市政工程项目。

（2）科技、教育、文化等项目。

（3）体育、旅游、商业等项目。

（4）卫生、社会福利等项目。

（5）其他公用事业项目。

3. 成片开发建设的住宅小区工程

成片开发建设的住宅小区工程，建筑面积在 5 万平方米以上的住宅建设工程必须实行监理；5 万平方米以下的住宅建设工程，可以实行监理，具体范围和规模标准，由省、自治区、直辖市人民政府建设行政主管部门规定。为了保证住宅质量，对高层住宅及地基、结构复杂的多层住宅应当实行监理。

4. 利用外国政府或者国际组织贷款、援助资金的工程

利用外国政府或者国际组织贷款、援助资金的工程范围包括：

（1）使用世界银行、亚洲开发银行等国际组织贷款资金的项目。

（2）使用国外政府及其机构贷款资金的项目。

（3）使用国际组织或者国外政府援助资金的项目。

5. 国家规定必须实行监理的其他工程

（1）项目总投资额在 3000 万元以上关系社会公共利益、公众安全的下列基础设施项目：

① 煤炭、石油、化工、天然气、电力、新能源等项目。

② 铁路、公路、管道、水运、民航以及其他交通运输业等项目。

③ 邮政、电信枢纽、通信、信息网络等项目。

④ 防洪、灌溉、排涝、发电、引（供）水、滩涂治理、水资源保护、水土保持等水利建设项目。

⑤ 道路、桥梁、地铁和轻轨交通、污水排放及处理、垃圾处理、地下管道、公共停车场等城市基础设施项目。

⑥ 生态环境保护项目。

⑦ 其他基础设施项目。

（2）学校、影剧院、体育场馆项目。

（二）工程监理委托的方式

1.平行承发包模式下有两种委托方式：

（1）建设单位委托一家工程监理单位。

（2）建设单位委托多家工程监理单位。该方式通常是建设单位首先委托一家总监理工程师单位，负责建设工程的总体规划和协调。之后建设单位和总监理工程师单位共同选择几家工程监理单位分别负责不同施工合同段的监理工作。

2.施工总承包模式下通常是由建设单位委托一家工程监理单位实施监理。

（三）建设单位通知施工单位的事项

1.监理单位的名称、资质等级、监理人员等基本情况。

2.监理的内容和监理权限。各阶段监理的内容如下：

（1）建设前期阶段

① 投资决策咨询。

② 编制项目建议书和项目可行性研究报告。

③ 项目评估。

（2）设计阶段

① 审查和评选设计方案。

② 协助建设单位编制工程勘察设计任务书。

③ 协助建设单位选择工程勘察设计单位。

④ 协助建设单位签订勘察、设计合同并监督合同的实施。

⑤ 核查设计概算书。

（3）施工准备阶段

① 协助建设单位编制招标文件。

② 核查施工图设计和概（预）算书。

③ 协助建设单位组织招标投标活动。

④ 协助建设单位与中标单位签订承包合同。

（4）施工阶段

① 协助建设单位与承包商编写开工报告。

② 确认承包商选择的分包单位。

③ 审批施工组织设计。

④ 下达开工令。

⑤ 审查承包商提供的材料、设备采购清单。

⑥ 检查工程使用的材料、构件、设备的规格和质量。

⑦ 检查施工技术措施和安全防护设施。

⑧ 处理工程暂停及复工、索赔及施工合同争议、解除等事宜。

⑨ 组织审查和处理工程变更。

⑩ 检查工程进度和施工质量，验收分部分期工程，签署工程付款凭证。

⑪督促整理承包合同文件和技术档案资料。

⑫组织工程预验收，提供竣工验收报告。

⑬核查工程结算。

（5）工程保修阶段

① 对工程质量缺陷进行检查和记录。

② 对工程质量缺陷原因进行调查。

③ 与建设单位、施工单位协商确定工程质量责任归属。

④ 督促责任单位修补工程质量缺陷。

⑤ 非施工单位原因造成的工程质量缺陷，应核实施工单位申报的修复工程费用，并应签认工程款支付证书。

（四）建设单位应当以书面形式将以上事项通知被监理的施工企业，不能采用口头形式

四、在概算中单独列支安全生产措施费用并及时向施工单位支付

工程概算是指在初步设计阶段，根据初步设计的图纸、概算定额或概算指标、费用定额及其他有关文件，概略计算的拟建工程费用。建设单位在编制工程概算时，应当确定建设工程安全作业环境及安全施工措施所需费用。

《危险性较大的分部分项工程安全管理规定》第八条规定，建设单位应当按照施工合同约定及时支付危大工程施工技术措施费以及相应的安全防护文明施工措施费，保障危大工程施工安全。

《建设单位项目负责人质量安全责任八项规定》规定建设单位项目负责人在组织编制工程概算时，应当将建筑工程安全生产措施费用和工伤保险费用单独列支，作为不可竞争费，不参与竞标。

安全生产措施费用包括：

（一）三宝，即：安全网、安全带、安全帽。

（二）四口，即：楼梯口、电梯口、通道口、预留洞口。

（三）临边，即：阳台周边、楼板周边、屋面周边、基坑周边、卸料平台的两侧等。

（四）内外脚手架，即：落地架、悬挑架、门架、附着式提升架。

（五）施工用电，即：标准化电箱、电器保护装置、电源线路的敷设、外电防护措施。

（六）施工机械与用具，即：设备检验检测、维修保养、安全检测检验设备与仪器等。

（七）劳动保护、安全教育培训。

（八）其他安全防护措施费。

五、按规定向施工单位提供施工现场的真实、准确、完整资料

《建筑法》和《建设工程安全生产管理条例》规定，建设单位应当向建筑施工企业提供施工现场及毗邻区域内供水、排水、供电、供气、供热、通信、广播电视等地下管线资料，气象和水文观测资料，相邻建筑物和构筑物、地下工程的有关资料，并保证资料的真实、准确、完整。《危险性较大的分部分项工程安全管理规定》第五条也规定建设单位应当依法提供真实、准确、完整的工程地质、水文地质和工程周边环境等资料。

建设单位依法应该向施工单位提供的施工现场及毗邻区域内相关资料包括：

（一）施工现场相关的地下资料。建筑施工企业从事建筑活动时经批准占用的施工场地以内的埋于地下的管道线路资料。包括电信光缆线路资料、煤气和天然气管道资料、上下水管道资料等。资料中应当包括线路、管道在地下的走向及其地下埋设深度等数据。

（二）毗邻区域内供水、排水、供电、供气、供热、通信、广播电视等地下管线资料，包括线路、管道在地下的走向及其地下埋设深度等数据。

（三）气象和水文观测资料。

（四）相邻建筑物和构筑物、地下工程的有关资料。

第二节 勘察、设计单位

一、按规定进行勘察并提供真实、准确的勘察文件

工程勘察是工程设计和施工的前一阶段，担负着为工程建设提供准确地质资料的任务。勘察结果是建设工程项目规划、选址、设计的重要依据，也是保证施工安全的重要因素和前提条件。因此，《建设工程安全生产管理条例》规定，勘察单位应当按照法律、法规和工程建设强制性标准进行勘察，提供的勘察文件应当真实、准确，满足建设工程安全生产的需要。

该条例规定，勘察单位、设计单位未按照法律、法规和工程建设强制性标准进行勘察、设计的。采用新结构、新材料、新工艺的建设工程和特殊结构的建设工程，设计单位未在设计中提出保障施工作业人员安全和预防生产安全事故的措施建议的。责令限期改正，处10万元以上30万元以下的罚款；情节严重的，责令停业整顿，降低资质等级，直至吊销资质证书；造成重大安全事故，构成犯罪的，对直接责任人员，依照刑法有关规定追究刑事责任；造成损失的，依法承担赔偿责任。注册执业人员未执行法律、法规和工程建设强制性标准的，责令停止执业3个月以上1年以下；情节严重的，吊销执业资格证书，5年内不予注册；造成重大安全事故的，终身不予注册；构成犯罪的，依照《刑法》有关规定追究刑事责任。

工程勘察的目的在于查明工程项目建设地点的地形地貌、地层土壤岩性、地质构造、

水文条件等自然地质条件资料，做出鉴定和综合评价，为建设项目的选址、工程设计和施工提供科学可靠的依据。

建设工程勘察的基本内容是工程测量、水文地质勘察和工程地质勘察。

（一）工程测量

工程测量包括平面控制测量、高程控制测量、地形测量、摄影测量、线路测量和绘图制图等项工作，其任务是为建设项目的选址（选线）设计和施工提供有关地形地貌的科学依据。

（二）水文地质勘察

水文地质勘察的目的是为建设项目的设计提供有关供水地下水源的详细资料，勘察工作的深度和成果，应能满足各个设计阶段的设计要求。其工作内容包括水文地质测绘、地球物理勘探、钻探、抽水试验、地下水动态观测、水文地质参数计算、地下水资源评价和地下水资源保护方案等方面的工作。

水文地质勘察通常分为初步勘察和详细勘察两个阶段。初步勘察阶段，应在几个可能多水的地段，查明水文地质条件，初步评价地下水资源，进行水源地方案比较。详细勘察阶段，应在地下水源范围详细查明水文地质文件，进一步评价地下水资源，提出合理开发方案。在水文地质条件简单，勘察工作量不大，或只有一个水源地方案的情况下，两阶段勘察工作可以合并进行。

（三）工程地质勘察

工程地质勘察的目的是为建设项目的选址、设计和施工提供工程地质方面的详细资料。勘察阶段一般分为选址勘察、初步勘察、详细勘察。

1.选址勘察。对拟选厂址的稳定性和适宜性作出工程地质评价。

2.初步勘察。在场（厂）址经批准后进行初步勘察，目的是全面查明选定场（厂）址的工程地质条件，对场地内各建筑地段的稳定性和工程地质问题作出定量评价，并为确定建筑工程的形式、规模、主要建筑地基基础工程施工方案及对不良地质现象的防治工程提供足够的工程地质数据资料，以满足初步设计的要求。

3.详细勘察。对建筑地质做出工程地质评价，并为地基基础设计、地基处理、加固与不良地质条件的防治工程，提供工程地质资料，以满足施工图设计的要求。

（四）编写勘察报告

工程地质勘察工作结束后，应及时按规定编写勘察报告，绘制各种图表。勘察报告的内容一般包括：

1.任务要求和勘察工作概况。

2.场地的地理位置、地形地貌、地质构造、不良地质现象、岩石和土的物理力学性质、岩石和图的均匀性及允许承载力。

3.场地的稳定性和适宜性。

4.地下水的影响。

5. 土的最大冻结深度。

6. 地震基本烈度。

7. 工程建设可能引起的工程地质问题。

8. 供水水源地的水质水量评价，以及供水方案，水源的污染及发展趋势。

9. 不良地质现象和特殊地质现象的处理和防治等方面的结论意见、建议和措施。

二、按规定在勘察文件中说明地质条件可能造成的工程风险

工程地质条件是指工程活动的地质环境，是工程建筑物所在地区地质环境各项因素的综合。地质条件包括岩土的类型及其工程性质、地质构造、地形地貌、水文地质条件、地表地质作用和天然建筑材料等。不良地质条件包括岩溶、滑坡、崩坍、砂土液化、地基变形等，不良的地质条件可能造成施工进度延误、成本增加、发生工程质量和安全生产事故。已有的工程地质条件在工程建筑和运行期间会产生一些新的变化和发展，影响工程建筑安全。

由于工程地质条件复杂多变，不同类型的工程对工程地质条件的要求又不尽相同，所以勘察单位应该在勘察文件中说明地质条件可能造成的工程风险，以便设计单位和施工单位采取应对措施。

《危险性较大的分部分项工程安全管理规定》第六条规定，勘察单位应当根据工程实际及工程周边环境资料，在勘察文件中说明地质条件可能造成的工程风险。勘察单位未在勘察文件中说明地质条件可能造成的工程风险的，责令限期改正，依照《建设工程安全生产管理条例》对单位进行处罚，对直接负责的主管人员和其他直接责任人员处 1000 元以上 5000 元以下的罚款。

三、按照法律法规和工程建设强制性标准进行设计

建设工程设计，是指根据建设工程的要求，对建设工程所需的技术、经济、资源、环境等条件进行综合分析、论证，编制建设工程设计文件的活动，其任务是为工程施工提供技术依据。《建筑法》规定，建筑工程设计应当符合按照国家规定制定的建筑安全规程和技术规范，保证工程的安全性能。《建设工程安全生产管理条例》规定"**设计单位应当按照法律、法规和工程建设强制性标准进行设计，防止因设计不合理导致生产安全事故的发生。**"

（一）设计单位在进行工程设计时应该符合以下要求

1. 符合有关法律、行政法规的规定。既包括要符合本法的规定，也包括要符合《城市规划法》《土地管理法》《环境保护法》以及其他相关的法律、行政法规的规定。

2. 符合建筑工程安全标准。主要是指依照《标准化法》及相关行政法规制定的保证建筑工程安全的强制性的国家标准和行业标准。

3. 符合建筑工程设计的技术规范。对有关建筑工程设计规范的强制性标准，设计单位必须按照执行。建筑工程设计文件的深度，应满足相应设计阶段的技术要求，施工图应配套，细部节点应交代清楚，标注说明应清晰、完整。

（二）工程建设强制性标准的范围

工程建设强制性标准是直接涉及工程质量、安全、卫生及环境保护等方面的工程建设标准强制性条文，是工程建设全过程中的强制性技术规定。我国目前实行的强制性标准包含三部分：

1. 批准发布时已明确为强制性标准的。

2. 批准发布时虽未明确为强制性标准，但其编号中不带"/T"的，仍为强制性标准。

3. 自2000年后批准发布的标准，批准时虽未明确为强制性标准，但其中有必须严格执行的强制性条文（黑体字），编号也不带"/T"的，应视为强制性标准。

（三）《工程建设标准强制性条文》的主要种类

为了贯彻执行国务院发布的《建设工程质量管理条例》，住房和城乡建设部会同国务院有关部门共同编制了《工程建设标准强制性条文》。《工程建设标准强制性条文》包括城乡规划、城市建设、房屋建筑、工业建筑、水利工程、电力工程、信息工程，水运工程、公路工程、铁道工程、石油和化工技术工程、矿业工程、人防工程，广播电影电视工程和民航机场工程15个部分。

1.《工程建设标准强制性条文》（人防工程部分）（建标〔2000〕158号）。

2.《工程建设标准强制性条文》（城乡规划部分）（建标〔2000〕179号）。

3.《工程建设标准强制性条文》（民航机场工程部分）（建标〔2000〕234号）。

4.《工程建设标准强制性条文》（广播电影电视工程部分）（建标〔2000〕244号）。

5.《工程建设标准强制性条文》（信息工程部分）（建标〔2000〕259号）。

6.《工程建设标准的强制性条文》（矿山工程部分）（建标〔2001〕92号）。

7.《工程建设标准强制性条文》（公路工程部分）（建标〔2002〕99号），本法规中关于《公路路线设计规范》JTJ 011—94的强制性条文已被《交通部公告2006年2第18号——关于发布〈公路路线设计规范〉的公告》（发布日期：2006年7月7日，实施日期：2006年10月1日）废止；本法规中关于《高速公路交通安全设施设计及施工技术规范》JTJ 074—94的强制性条文已被《交通部公告2006年第16号——关于发布〈公路交通安全设施设计技术规范〉（JTG D81—2006）和〈公路交通安全设施施工技术规范〉JTG F71—2006的公告》（发布日期：2006年7月7日，实施日期：2006年9月1日）废止。

8.《工程建设标准强制性条文》（房屋建筑部分）（建标〔2002〕219号）。

9.《工程建设标准强制性条文》（水运工程部分）（建标〔2002〕273号），本法规中的《港口设备安装工程质量检验评定标准》JTJ 244—95的强制性条文已被《交通部关于发布〈港口设备安装工程质量检验标准〉（JTJ 244—2005）的通知》（发布日期：2005年12月14日，实施日期：2006年6月1日）废止。

10.《工程建设标准强制性条文》（电力工程部分）（建标〔2006〕102号）。

11.《工程建设标准强制性条文》（水利工程部分）（建标〔2011〕60号）。

12.《工程建设标准强制性条文》（工业建筑部分）（建标〔2013〕32号）。

13.《工程建设标准强制性条文》（石油和化工建设工程部分）（建标〔2013〕33号）。

14.《工程建设标准强制性条文》（铁道工程部分）（建标〔2013〕34号）。

15.《工程建设标准强制性条文》（城镇建设部分）（2013年版）。

《建设工程安全生产管理条例》规定，未按照法律、法规和工程建设强制性标准进行设计的，责令限期改正，处 10 万元以上 30 万元以下的罚款；情节严重的，责令停业整顿，降低资质等级，直至吊销资质证书；造成重大安全事故，构成犯罪的，对直接责任人员，依照刑法有关规定追究刑事责任；造成损失的，依法承担赔偿责任。

四、在设计文件中注明施工安全的重点部位和环节并对提出防范生产安全事故的指导意见

《建设工程安全生产管理条例》规定"设计单位应当考虑施工安全操作和防护的需要，对涉及施工安全的重点部位和环节在设计文件中注明，并对防范生产安全事故提出指导意见。"《危险性较大的分部分项工程安全管理规定》也规定"设计单位应当在设计文件中注明涉及危大工程的重点部位和环节，提出保障工程周边环境安全和工程施工安全的意见，必要时进行专项设计。"

（一）施工安全的重点部位和环节

施工安全的重点部位和环节一般包括：基础阶段（表 5-3）、主体阶段（表 5-4）、装修阶段（表 5-5）。

基础阶段 表 5-3

序号	重点部位和环节	序号	重点部位和环节
	基础阶段		
1	土方开挖	9	钢筋机械
2	支撑施工	10	施工用电
3	坑内人工挖土、凿桩	11	安装（升级）、拆除
4	基坑围护	12	起吊作业
5	机械挖土和凿拉桩头	13	多塔作业
6	木工圆锯、平刨机	14	电气线路
7	临边钢筋绑扎	15	洞口、临边防护
8	临边、悬空支模和拆模	16	动火作业

主体阶段 表 5-4

序号	重点部位和环节	序号	重点部位和环节
	主体阶段		
1	搅拌机作业	6	安装（升级）、拆除
2	人货梯加节	7	升降作业
3	木工圆锯	8	高空部位检查、保养和修理
4	井架安装、拆除	9	脚手架的搭设和使用
5	井架提升作业	10	安全帽质量不符合未正确佩戴可能产生的伤害

续表

主体阶段

序号	重点部位和环节	序号	重点部位和环节
11	临边钢筋绑扎	16	洞口、临边防护
12	临边、悬空支模和拆模	17	动火作业
13	钢筋机械	18	大型机械拆除
14	施工用电	19	钢结构
15	塔吊使用		

装修阶段　　　　　　　　　　　　　　　　　　　表 5-5

主体阶段

序号	重点部位和环节	序号	重点部位和环节
1	搅拌机	8	施工用电
2	人货梯拆除	9	塔吊使用
3	木工圆锯	10	高空部位检查、保养和修理
4	人货梯使用	11	塔吊拆除
5	脚手架的拆除和使用	12	洞口、临边防护
6	安全帽质量不符合未正确佩戴可能产生的伤害	13	动火作业
7	楼梯间装修		

（二）重点部位和环节预防事故发生指导意见

1.施工企业必须严格按照《建筑施工扣件式钢管脚手架安全技术规范》JGJ 130 的规定和省建设厅《关于加强模板工程安全管理的通知》（闽建建〔2003〕47 号）的要求进行方案设计和施工。

2.班前做好"三上岗"安全教育及安全交底工作，进入施工现场必须戴好安全帽。高空作业伞要系好安全带，"四口五临边"要做好防护工作，严禁酒后操作及登高作业。

3.施工用电应严格执行《施工现场临时用电安全技术规范》JGJ 46，动力、照明线按规定架设，夜间施工应有足够照明设备和措施，一切机械设备的接零接地装置，流动照明采用低压供电、大型设备和移动机具上的防护保险装置确保灵敏有效。

4.塔式起重机，变幅、吊钩高度限位器，力矩控制器，驾驶室升降限位等必须灵活可靠，吊钩绳筒保险必须安全可靠，电机必须有可靠漏触电保护；塔身应设避雷及保险装置。塔机设专人操作、专人指挥、专人挂钩，并严格遵守"十不吊"规定。

5.做好安全防火工作、现场严格按规定设置消防和配备专用高压水泵、灭火器、严禁在易燃物品附近用火或吸烟。电焊、气割应遵守"十不烧"操作规程，乙炔瓶与氧气瓶距离应大于 10m，有严格的动用明火审批制度。

五、在设计文件中提出特殊情况下保障施工作业人员安全和预防生产安全事故的措施建议

该条规定中的特殊情况是指采用新结构、新材料、新工艺的建设工程和特殊结构的建设工程。

2017 年住房和城乡建设部工程质量安全监管司组织国内建筑行业百余位专家，编写了《建筑业 10 项新技术（2017 版）》。10 项新技术是指：地基基础和地下空间工程技术；地基基础和地下空间工程技术；模板脚手架技术；装配式混凝土结构技术；钢结构技术；机电安装工程技术；绿色施工技术；防水技术与围护结构节能；抗震、加固与监测技术；信息化技术。

《建设工程安全生产管理条例》规定"采用新结构、新材料、新工艺的建设工程和特殊结构的建设工程，设计单位应当在设计中提出保障施工作业人员安全和预防生产安全事故的措施建议。"违反该规定的处罚是"责令限期改正，处 10 万元以上 30 万元以下的罚款；情节严重的，责令停业整顿，降低资质等级，直至吊销资质证书；造成重大安全事故，构成犯罪的，对直接责任人员，依照刑法有关规定追究刑事责任；造成损失的，依法承担赔偿责任。"

第三节　施工单位

一、设立安全生产管理机构并按规定配备专职安全生产管理人员

安全生产管理机构是指生产经营单位内部设立的专门负责安全生产管理事务的独立部门；专职安全生产管理人员是指经建设主管部门或者其他有关部门安全生产考核合格取得安全生产考核合格证书，并在建筑施工企业及其项目从事安全生产管理工作的专职人员。建筑施工是危险性比较大的生产经营活动，从事该活动的单位是危险性比较大的单位。因此必须在单位内成立专门从业安全生产管理的工作的机构或者配备专职的人员从事安全生产管理工作。

《安全生产法》第二十一条规定"建筑施工单位，应当设置安全生产管理机构或者配备专职安全生产管理人员。"《安全生产许可条例》第六条也规定"企业取得安全生产许可证，应当设置安全生产管理机构，配备专职安全生产管理人员。"

（一）建筑施工企业安全生产管理机构的职责

1.宣传和贯彻国家有关安全生产法律法规和标准。

2.编制并适时更新安全生产管理制度并监督实施。

3.组织或参与企业生产安全事故应急救援预案的编制及演练。

4.组织开展安全教育培训与交流。

5.协调配备项目专职安全生产管理人员。

6.制订企业安全生产检查计划并组织实施。

7.监督在建项目安全生产费用的使用。

8.参与危险性较大工程安全专项施工方案专家论证会。

9.通报在建项目违规违章查处情况。

10.组织开展安全生产评优评先表彰工作。

11.建立企业在建项目安全生产管理档案。

12.考核评价分包企业安全生产业绩及项目安全生产管理情况。

13.参加生产安全事故的调查和处理工作。

14.企业明确的其他安全生产管理职责。

（二）专职安全生产管理人员负责对安全生产进行现场监督检查，在施工现场检查过程中的职责

1.查阅在建项目安全生产有关资料、核实有关情况。

2.检查危险性较大工程安全专项施工方案落实情况。

3.监督项目专职安全生产管理人员履责情况。

4.监督作业人员安全防护用品的配备及使用情况。

5.对发现的安全生产违章违规行为或安全隐患，有权当场予以纠正或作出处理决定。

6.对不符合安全生产条件的设施、设备、器材，有权当场作出查封的处理决定。

7.对施工现场存在的重大安全隐患有权越级报告或直接向建设主管部门报告。

8.企业明确的其他安全生产管理职责。

（三）专职安全生产管理人员的配备

1.按建筑施工企业资质等级配备

建筑施工企业安全生产管理机构专职安全生产管理人员的配备应满足下列要求：

① 建筑施工总承包资质序列企业：特级资质不少于6人；一级资质不少于4人；二级和二级以下资质企业不少于3人。

② 建筑施工专业承包资质序列企业：一级资质不少于3人；二级和二级以下资质企业不少于2人。

③ 建筑施工劳务分包资质序列企业：不少于2人。

④ 建筑施工企业的分公司、区域公司等较大的分支机构（以下简称"分支机构"）应依据实际生产情况配备不少于2人的专职安全生产管理人员。

在实践中建筑施工企业应根据企业经营规模、设备管理和生产需要予以增加。

2.按工程规模配备

（1）建筑工程、装修工程按照建筑面积配备

① 1万平方米以下的工程不少于1人。

② 1万～5万平方米的工程不少于2人。

③ 5万平方米及以上的工程不少于3人，且按专业配备专职安全生产管理人员。

（2）土木工程、线路管道、设备安装工程按照工程合同价配备

① 5000万元以下的工程不少于1人。

② 5000 万～1 亿元的工程不少于 2 人。

③ 1 亿元及以上的工程不少于 3 人，且按专业配备专职安全生产管理人员。

3. 按分包单位人员数量配备

（1）专业承包单位应当配置至少 1 人，并根据所承担的分部分项工程的工程量和施工危险程度增加。

（2）劳务分包单位施工人员在 50 人以下的，应当配备 1 名专职安全生产管理人员；50～200 人的，应当配备 2 名专职安全生产管理人员；200 人及以上的，应当配备 3 名及以上专职安全生产管理人员，并根据所承担的分部分项工程施工危险实际情况增加，不得少于工程施工人员总人数的 5‰。

采用新技术、新工艺、新材料或致害因素多、施工作业难度大的工程项目，项目专职安全生产管理人员的数量应当根据施工实际情况增加。

按照《安全生产法》责令限期改正，可以处五万元以下的罚款；逾期未改正的，责令停产停业整顿，并处 5 万元以上 10 万元以下的罚款，对其直接负责的主管人员和其他直接责任人员处 1 万元以上 2 万元以下的罚款。

二、项目负责人、专职安全生产管理人员与施工安全监督手续资料一致

安全生产许可证颁发管理机关颁发安全生产许可证时，会审查建筑施工企业安全生产管理机构设置及其专职安全生产管理人员的配备情况。建设主管部门核发施工许可证或者核准开工报告时，也会审查该工程项目专职安全生产管理人员的配备情况。

县级以上地方人民政府住房城乡建设主管部门或其所属的施工安全监督机构对新建、扩建、改建房屋建筑和市政基础设施工程实施施工安全监督。工程项目施工前，建设单位应当申请办理施工安全监督手续，并提交施工单位主要管理人员一览表。

《建筑施工企业安全生产管理机构设置及专职安全生产管理人员配备办法》规定，建设主管部门也会监督检查建筑施工企业安全生产管理机构及其专职安全生产管理人员履责情况，当然也包括检查项目负责人、专职安全生产管理人员与办理施工安全监督手续资料是否一致。

三、建立健全安全生产责任制度并按要求进行考核

《安全生产法》第四条规定"生产经营单位必须遵守本法和其他有关安全生产的法律、法规，加强安全生产管理，建立、健全安全生产责任制和安全生产规章制度，改善安全生产条件，推进安全生产标准化建设，提高安全生产水平，确保安全生产。"此外，《安全生产许可条例》第六条也规定"企业取得安全生产许可证，应当建立、健全安全生产责任制，制定完备的安全生产规章制度和操作规程。"

安全生产责任制是施工企业最基本的一项安全制度，是岗位责任制度的一个重要组成部分。是关于施工企业的各级领导、职能部门、工程技术人员、操作人员在项目施工过程中对安全生产层层负责的制度。是施工企业安全生产、劳动保护管理制度的核心。安全生产责任制综合各种安全生产管理、安全操作制度，对施工企业和企业各级领导、各职能部门、有关工程技术人员和生产工作在生产中应负的安全责任加以明确规定的制度。主要包

括各岗位的责任人员、责任范围和考核标准等内容。

建立安全生产责任制度有助于施工企业增强领导对安全生产和劳动保护工作的重视，切实贯彻执行党的安全生产、劳动保护方针、政策和国家的安全生产、劳动保护法规。同时，积极采取措施，改善劳动条件，预防工伤事故和职业性疾病。

（一）施工企业各部门和人员的安全生产职责

1. 施工企业主要负责人

施工企业主要负责人应对本单位的安全生产工作全面负责。企业负责人在管理生产的同时必须管理安全工作，认真贯彻执行有关的劳动安全的法律、法规和规章的规定。其对本单位安全生产工作的职责主要有：

① 建立、健全本单位安全生产责任制。

② 组织制定本单位安全生产规章制度和操作规程。

③ 组织制定并实施本单位安全生产教育和培训计划。

④ 保证本单位安全生产投入的有效实施。

⑤ 督促、检查本单位的安全生产工作，及时消除生产安全事故隐患。

⑥ 组织制定并实施本单位的生产安全事故应急救援预案。

⑦ 及时、如实报告生产安全事故。

2. 各职能机构

建筑施工企业的各有关职能机构应当根据各自的工作任务，确定其在安全生产方面应做的工作和应负的责任。在各自的职责范围内协助企业负责人搞好安全工作，保证本法和有关安全生产的法律、法规和规章的贯彻执行。各职能部门的安全生产管理职责有：

① 生产部门要合理组织生产，贯彻安全规章制度，加强现场平面管理，建立安全生产、文明生产秩序。

② 技术部门要严格按照国家有关安全标准、技术规程编制设计、施工、工艺等技术文件，提出相应的保证生产安全的技术措施，负责安全设备、仪表等的技术鉴定和安全技术科研项目的研究工作。

③ 设备管理部门应当对有关机电设备配齐安全防护保险装置，加强机电设备、锅炉和压力容器的经常检查、维修、保养，确保安全运转。

④ 材料供应部门对实现安全技术措施所需材料应当保证供应，对绳杆架木、安全帽、安全带、安全网等要定期检验，不合格的要报废更新。

⑤ 财务部门要按照规定提供实现安全技术措施的经费，并监督其合理使用。

⑥ 教育部门负责将安全教育纳入全员培训计划，组织职工的安全技术训练。

⑦ 劳动管理部门要配合安全部门做好新工人、调换岗位工人、特殊工种工人的培训、考核、发证工作，贯彻劳逸结合，严格控制加班加点、对因工伤残和患职业病职工及时安排适合的工作。

⑧ 卫生部门负责对职工的定期健康检查和现场劳动卫生工作，监测有毒有害作业场所的尘毒浓度，提出职业病预防和改善卫生条件的措施。

3. 岗位人员

施工企业的安全生产责任制应当明确各岗位的责任人员、责任范围和考核标准等内容。岗位人员必须遵守相应的岗位安全生产责任制度，不得进行违章作业，对违章作业人员予以制止，积极参加保证安全生产的各种活动，主动提出改进安全工作的意见，爱护和正确使用机器设备、工具及其个人的防护用品。主要岗位人员的安全责任是：

（1）技术负责人对本企业劳动保护和安全生产的技术工作负总的责任。在组织编制和审批施工组织设计、施工方案和采用新技术、新工艺、新设备时，必须制定相应的安全技术措施。负责提出改善劳动条件的措施，并付诸实现。对职工进行安全技术教育，及时解决施工中的安全技术问题。参加重大伤亡事故的调查分析，提出技术鉴定意见和改进措施。

（2）工程处主任、施工队长应对本单位劳动保护和安全生产工作负具体领导责任。认真执行安全生产规章制度，不违章指挥。制定和实施安全技术措施，经常进行安全检查，消除事故隐患，制止违章作业。对职工进行安全技术和安全纪律教育，发生伤亡事故要及时上报，并认真分析事故原因，提出和实现改进措施。

（3）工长、施工员、车间主任对所管工程的安全生产负直接责任。组织实施安全技术措施，进行技术安全交底，对施工现场搭设的架子和安装的电气、机械设备等安全防护装置，都要组织验收，合格后方能使用。不违章指挥，组织工人学习安全操作规程，教育工人不违章作业。认真消除事故隐患，发生工伤事故要立即上报，保护现场，参加调查处理。

（4）班组长要模范遵守安全生产规章制度，领导本组安全作业，认真执行安全交底，有权拒绝违章指挥。班前要对所使用的机具、设备、防护用具及作业环境进行安全检查，发现问题立即采取改进措施，组织班组安全活动日，开好班前安全生产会，发生工伤事故要立即向工长报告。

（二）安全生产责任制的落实

《安全生产法》第十九条规定"生产经营单位应当建立相应的机制，加强对安全生产责任制落实情况的监督考核，保证安全生产责任制的落实。"

施工企业应当建立完善安全生产责任制监督、考核、奖惩的相关制度，建立安全生产责任制监督考核领导机构，明确安全生产管理机构和人事、财务等相关职能部门的职责。监督考核领导机构一般是由企业主要负责人牵头，相关负责人、安全生产管理机构负责人以及人事、财务等相关职能部门人员组成的，负责协调处理安全生产责任制执行中的问题。主要负责人对安全生产责任落实情况全面负责，安全生产管理机构具体负责安全生产责任制的监督和考核工作。安全生产责任制的落实情况应当与施工企业的安全生产奖惩措施挂钩。对于严格履行安全生产职责，未超出责任制考核标准要求的，予以奖励；对于弄虚作假、未认真履行安全生产职责或者存在重大事故隐患、发生生产安全事故等超出责任制考核标准要求的，给予严惩。

四、按规定对从业人员进行安全生产教育和培训

《安全生产法》规定"生产经营单位应当对从业人员进行安全生产教育和培训，保证

从业人员具备必要的安全生产知识，熟悉有关的安全生产规章制度和安全操作规程，掌握本岗位的安全操作技能，了解事故应急处理措施，知悉自身在安全生产方面的权利和义务。未经安全生产教育和培训合格的从业人员，不得上岗作业。"《建筑法》第四十六条也规定"建筑施工企业应当建立健全劳动安全生产教育培训制度，加强对职工安全生产的教育培训；未经安全生产教育培训的人员，不得上岗作业。"

因此，施工企业应当对从业人员进行安全生产教育和培训，保证从业人员具备必要的安全生产知识，熟悉有关的安全生产规章制度和安全操作规程，掌握本岗位的安全操作技能，了解事故应急处理措施，知悉自身在安全生产方面的权利和义务。未经安全生产教育和培训合格的从业人员，不得上岗作业。

（一）安全生产教育和培训的重要性

施工企业的主要负责人是企业中安全生产管理的决策者、指挥者，其安全生产意识的强弱、安全生产知识的多少、事故应急救援指挥能力的高低等，对企业的安全生产和发生事故后的救援，具有十分重要的影响。安全生产管理人员是专门负责日常安全生产管理的工作人员，其安全生产管理能力和水平，也直接影响着项目的安全水平。一线作业人员是企业安全生产管理规章制度的执行者和管理对象，其行为是否符合规范直接关乎项目的安全状况。这些人的安全生产管理的能力和水平不是凭空而来的，必须经过专门的培训。

伤亡事故的发生，不外乎人的不安全行为和物的不安全状态两种原因。其中控制人的不安全行为是减少伤亡事故的主要措施。而对从业人员进行安全生产教育，是控制人的不安全行为的有效方法，是安全生产管理工作中的一个重要组成部分，是提高从业人员安全素质和自我保护能力，防止事故发生，保证安全生产的重要手段。

安全生产教育和培训是安全生产管理工作的一个重要组成部分，是实现安全生产的一项重要基础性工作。对上述人员进行安全生产教育有培训，控制他们的不安全行为，对减少生产安全事故极为重要。施工企业的一些从业人员普遍存在着文化低、安全意识差，缺乏防止和处理事故隐患及紧急情况的能力等问题。通过安全生产教育和培训，可以使广大从业人员正确按章办事，严格执行安全生产操作规程，认识和掌握生产中的危险因素和生产安全事故的发生规律，并正确运用科学技术知识加强法理和预防，及时发现和消除事故隐患，保证安全生产。

（二）安全教育培训的基本规定

1. 每年至少进行一次安全生产教育培训

《建设工程安全生产管理条例》对安全生产教育培训的频率和基本要求进行了规定，该条例指出："施工单位应当对管理人员和作业人员每年至少进行一次安全生产教育培训，其教育培训情况记入个人工作档案。"

2. 建立安全生产教育培训档案

《安全生产法》规定"生产经营单位应当建立安全生产教育和培训档案，如实记录安全生产教育和培训的时间、内容、参加人员以及考核结果等情况。"档案的范围应当包括本单位的主要负责人、有关负责人、安全生产管理人员、特种作业人员、职能部门工作人员、班组长以及其他从业人员。档案的内容应当详细记录每位从业人员参加安全生产教育培训的时间、内容、考核结果以及复训情况等，包括按特种作业人员的情况。档案应当按照有关法律法规的要求进行保存，不得擅自修改、伪造。

3.采用新工艺、新技术、新材料或者使用新设备，必须对从业人员进行专门的安全生产教育和培训，使其了解、掌握其安全技术特性，学习有效的安全防护措施。

4.特种作业人员必须按照国家有关规定经专门的安全作业培训，取得相应资格，方可上岗作业。

特种作业人员的资格是安全准入类，属于行政许可范畴，由主管的负有安全生产监督管理职责的部门实施特种作业人员的考核发证工作。没有取得特种作业相应资格的，不得上岗从事特种作业。

特种作业，是指容易发生人员伤亡事故，对操作者本人、他人及周围设施的安全有重大危害的作业。直接从事以下作业的人员，就是特种作业人员。

（1）电工作业。

（2）焊接与热切割作业。

（3）高处作业。

（4）制冷与空调作业。

（5）煤山作业。

（6）金属、非金属矿山作业。

（7）石油天然气作业。

（8）危险化学品作业。

（9）爆破作业。

（10）国务院有关主管部门确定的其他特种作业。

特种作业人员在工作中接触的危险因素较多，危险性较大，很容易发生生产安全事故，而一旦发生事故，不仅对作业人员本人，而且会对他人和周围设施造成很大危害。因此对特种作业人员进行专门的培训教育，实行严格的管理，减少他们的失误，对防止和减少生产安全事故具有重要意义。

（三）安全生产教育培训的内容

由于建筑施工企业的生产活动具有越来越强的专业技术性，从业人员是否具备相关的安全生产知识、技能，是否熟悉安全生产规章制度和操作规程，是否了解生产活动中的危险因素等，对保障安全生产更是十分重要。《安全生产法》第五十五条规定"**从业人员应当接受安全生产教育和培训，掌握本职工作所需的安全生产知识，提高安全生产技能，增强事故预防和应急处理能力。**"

安全教育培训的基本内容包括安全意识、安全知识和安全技能教育。

1.安全意识教育

安全意识教育包括思想认识教育和劳动纪律教育。从业人员通过思想认识教育来提高对劳动保护和安全生产重要性的认识，奠定安全生产的思想基础。劳动纪律教育是提高企业管理水平和安全生产条件，减少工伤事故，保障安全生产的必要前提。

2.安全知识教育

通过安全知识教育来提高从业人员安全技能。安全知识教育的内容包括施工企业的基本概况、施工过程、作业方法或者工艺流程；施工过程中特别危险的设备和区域；专业安全技术操作规程；安全防护基本知识和注意事项；有关特种设备的基本安全知识；有关预防施工过程中常见事故的基本知识；个人防护用品的构造、性能和正确使用的有关常识等。

3. 安全技能教育

安全技能教育包括设备的性能、作用和一般的结构原理；事故的预防和处理方法；安全隐患排查和处理方法等。

4. 应急教育和培训

《生产安全事故应急条例》规定，生产经营单位应当对从业人员进行应急教育和培训，保证从业人员具备必要的应急知识，掌握风险防范技能和事故应急措施。

发生生产安全事故后的应急救援措施包括：

（1）迅速控制危险源，组织抢救遇险人员。

（2）根据事故危害程度，组织现场人员撤离或者采取可能的应急措施后撤离。

（3）及时通知可能受到事故影响的单位和人员。

（4）采取必要措施，防止事故危害扩大和次生、衍生灾害发生。

（5）根据需要请求邻近的应急救援队伍参加救援，并向参加救援的应急救援队伍提供相关技术资料、信息和处置方法。

（6）维护事故现场秩序，保护事故现场和相关证据。

（四）安全教育培训的形式

对从业人员进行安全教育培训的形式主要有：

1. 组织专门的安全教育培训班。

2. 班前班后交待安全注意事项，讲评安全生产情况。

3. 施工和检修前进行安全措施交底。

4. 各级负责人和安全员在作业现场工作时进行安全宣传教育、督促安全法规和制度的贯彻执行。

5. 组织安全技术知识讲座、竞赛。

6. 召开事故分析会、现场会，分析造成事故原因、责任、教训，制定事故防范措施。

7. 组织安全技术交流，安全生产展览、张贴宣传画、标语，设置警示标志，以及利用广播、电影、电视、录像等方式进行安全教育。

8. 通过由安全技术部门召开的安全例会、专题会、表彰会、座谈会或者采用安全信息、简报、通报等形式，总结、评比安全生产工作，达到安全教育的目的。

按照《安全生产法》的规定，施工企业"**未按照规定对从业人员、被派遣劳动者、实习学生进行安全生产教育和培训，或者未按照规定如实告知有关的安全生产事项的**"，以及"**未如实记录安全生产教育和培训情况的**"，责令限期改正，可以处5万元以下的罚款。逾期未改正的，责令停产停业整顿，并处5万元以上10万元以下的罚款，对其直接负责的主管人员和其他直接责任人员处1万元以上2万元以下的罚款。

五、施工总承包单位应当与分包单位签订安全生产协议书明确安全生产职责并加强履约管理

总承包单位通过与分包单位签订安全生产协议书来告知分包单位在建工程项目的特点、作业场所存在的危险因素、防范措施以及事故应急措施，以使各个分包单位对该作业区域的安全生产状况有一个整体上的把握。同时，总承包单位还应当在安全生产协议中明确各分包单位的安全生产管理职责和应当采取的安全措施，做到职责清楚，分工明确。为了使安全生产协议真正得到贯彻，保证作业区域内的生产安全，总承包单位还应当指定专职的安全生产管理人员对作业区域内的安全生产状况进行检查，对检查中发现的安全生产问题及时进行协调、解决。

（一）相关规定

按照《安全生产法》的规定，将工程项目分包给其他分包单位的，总承包单位应当与分包单位签订专门的安全生产管理协议，或者在承包合同中约定各自的安全生产管理职责。

《建设工程安全生产管理条例》第二十四条规定"总承包单位依法将建设工程分包给其他单位的，分包合同中应当明确各自的安全生产方面的权利、义务。总承包单位和分包单位对分包工程的安全生产承担连带责任。"

《建筑施工企业主要负责人、项目负责人和专职安全生产管理人员安全生产管理规定》规定"工程项目实行总承包的，总承包企业应当与分包企业签订安全生产协议，明确双方安全生产责任。"

《对外承包工程管理条例》第十条规定"对外承包工程的单位将工程项目分包的，应当与分包单位订立专门的工程质量和安全生产管理协议，或者在分包合同中约定各自的工程质量和安全生产管理责任，并对分包单位的工程质量和安全生产工作统一协调、管理。"

（二）法律责任

《安全生产法》规定，总承包单位未与分包单位签订专门的安全生产管理协议或者未在承包合同中明确各自的安全生产管理职责，或者未对承包单位的安全生产统一协调、管理的，责令限期改正，可以处5万元以下的罚款，对其直接负责的主管人员和其他直接责任人员可以处1万元以下的罚款；逾期未改正的，责令停产停业整顿。

《对外承包工程管理条例》中规定，对外承包工程的单位未与分包单位订立专门的工程质量和安全生产管理协议，或者未在分包合同中约定各自的工程质量和安全生产管理责任，或者未对分包单位的工程质量和安全生产工作统一协调、管理的；由商务主管部门责令改正，处15万元以上30万元以下的罚款，对其主要负责人处2万元以上5万元以下的罚款；拒不改正的，商务主管部门可以禁止其在2年以上5年以下的期限内对外承包新的工程项目；造成重大工程质量问题、发生较大事故以上生产安全事故或者造成其他严重后果的，建设主管部门或者其他有关主管部门可以降低其资质等级或者吊销其资质证书。

六、按规定为作业人员提供劳动防护用品

（一）相关法律规定

《安全生产法》第四十二条规定"生产经营单位必须为从业人员提供符合国家标准或者行业标准的劳动防护用品，并监督、教育从业人员按照使用规则佩戴、使用。"

《劳动法》第五十四条规定"用人单位必须为劳动者提供符合国家规定的劳动安全卫生条件和必要的劳动防护用品，对从事有职业危害作业的劳动者应当定期进行健康检查。"

《安全生产许可条例》第六条也规定，企业取得安全生产许可证，应当有职业危害防治措施，并为从业人员配备符合国家标准或者行业标准的劳动防护用品。

《劳动防护用品监督管理规定》规定，生产经营单位应当按照《个体防护装配选用规范》GB/T 11651 和国家颁发的劳动防护用品配备标准以及有关规定，为从业人员配备劳动防护用品。

（二）劳动防护用品的分类

根据国家安全生产监督管理总局发布的《劳动防护用品监督管理规定》，劳动防护用品可以分为一般劳动防护用品和特种劳动防护用品。

1. 一般劳动防护用品

未列入特种劳动防护用品目录的劳动防护用品为一般劳动防护用品。一般劳动防护用品是指普遍适用于各行业、各岗位劳动者的防护用品，如工作服、工作帽、工作手套等。

2. 特种劳动防护用品

特种劳动防护用品目录由国家安全生产监督管理总局确定并公布。特种劳动防护用品是指对特种作业、危险作业等特殊环境下作业使用的劳动防护用品，如在噪音、强光条件下工作的工人佩戴的护耳器、防护眼睛的器具，给高空作业的工人供给的安全带，给从事电器操作的工人供给的绝缘靴、绝缘手套等。

（三）劳动防护用品的作用

个人劳动保护用品，是指在建筑施工现场，从事建筑施工活动的人员使用的安全帽、安全带以及安全（绝缘）鞋、防护眼镜、防护手套、防尘（毒）口罩等个人劳动保护用品。劳动防护用品是保护从业人员安全所采取的必不可少的辅助措施，它是劳动者防止职业伤害的最后一项措施。在劳动条件差、危害程度高或集体防护措施起不到防护作用的情况下劳动防护用品会成为保护劳动者的主要措施。因此，劳动防护用品的质量好坏，对于保障劳动者的劳动安全是很重要的。特别是特种劳动防护用品，如果其质量出现问题，将直接危及作业人员的生命健康。因此，劳动防护用品必须保证质量，安全可靠，起到应有的劳动保护的作用。

（四）劳动防护用品的质量要求

1. 符合国家和行业标准

国家对劳动防护用品的产品质量指标和技术条件，制定了一系列技术标准。如对安全

帽、自吸过滤式防尘口罩、防冲击眼护具、阻燃防护服等防护用品，均制定了国家标准。施工企业为劳动者提供的劳动防护用品，应该是符合国家标准或者行业标准的、合格的劳动防护用品，不得以货币或者其他物品替代劳动防护用品，让其真正起到保障劳动者劳动安全的作用。

企业采购、个人使用的安全帽、安全带及其他劳动防护用品等，必须符合《安全帽》GB 2811、《安全带》GB 6095 及其他劳动保护用品相关国家标准的要求。企业、施工作业人员，不得采购和使用无安全标记或不符合国家相关标准要求的劳动保护用品。企业采购劳动保护用品时，应查验劳动保护用品生产厂家或供货商的生产、经营资格，验明商品合格证明和商品标识，以确保采购劳动保护用品的质量符合安全使用要求。

不符合标准的劳动防护用品，不仅起不到保护从业人员的作用，反而可能导致更严重的伤害。因此，为从业人员配备符合国家标准或者行业标准的劳动防护用品，也是企业取得安全生产许可证的条件之一。

2. 满足实际需要

施工企业应当根据作业场所的危险因素的种类及特点，参照《个体防护装配选用规范》的要求，为从业人员提供适用的劳动防护服务器。

（五）劳动防护用品的使用

施工企业应当采取措施，使劳动者掌握劳动防护用品的使用规则，并在实践中，监督、指导劳动者按照使用规则佩戴、使用劳动防护用品，使其真正发挥作用。

企业应加强对施工作业人员劳动保护用品使用情况的检查，并对施工作业人员劳动保护用品的质量和正确使用负责。实行施工总承包的工程项目，施工总承包企业应加强对施工现场内所有施工作业人员劳动保护用品的监督检查。督促相关分包企业和人员正确使用劳动保护用品。

各级建设行政主管部门应将企业劳动保护用品的发放、管理情况列入建筑施工企业《安全生产许可证》条件的审查内容之一；施工现场劳动保护用品的质量情况作为认定企业是否降低安全生产条件的内容之一；施工作业人员是否正确使用劳动保护用品情况作为考核企业安全生产教育培训是否到位的依据之一。

（六）法律责任

《劳动法》第九十二条规定"用人单位的劳动安全设施和劳动卫生条件不符合国家规定或者未向劳动者提供必要的劳动防护用品和劳动保护设施的，由劳动行政部门或者有关部门责令改正，可以处以罚款；情节严重的，提请县级以上人民政府决定责令停产整顿；对事故隐患不采取措施，致使发生重大事故，造成劳动者生命和财产损失的，对责任人员依照刑法有关规定追究刑事责任。"

《安全生产法》规定，未为从业人员提供符合国家标准或者行业标准的劳动防护用品的施工企业，责令限期改正，可以处 5 万元以下的罚款；逾期未改正的，处 5 万元以上 20 万元以下的罚款，对其直接负责的主管人员和其他直接责任人员处 1 万元以上 2 万元以下的罚款；情节严重的，责令停产停业整顿；构成犯罪的，依照刑法有关规定追究刑事责任。

七、在有较大危险因素的场所和设施设备上设置明显的安全警示标志

《安全生产法》规定，施工企业应当在有较大危险因素的场所和有关设施、设备上，设置明显的安全警示标志。《危险性较大的分部分项工程安全管理规定》第十四条也规定"**施工单位应当在施工现场显著位置公告危大工程名称、施工时间和具体责任人员，并在危险区域设置安全警示标志。**"

（一）危险因素

危险因素主要指能对人造成伤亡或者对物造成突发性损害的各种因素。在存在危险因素的地方、设置安全警示标志，是对从业人员知情权的保障，有利于提高从业人员的安全生产意识，防止和减少生产安全事故的发生。在实践中，对于场所或者有关设备、设施存在的较大危险因素，从业人员或者其他有关人员因不够清楚，或者忽视，最终造成严重的后果。

较大危险因素的界定由企业自己根据实际情况确定，一般在施工现场的出入口、施工起重机械、临时用电设施、脚手架、出入通道口、楼梯口、电梯井口、空洞口、桥梁口、隧道口、基坑沿边、爆破物及有害危险气体和液体存放处等应当设置安全警示标志。

（二）设置在醒目位置

安全警示标志应当设置在作业场所或者有关设施、设备的醒目位置，一目了然，让每一个在该场所从事生产经营活动的从业人员或者该设施、设备的使用者，都能够清楚地看到，不能设置在让从业人员很难找到的地方。这样才能真正起到警示作用。而且警示标识不能模糊不清，必须易于辨识。

（三）安全警示标志

国家颁布了《安全标志及其使用导则》GB 2894等标准。施工企业应当按照这些规定设置安全警示标志。

1. 安全警示标志的颜色

安全警示标志，一般同安全色、几何图形和图形符号构成，其目的是要引起人们对危险因素的注意，预防生产安全事故的发生。根据现行有关规定，我国目前使用的安全色主要有四种：

（1）红色，表示禁止、停止，也代表防火。

（2）蓝色，表示指令或必须遵守的规定。

（3）黄色，表示警告、注意。

（4）绿色，表示安全状态、提示或通行。

2. 常用的安全警示标志

常用的安全警示标志，根据其含义，可分为四大类：

（1）禁示标志，即①圆形内划一斜杠，并用红色描画成较粗的圆环和斜杠，表示"**禁止**"或"**不允许**"的含义。

（2）警告标志，即"△"，三角的背景用黄色，三角图形和三角内的图像均用黑色描绘，警告人们注意可能发生的各种危险。

（3）指令标志，即"○"，在圆形内配上指令含义的颜色——蓝色，并用白色绘画必须履行的图形符号，构成"**指令标志**"，要求到这个地方的人必须遵守。

（4）提示标志，以绿色为背景的长方几何图形，配以白色的文字和图形符号，并标明目标的方向，即构成提示标志，如消防设备提示标志等。

八、按规定提取和使用安全生产费用

安全生产费用是指企业按照规定标准提取，在成本中列支，专门用于完善和改进企业安全生产条件的资金。是施工企业生产经营活动安全进行，防止和减少生产安全事故的重要保障。《安全生产法》第二十条规定"**有关生产经营单位应当按照规定提取和使用安全生产费用，专门用于改善安全生产条件。安全生产费用在成本中据实列支。安全生产费用提取、使用和监督管理的具体办法由国务院财政部门会同国务院安全生产监督管理部门征求国务院有关部门意见后制定。**"《建设工程安全生产管理条例》第八条规定"**建设单位在编制工程概算时，应当确定建设工程安全作业环境及安全施工措施所需费用。**"

2012年2月24日财政部和国家安全生产监督管理总局联合发布的《企业安全生产费用提取和使用管理办法》（财企〔2012〕16号）规定，直接从事建设工程施工的企业，必须按照规定的标准提取安全生产费用，并专项用于规定的范围。

（一）安全生产费用提取标准

建设工程施工企业的安全生产费用以建筑安装工程造价为计提依据。各建设工程类别安全费用提取标准如下：

1. 矿山工程为2.5％。

2. 房屋建筑工程、水利水电工程、电力工程、铁路工程、城市轨道交通工程为2.0％。

3. 市政公用工程、冶炼工程、机电安装工程、化工石油工程、港口与航道工程、公路工程、通信工程为1.5％。

建设工程施工企业提取的安全生产费用列入工程造价，在竞标时，不得删减，列入标外管理。国家对基本建设投资概算另有规定的，从其规定。

总包单位应当将安全生产费用按比例直接支付分包单位并监督使用，分包单位不再重复提取。

企业在上述标准的基础上，根据安全生产实际需要，可适当提高安全生产费用提取标准。

（二）安全生产费用的使用

施工企业对列入建设工程概算的安全作业环境及安全施工措施所需费用，应当用于施工安全防护用具及设施的采购和更新、安全施工措施的落实、安全生产条件的改善，不得挪作他用。

建设工程施工企业安全生产费用应当按照以下范围使用：

1.完善、改造和维护安全防护设施设备支出（不含"三同时"要求初期投入的安全设施），包括施工现场临时用电系统、洞口、临边、机械设备、高处作业防护、交叉作业防护、防火、防爆、防尘、防毒、防雷、防台风、防地质灾害、地下工程有害气体监测、通风、临时安全防护等设施设备支出。

2.配备、维护、保养应急救援器材、设备支出和应急演练支出。

3.开展重大危险源和事故隐患评估、监控和整改支出。

4.安全生产检查、评价（不包括新建、改建、扩建项目安全评价）、咨询和标准化建设支出。

5.配备和更新现场作业人员安全防护用品支出。

6.安全生产宣传、教育、培训支出。

7.安全生产适用的新技术、新标准、新工艺、新装备的推广应用支出。

8.安全设施及特种设备检测检验支出。

9.其他与安全生产直接相关的支出。

企业提取的安全生产费用应当专户核算，按规定范围安排使用，不得挤占、挪用。年度结余资金结转下年度使用，当年计提安全费用不足的，超出部分按正常成本费用渠道列支。

（三）法律责任

施工企业的决策机构、主要负责人或者个人经营的投资人应当对由于安全生产所必需的资金投入不足导致的后果承担责任。因安全生产所必需的资金投入不足导致生产安全事故发生，造成人员伤亡和财产损失的，施工企业的决策机构、主要负责人或者个人经营的投资人应当对后果负责，即承担相应的法律责任，包括民事赔偿责任、行政责任以及刑事责任。

建设单位未提供建设工程安全生产作业环境及安全施工措施所需费用的，责令限期改正；逾期未改正的，责令该建设工程停止施工。施工单位挪用列入建设工程概算的安全生产作业环境及安全施工措施所需费用的，责令限期改正，处挪用费用20％以上50％以下的罚款；造成损失的，依法承担赔偿责任。

九、按规定建立健全生产安全事故隐患排查治理制度

生产安全事故隐患是导致事故的根源。是指作业场所、设备及设施的不安全状态，人的不安全行为和管理上的缺陷。《安全生产法》第三十八条规定"**生产经营单位应当建立健全生产安全事故隐患排查治理制度，采取技术、管理措施，及时发现并消除事故隐患。事故隐患排查治理情况应当如实记录，并向从业人员通报。**"《安全生产许可条例》第六条也规定"**企业有重大危险源检测、评估、监控措施和应急预案才能取得安全生产许可证。**"

（一）隐患分类

事故隐患分为一般事故隐患和重大事故隐患。一般事故隐患，是指危害和整改难度较小，发现后能够立即整改排除的隐患。重大事故隐患，是指危害和整改难度较大，应当全部或者局部停产停业，并经过一定时间整改治理方能排除的隐患，或者因外部因素影响致使施工企业上身难以排除的隐患。

一般事故隐患是指危害和整改难度较小，发现后能够立即整改排除的隐患。

重大事故隐患，是指危害和整改难度较大，应当全部或者局部停产停业，并经过一定时间整改治理方能排除的隐患，或者因外部因素影响致使施工企业自身难以排除的隐患。重大事故隐患又分为重大事故和特别重大事故。重大事故，是指造成 10 人以上 30 人以下死亡，或者 50 人以上 100 人以下重伤，或者 5000 万元以上 1 亿元以下直接经济损失的事故。特别重大事故，是指造成 30 人以上死亡，或者 100 人以上重伤（包括急性工业中毒），或者 1 亿元以上直接经济损失的事故。

（二）生产安全事故隐患排查治理制度

施工企业应当建立生产安全事故隐患排查治理制度，逐步建立并实施从主要负责人到从业人员的事故隐患排查责任制。

1. 隐患排查

施工企业应当根据本单位生产经营特点、风险分布、危害因素的种类和危害程度等情况，制定检查工作计划，明确检查对象、任务和频次。安全生产管理机构以及安全生产管理人员应当有计划、有步骤地巡查、检查本单位每个作业场所、设备、设施。对于安全风险大、容易发生生产安全事故的地点，应当加大检查频次。对检查中发现的安全问题，应当立即处理。不能处理的，应当及时报告本单位有关负责人，有关负责人应当及时处理。检查及处理情况应当如实记录在案。

2. 隐患记录

对排查出的生产安全事故隐患，应当按照事故隐患的等级进行登记，建立事故隐患信息档案。

3. 隐患整改

对于一般事故隐患，由施工企业有关人员立即组织整改排除。对于重大事故隐患，由施工企业主要负责人员或者有关负责人组织制度并实施隐患治理方案。重大事故隐患的治理方案应当包括治理的目标和任务、采取的方法和措施、经费和装备物资的落实、负责整改的机构和人员、治理的时限和要求、相应的安全措施和应急预案的落实。

4. 隐患通报

事故隐患治理结束后，应当对事故隐患排查治理情况如实记录，并向从业人员通报。对于重大事故隐患，特别是本单位难以解决，需要政府或者外单位共同工作方能解决的重大事故隐患，施工企业也可以报告主管的负有安全生产监督管理职责的部门。

（三）法律责任

施工企业未建立事故隐患排查治理制度的，根据《安全生产法》责令限期改正，可以处 10 万元以下的罚款；逾期未改正的，责令停产停业整顿，并处 10 万元以上 20 万元以下的罚款，对其直接负责的主管人员和其他直接责任人员处 2 万元以上 5 万元以下的罚款；构成犯罪的，依照刑法有关规定追究刑事责任。建筑施工企业对建筑安全事故隐患不采取措施予以消除的，根据《建筑法》责令改正，可以处以罚款；情节严重的，责令停业整顿，降低资质等级或者吊销资质证书；构成犯罪的，依法追究刑事责任。

十、按规定执行建筑施工企业负责人及项目负责人施工现场带班制度

建筑施工企业应当建立企业负责人及项目负责人施工现场带班制度，并严格考核。建筑施工企业法定代表人是落实企业负责人及项目负责人施工现场带班制度的第一责任人，对落实带班制度全面负责。施工现场带班制度应明确其工作内容、职责权限和考核奖惩等要求。施工现场带班包括企业负责人带班检查和项目负责人带班生产。

（一）带班检查

企业负责人带班检查是指由建筑施工企业负责人带队实施对工程项目质量安全生产状况及项目负责人带班生产情况的检查。

建筑施工企业负责人要定期带班检查，每月检查时间不少于其工作日的25％。建筑施工企业负责人带班检查时，应认真做好检查记录，并分别在企业和工程项目存档备查。

工程项目进行超过一定规模的危险性较大的分部分项工程施工时，建筑施工企业负责人应到施工现场进行带班检查。对于有分公司（非独立法人）的企业集团，集团负责人因故不能到现场的，可书面委托工程所在地的分公司负责人对施工现场进行带班检查。工程项目出现险情或发现重大隐患时，建筑施工企业负责人应到施工现场带班检查，督促工程项目进行整改，及时消除险情和隐患。

（二）带班生产

项目负责人带班生产是指项目负责人在施工现场组织协调工程项目的质量安全生产活动。

项目负责人每月带班生产时间不得少于本月施工时间的80％。因其他事务需离开施工现场时，应向工程项目的建设单位请假，经批准后方可离开。离开期间应委托项目相关负责人负责其外出时的日常工作。

项目负责人带班生产时，要全面掌握工程项目质量安全生产状况，加强对重点部位、关键环节的控制，及时消除隐患。要认真做好带班生产记录并签字存档备查。

十一、按规定制定生产安全事故应急救援预案并定期组织演练

（一）制定生产安全事故应急救援预案是建筑施工企业的法定义务

应急预案是指关于重大危险源发生紧急情况或者事故时的应对措施、救援办法等的事

先安排和计划。提前制定重大危险源应急预案，出现紧急情况时才能指挥得当，有条不紊，有效避免事故的发生或者降低事故的损失。

生产安全事故应急救援预案，是指生产经营单位根据本单位的实际，针对可能发生的事故的类别、性质、特点和范围等情况制定的事故发生时组织、技术措施和其他应急措施。生产安全事故应急救援预案是及时开展救援，防止事故扩大，最大减少人员伤亡的最基本制度和有效手段；是事故应急工作的总遵循，制定符合实际、操作性强的预案；是有效处置各类事故的重要保证；是生产经营单位实现科学发展、安全发展的重要保障。它是一个涉及多方面工作的系统工程，需要生产经营单位主要负责人组织制定和实施，一旦发生事故也要亲自指挥、调度。

《安全生产法》第十八条规定"生产经营单位的主要负责人负责组织制定并实施本单位的生产安全事故应急救援预案。"

《安全生产许可条例》第六条规定"企业有生产安全事故应急救援预案、应急救援组织或者应急救援人员，配备必要的应急救援器材、设备才能取得安全生产许可证。"因此，企业制定重大危险源应急预案，也是其取得安全生产许可证的必要条件之一。应急救援组织，是企业内部专门从事事故应急救援工作的组织。企业建立了应急救援组织，一旦发生事故，就能迅速、有效地投入抢救工作，防止事故进一步扩大，最大限度地减少人员伤亡和财产损失。当然，对于规模较小的企业，考虑到其实际承受能力，可以不建立常设的应急救援组织，但应当有专门的应急救援人员负责这方面的工作。同时，企业还应当根据本单位生产活动的性质、特点以及应急救援工作的实际需要，配备相应的应急救援器材、设备，为将来进行事故救援准备好必要的工具和手段。

此外，2019年3月1日颁布的《生产安全事故应急条例》也规定，各级政府及其有关部门、生产经营单位等应当针对可能发生的生产安全事故的特点和危害，进行风险辨识和评估，分别制定相应的生产安全事故应急救援预案并及时修订。

(二) 安全生产事故应急救援预案的内容

安全生产事故应急救援预案一般包括以下内容：

1. 常见的危险源。
2. 常见危险源预警。
3. 事故的报告和处置。
4. 营救救援措施。
5. 事故调查处理。
6. 保障措施等。

(三) 应急救援演练

开展应急救援演练是提高应急能力，检验生产安全事故应急救援预案的有效途径。通过应急救援演练，让每个可能涉及的相关部门、从业人员熟知事故发生后如何进行现场抢救、如何联络人员、如何避灾以及采取何种技术措施的方式和程序，提高广大从业人员的应急处置能力。施工企业应当定期开展应急救援演练，及时修订应急预案，切实增强应急预案的有效性、针对性和操作性。一旦发生生产安全事故，将起到能够防止事故扩大，极大减少人员伤亡的作用。

《生产安全事故应急条例》规定，建筑施工单位，应当至少每半年组织1次生产安全事故应急救援预案演练，并将演练情况报送所在地县级以上地方人民政府负有安全生产监督管理职责的部门。县级以上地方人民政府负有安全生产监督管理职责的部门会对重点生产经营单位的生产安全事故应急救援预案演练进行抽查。

对于有关主管部门组织的区域应急演练，其中要求本单位参加的应急演练活动，或者本单位其他部门，包括应急救援机构组织的应急演练，安全生产管理机构都应当积极参与，并积极配合做好应急演练的相关工作。

（四）组建应急救援队伍

《生产安全事故应急条例》规定，建筑施工单位应当建立应急救援队伍，并及时将本单位应急救援队伍建立情况按照国家有关规定报送县级以上人民政府负有安全生产监督管理职责的部门，并依法向社会公布。小型企业或者微型企业等规模较小的建筑施工单位，可以不建立应急救援队伍，但应当指定兼职的应急救援人员，并且可以与邻近的应急救援队伍签订应急救援协议。

应急救援队伍的应急救援人员应当具备必要的专业知识、技能、身体素质和心理素质。应急救援队伍建立单位或者兼职应急救援人员所在单位应当按照国家有关规定对应急救援人员进行培训；应急救援人员经培训合格后，方可参加应急救援工作。并且，应急救援队伍应当配备必要的应急救援装备和物资，并定期组织训练。

（五）建立应急值班制度

《生产安全事故应急条例》规定，建筑施工单位应当建立应急值班制度，配备应急值班人员。

（六）违规处罚

生产经营单位未制定生产安全事故应急救援预案、未定期组织应急救援预案演练、未对从业人员进行应急教育和培训，由县级以上人民政府负有安全生产监督管理职责的部门依照《安全生产法》有关规定追究法律责任。

生产经营单位未将生产安全事故应急救援预案报送备案、未建立应急值班制度或者配备应急值班人员的，由县级以上人民政府负有安全生产监督管理职责的部门责令限期改正；逾期未改正的，处3万元以上5万元以下的罚款，对直接负责的主管人员和其他直接责任人员处1万元以上2万元以下的罚款。

十二、按规定及时、如实报告生产安全事故

《安全生产法》第十八条规定"生产经营单位的主要负责人负责及时、如实报告生产安全事故。"《生产安全事故报告和调查处理条例》第四条规定"事故报告应当及时、准确、完整，任何单位和个人对事故不得迟报、漏报、谎报或者瞒报。"

事故发生后，及时、准确、完整地报告事故，对于及时、有效地组织事故救援，减少事故损失，顺利开展事故调查具有非常重要的意义。因此，发生生产安全事故，及时向有关部门报告，这一方面可以使有关部门及时配合生产经营单位进行抢救，防止事故扩大，减少人员伤亡和损失，如实掌握事故的情况，按照规定向社会披露相关事故信息；另一方面也有利于有关部门对事故进行调查处理，分析事故的原因，处理有关责任人员，提出防范措施。生产经营单位的主要负责人应当按照本法和其他法律、法规、规章的规定，及时、如实报告生产安全事故，不得隐瞒不报、谎报或者迟报。

（一）事故报告过程

1.《安全生产法》第八十条规定"生产经营单位发生生产安全事故后，事故现场有关人员应当立即报告本单位负责人。单位负责人接到事故报告后，应该按照国家有关规定立即如实报告当地负有安全生产监督管理职责的部门，不得隐瞒不报、谎报或者迟报，不得故意破坏事故现场、毁灭有关证据。"第八十一条规定"负有安全生产监督管理职责的部门接到事故报告后，应当立即按照国家有关规定上报事故情况。负有安全生产监督管理职责的部门和有关地方人民政府对事故情况不得隐瞒不报、谎报或者迟报。"

《安全生产法》释义中对本法律条文中的几个概念进行了解释：

（1）事故现场是指事故具体发生地点及事故能够影响和涉及的区域以及该区域的物品、痕迹所处的状态。

（2）有关人员主要是指事故发生单位在事故现场的有关人员，既可以是事故的负伤者，也可以是事故现场的其他工作人员；在发生人员死亡和重伤无法报告，且事故现场又没有其他工作人员时，任何首先发现事故的人都属于有关人员，负有立即报告事故的义务。

（3）立即报告是指在事故发生后的第一时间用最快捷的报告方式进行报告，不拘于报告形式。

（4）单位负责人可以是事故发生单位的主要负责人，也可以是事故发生单位的主要负责人以外的其他分管安全生产工作的副职领导或其他负责人。

（5）迟报事故是指未按照规定时间要求报告事故，事故报告不及时的情况。

（6）谎报事故是指不如实报告事故，比如，谎报事故死亡人数，将重大事故报告为一般事故等。

（7）瞒报事故是获知发生事故后，对事故情况隐瞒不报。谎报或者瞒报事故比迟报事故性质更恶劣，后果更严重，直接导致有关机关得到错误的事故信息或者根本不知道发生了事故，也就谈不到有效组织事故抢救和开展事故调查。

2.《生产安全事故报告和调查处理条例》对事故报告过程进行了更加详细的规定。该条例规定：

（1）事故发生后，事故现场有关人员应当立即向本单位负责人报告。

（2）单位负责人接到报告后，应当于1小时内向事故发生地县级以上人民政府安全生产监督管理部门和负有安全生产监督管理职责的有关部门报告。

（3）情况紧急时，事故现场有关人员可以直接向事故发生地县级以上人民政府安全生产监督管理部门和负有安全生产监督管理职责的有关部门报告。

（4）安全生产监督管理部门和负有安全生产监督管理职责的有关部门接到事故报告后，应当依照下列规定上报事故情况，并通知公安机关、劳动保障行政部门、工会和人民检察院：

① 特别重大事故、重大事故逐级上报至国务院安全生产监督管理部门和负有安全生产监督管理职责的有关部门。

② 较大事故逐级上报至省、自治区、直辖市人民政府安全生产监督管理部门和负有安全生产监督管理职责的有关部门。

③ 一般事故上报至设区的市级人民政府安全生产监督管理部门和负有安全生产监督管理职责的有关部门。

④ 安全生产监督管理部门和负有安全生产监督管理职责的有关部门依照前款规定上报事故情况，应当同时报告本级人民政府。国务院安全生产监督管理部门和负有安全生产监督管理职责的有关部门以及省级人民政府接到发生特别重大事故、重大事故的报告后，应当立即报告国务院。

⑤ 必要时，安全生产监督管理部门和负有安全生产监督管理职责的有关部门可以越级上报事故情况。

⑥ 安全生产监督管理部门和负有安全生产监督管理职责的有关部门逐级上报事故情况，每级上报的时间不得超过2小时。

条例中规定的上述事故报告过程可以用图5-1来简单描述。

我国实行综合监管与专项监管相结合的安全生产管理体制，因此在报告安全生产事故时单位负责人要向县级以上人民政府安全生产监督管理部门报告，也要向负有安全生产监督管理职责的有关部门报告。并且事故的发生除了需要及时采取救援措施外还涉及其他的很多方面的工作，比如，安全生产事故可能涉及违法犯罪，需要及时通知公安机关和检察院，以便公安机关和检察院迅速开展调查取证工作，及对犯罪嫌疑人采取措施，同时维护事故现场秩序，保护事故现场。此外，安全生产事故常导致人员的伤亡，伴随着需要解决工伤认定和工伤保险赔偿等问题，因此还需要通知劳动保障行政部门和工会。

（二）报告事故包含的内容

1.事故发生单位概况。单位概况根据实际情况来确定，尽量全面、简洁，一般包括单位的全称、地理位置、所有制形式、生产经营范围和规模、持有各类证照的情况、单位负责人的基本情况等。

2.事故发生的时间、地点以及事故现场情况。事故发生的时间尽量精确到分钟。事故发生的地点包括事故发生的中心地点和所波及的区域。事故现场的情况包括：现场的总体情况；现场人员的伤亡情况；设备设施的毁损情况；事故发生前的现场情况等。

3.事故的简要经过。对事故发生全过程进行简要描述。

4.事故已经造成或者可能造成的伤亡人数（包括下落不明的人数）和初步估计

的直接经济损失。可能造成的伤亡人数不应该是无根据的猜测，而应该是根据现存的一些证据（如值班记录等）合理的推断。直接经济损失主要指事故所导致的建筑物的毁损、生产设备设施和仪器仪表的损坏等，对直接经济损失应该进行合理的初步估算。

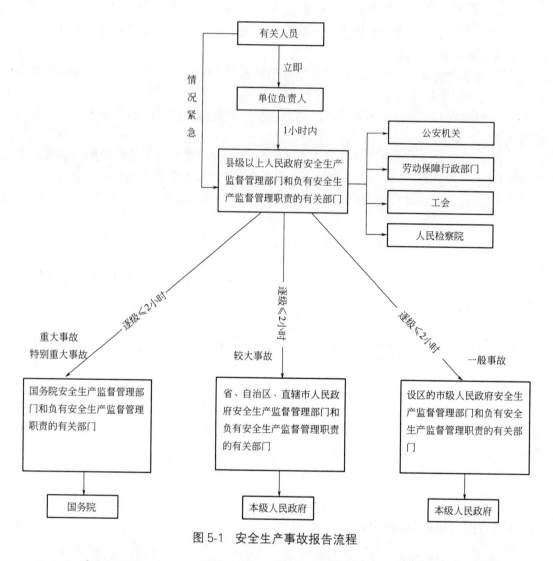

图 5-1　安全生产事故报告流程

5.已经采取的措施。指事故现场有关人员、事故单位责任人、已经接到事故报告的安全生产管理部门为减少损失、防止事故扩大和便于事故调查所采取的应急救援和现场保护等具体措施。

6.其他应当报告的情况。这部分内容根据实际情况确定，比如已经初步知道事故原因的应该进行对事故原因进行报告。

事故报告后出现新情况的，应当及时补报。自事故发生之日起 30 日内，事故造成的伤亡人数发生变化的，应当及时补报。道路交通事故、火灾事故自发生之日起 7 日内，事故造成的伤亡人数发生变化的，应当及时补报。

第四节　监理单位

一、按规定编制监理规划和监理实施细则

监理规划是项目监理机构全面开展建设工程监理工作的指导性文件。监理实施细则是针对某一专业或某一方面建设工程监理工作的操作性文件。

总监理工程师负责组织编制监理规划，审批监理实施细则。专业监理工程师参与编制监理规划，负责编制监理实施细则。

监理规划和监理实施细则的编制依据、编制要求和主要内容可见第四章工程质量管理行为要求，第三节监理单位的"三、**编制并实施监理规划**"和"**四、编制并实施监理实施细则**"。

二、按规定审查施工组织设计中的安全技术措施或者专项施工方案

《建设工程安全生产管理条例》第十四条规定"**工程监理单位应当审查施工组织设计中的安全技术措施或者专项施工方案是否符合工程建设强制性标准。**"

（一）安全技术措施

防止事故发生的安全技术措施是指为了防止事故发生，采取的约束、限制能量或危险物质，防止其意外释放的安全技术措施。常用的防止事故发生的安全技术措施有：

1.消除危险源。

2.限制能量或危险物质。

3.隔离。

4.故障——安全设计。

5.减少故障和失误。

（二）安全专项施工方案的内容：

1.工程概况：危险性较大的分部分项工程概况、施工平面布置、施工要求和技术保证条件。

2.编制依据：相关法律、法规、规范性文件、标准、规范及图纸（国标图集）、施工组织设计等。

3.施工计划：包括施工进度计划、材料与设备计划。

4.施工工艺技术：技术参数、工艺流程、施工方法、检查验收等。

5.施工安全保证措施：组织保障、技术措施、应急预案、监测监控等。

6.劳动力计划：专职安全生产管理人员、特种作业人员等。

7.计算书及相关图纸。

（三）法律责任

工程监理单位未对施工组织设计中的安全技术措施或者专项施工方案进行审查的，责令限期改正；逾期未改正的，责令停业整顿，并处10万元以上30万元以下的罚款；情节严重的，降低资质等级，直至吊销资质证书；造成重大安全事故，构成犯罪的，对直接责任人员，依照刑法有关规定追究刑事责任；造成损失的，依法承担赔偿责任。

（四）施工组织设计或（专项）施工方案报审表（表5-6）

施工组织设计/（专项）施工方案报审表　　　　　　　　　表5-6

工程名称：　　　　　　　　　　　　　　　　　　　　　编号：

致：　　　　　　　　　　　（项目监理机构）

我方已完成　　　　　工程施工组织设计/（专项）施工方案的编制，并按规定已完成相关审批手续，请予以审查。

附件：□施工组织设计
　　　□专项施工方案
　　　□施工方案

施工项目经理部（盖章）

项目经理（签字）：

年　　月　　日

审查意见：

专业监理工程师（签字）：

年　　月　　日

审核意见：

项目监理机构（盖章）

总监理工程师（签字、加盖执业印章）：

年　　月　　日

审核意见（仅对超过一定规模的危险性较大分部分项工程专项施工方案）：

建设单位（盖章）

建设单位代表（签字）：

年　　月　　日

填报说明：本表一式三份，项目监理机构、建设单位、施工单位各一份。

三、按规定审核企业资质、安全生产许可证、"安管人员"考核合格证书和特种作业人员操作证书并做好记录

分包工程开工前，项目监理机构应审核施工单位报送的分包单位资格报审表，分包单位资格审核应包括下列基本内容：

（一）营业执照、企业资质等级证书。

（二）安全生产许可文件。

（三）类似工程业绩。

（四）专职管理人员和特种作业人员的资格。

此外，还应该按规定审核其他相关单位资质、安全生产许可证、"安管人员"安全生产考核合格证书和特种作业人员操作资格证书并做好记录。

四、按规定对施工现场实施安全生产监理

根据《建设工程安全生产管理条例》和《建设工程监理规范》GB 50319 的规定，工程监理单位在实施监理过程中，发现存在安全事故隐患的，应当要求施工单位整改；情况严重的，应当要求施工单位暂时停止施工，并及时报告建设单位。施工单位拒不整改或者不停止施工的，工程监理单位应当及时向有关主管部门报送监理报告。

安全事故隐患是指施工企业的劳动安全设施和劳动卫生条件不符合国家规定，对劳动者和其他人健康即公私财产构成威胁的状态。情况严重是指事故隐患状态紧急，可能造成人身和财产的重大损失的情况，对于严重的事故隐患，监理单位有要求施工单位暂时停工和及时报告建设单位的义务。当前两种无效时及时向有关主管部门报告。有关主管部门是指主管工程的建设行政主管部门和地方安全生产行政监督管理部门。

监理单位发现安全事故隐患未及时要求施工单位整改或者暂时停止施工的；以及施工单位拒不整改或者不停止施工，未及时向有关主管部门报告的，责令限期改正；逾期未改正的，责令停业整顿，并处 10 万元以上 30 万元以下的罚款；情节严重的，降低资质等级，直至吊销资质证书；造成重大安全事故，构成犯罪的，对直接责任人员，依照刑法有关规定追究刑事责任；造成损失的，依法承担赔偿责任。

监理报告表见表 5-7。

监理报告表

表 5-7

工程名称：　　　　　　　　　　　　　　编号：

致：　　　　　　　　　　　　　　（主管部门）

由 _____（施工单位）施工的　　　　　　（施工部位），存在安全事故隐患。我方已于　　　年　　　月　　　日发出编号为：　　　　　　　的

《监理通知》/《工程暂停令》,但施工单位未(整改/停工)。

特此报告
附件:□监理通知
　　　□工程暂停令
　　　□其他

项目监理结构(盖章)

总监理工程师(签字):

年　　月　　日

填报说明：本表一式四份，主管部门、建设单位、工程监理单位、项目监理机构各一份。

第五节　监测单位

一、按规定编制监测方案并进行审核

《危险性较大的分部分项工程安全管理规定》中规定，对于按照规定需要进行第三方监测的危大工程，建设单位应当委托具有相应勘察资质的单位进行监测。监测单位应当编制监测方案。监测方案由监测单位技术负责人审核签字并加盖单位公章，报送监理单位后方可实施。

(一) 监测方案分类

监测方案是对监测工作实施进行科学管理的依据。监测方案根据不同的分类标准可以分为不同的类别，根据监测方角色的不同可以分为第三方监测方案和施工方监测方案。根据监测主体的不同可以分为：基坑监测方案、隧道监测方案等。根据监测需求的不同，可以分为总体方案、分段方案和专项监测方案。

(二) 编制监测方案的依据

1.上级主管、建设单位或者施工单位的监测管理制度或具体要求。
2.项目的岩土工程勘察资料，包括地质条件、气象资料等。

3.项目的工程设计资料。

4.项目的施工组织设计。

5.项目周边各类监测对象的原始资料和使用现状资料。

(三) 监测方案的主要内容

1.工程概况

（1）工程背景。

（2）工程规模。

（3）设计概况。

2.工程地质条件

（1）工程地质。

（2）水文地质。

（3）不良地质。

3.周边环境状况

4.监测目的。

5.监测依据。

6.监测内容。

7.基准点、监测点的埋设与保护

（1）布设原则。

（2）埋设方法。

（3）保护手段。

8.监测方法与精度

9.监测周期与监测频率

10.监测报警及异常情况措施

11.监测数据处理与信息反馈

12.监测人员配备及监测仪器设备及精度要求

13.监测成果报送

按照《危险性较大的分部分项工程安全管理规定》，监测单位未按照本规定编制监测方案的，责令限期改正，并处 1 万元以上 3 万元以下的罚款；对直接负责的主管人员和其他直接责任人员处 1000 元以上 5000 元以下的罚款。

二、按照监测方案实施监测

《危险性较大的分部分项工程安全管理规定》规定，监测单位应当按照监测方案开展监测，及时向建设单位报送监测成果，并对监测成果负责；发现异常时，及时向建设、设计、施工、监理单位报告，建设单位应当立即组织相关单位采取处置措施。

监测单位未按照监测方案开展监测或者发现异常未及时报告的，责令限期改正，并处 1 万元以上 3 万元以下的罚款；对直接负责的主管人员和其他直接责任人员处 1000 元以上 5000 元以下的罚款。

第六章　工程质量与安全生产事故处理

第一节　工程质量与安全生产事故概述

一、工程质量与安全生产事故的内涵

（一）工程质量事故内涵

工程质量事故是指由于建设、勘察、设计、施工、监理等单位违反工程质量有关法律法规和工程建设标准，使工程产生结构安全、重要使用功能等方面的质量缺陷，造成人身伤亡或者重大经济损失的事故。

建设工程项目具有投资大、规模大、建设周期长、生产环节多、参与方多等特点，导致影响质量形成的因素较多。在工程项目实施阶段不论是哪个主体、哪个环节出了问题，都会导致质量缺陷、甚至导致重大质量事故的产生。比如，如果建设单位发包给不具备相应资质等级的单位承包工程；勘察单位提供的勘察资料不准确；设计单位计算错误，设备选型不准；施工单位使用不合格的建筑材料、构配件和设备，不按图施工；工程监理单位对于检验批、隐蔽工程、分项工程等的验收不认真，都会造成工程质量出现缺陷，或导致重大事故。因此，在建设工程项目的整个实施阶段均需要进行严格的质量控制。

（二）安全生产事故内涵

安全生产事故是指生产经营单位在生产经营活动（包括与生产经营有关的活动）中突然发生的，伤害人身安全和健康，或者损坏设备设施，或者造成经济损失的，导致原生产经营活动（包括与生产经营活动有关的活动）暂时中止或永远终止的意外事件。

建设工程的作业涉及不同的环境和场所，同时作业人员也需要使用不同的机器设备和工具。作为高危行业之一，施工过程中的许多作业活动都存在着可能会对人身和财产安全造成损害的危险源。如果在生产经营活动中对各种危险源缺乏认识，或者没有采取有效的预防、控制措施，这些危险源就会造成导致人身伤害和财产损害的安全生产事故。危险源是客观存在的，但是事故的发生是可以预防和控制的。只要对安全生产高度重视，加大投入，严格遵守法律、法规、规章和操作规程，可以对事故进行预防，或者将损害降到最低程度。

二、工程质量与安全生产事故等级划分

(一) 事故等级划分概述

事故等级划分关系到事故报告的级别、事故调查组的组成以及事故责任的追究。因此，正确划分事故等级，明确不同的事故级别的报告和调查处理要求，是顺利开展事故报告和调查处理工作的前提。为了规范事故报告和调查处理工作，落实事故责任追究制度，防止和减少事故发生，国务院 2005 年 1 月 26 日印发的《国家安全性公共事件总体应急预案》；2007 年 3 月 28 日国务院第 172 次常务会议通过的《生产安全事故报告和调查处理条例》；以及 2010 年 7 月 20 日发布的《关于做好房屋建筑和市政基础设施工程质量事故报告和调查处理工作的通知》（建质〔2010〕111 号），在行政法规层面对事故报告和调查处理过程中的事故分级标准进行了明确和统一。

《国家安全性公共事件总体应急预案》中指出各类突发公共事件按照其性质、严重程度、可控性和影响范围等因素，一般分为四级：Ⅰ级（特别重大）、Ⅱ级（重大）、Ⅲ级（较大）和Ⅳ级（一般）。

根据《生产安全事故报告和调查处理条例》和《建设工程质量管理条例》，《关于做好房屋建筑和市政基础设施工程质量事故报告和调查处理工作的通知》中规定，按照工程质量事故造成的人员伤亡或者直接经济损失，工程质量事故分为特别重大事故、重大事故、较大事故和一般事故 4 个等级。

由于生产经营活动涉及众多行业和领域，各个行业和领域事故的情况都有各自的特点，发生事故的情形比较复杂，差别也比较大，很难用一个标准来划分各个行业或者领域事故的等级。消防、民用航空、铁路交通等领域采用的是不完全相同的事故等级划分标准。比如，飞机相撞或者坠落，即使未造成人员伤亡或者人员伤亡数量很少，也可能被确定为特别重大事故。

(二) 工程质量事故等级划分

1. 特别重大事故是指造成 30 人以上死亡，或者 100 人以上重伤，或者 1 亿元以上直接经济损失的事故。

2. 重大事故，是指造成 10 人以上 30 人以下死亡，或者 50 人以上 100 人以下重伤，或者 5000 万元以上 1 亿元以下直接经济损失的事故。

3. 较大事故是指造成 3 人以上 10 人以下死亡，或者 10 人以上 50 人以下重伤，或者 1000 万元以上 5000 万元以下直接经济损失的事故。

4. 一般事故是指造成 3 人以下死亡，或者 10 人以下重伤，或者 100 万元以上 1000 万元以下直接经济损失的事故。

(三) 工程安全事故等级划分

《生产安全事故报告和调查处理条例》第三条规定，根据生产安全事故（以下简称"事故"）造成的人员伤亡或者直接经济损失，事故一般分为以下等级：

1. 特别重大事故是指造成 30 人以上死亡，或者 100 人以上重伤（包括急性工业中毒，

下同），或者1亿元以上直接经济损失的事故。

2.重大事故是指造成10人以上30人以下死亡，或者50人以上100人以下重伤，或者5000万元以上1亿元以下直接经济损失的事故。

3.较大事故是指造成3人以上10人以下死亡，或者10人以上50人以下重伤，或者1000万元以上5000万元以下直接经济损失的事故。

4.一般事故是指造成3人以下死亡，或者10人以下重伤，或者1000万元以下直接经济损失的事故。

上述分级所说的"以上"包括本数，"以下"不包括本数。比如，10人以上30人以下，实际上是指10人至29人；3人以上10人以下，实际上是指3人至9人。

第二节　工程质量与安全生产事故的报告和调查处理

一、工程质量事故的报告和调查处理

（一）事故报告

1.《建设工程质量管理条例》的相关规定

《建设工程质量管理条例》第五十二条规定，建设工程发生质量事故，有关单位应当在24小时内向当地建设行政主管部门和其他有关部门报告。对重大质量事故，事故发生地的建设行政主管部门和其他有关部门应当按照事故类别和等级向当地人民政府和上级建设行政主管部门和其他有关部门报告。特别重大质量事故的调查程序按照国务院有关规定办理。

根据该条例的规定，建设工程质量事故发生后，事故发生单位必须在24小时之内将事故的简要情况向上级主管部门和事故发生地的市、县级人民政府建设行政主管部门及公安、检察、劳动（如有人身死亡）部门报告；若事故发生单位属于国务院有关主管部门的，应同时向国务院有关主管部门报告。

事故发生地的市、县级人民政府建设行政主管部门接到报告后，应当立即向人民政府和省、自治区、直辖市建设行政主管部门报告；省、自治区、直辖市建设行政主管部门接到报告后，应当立即向人民政府和住房和城乡建设部报告。

2.《关于做好房屋建筑和市政基础设施工程质量事故报告和调查处理工作的通知》的相关规定

该通知中规定，工程质量事故发生后，事故现场有关人员应当立即向工程建设单位负责人报告；工程建设单位负责人接到报告后，应于1小时内向事故发生地县级以上人民政府住房和城乡建设主管部门及有关部门报告。情况紧急时，事故现场有关人员可直接向事故发生地县级以上人民政府住房和城乡建设主管部门报告。

住房和城乡建设主管部门接到事故报告后，应当依照下列规定上报事故情况，并同时通知公安、监察机关等有关部门：

（1）较大、重大及特别重大事故逐级上报至国务院住房和城乡建设主管部门，一般事故逐级上报至省级人民政府住房和城乡建设主管部门，必要时可以越级上报事故情况。

（2）住房和城乡建设主管部门上报事故情况，应当同时报告本级人民政府；国务院住房和城乡建设主管部门接到重大和特别重大事故的报告后，应当立即报告国务院。

（3）住房和城乡建设主管部门逐级上报事故情况时，每级上报时间不得超过2小时。

《关于做好房屋建筑和市政基础设施工程质量事故报告和调查处理工作的通知》中的规定比《建设工程质量管理条例》中的规定更加严格和详细，因此，在实际操作中建议按照通知中的要求进行工程质量事故的报告。

3. 工程质量事故报告的内容

（1）事故发生的时间、地点、工程项目名称、工程各参建单位名称。

（2）事故发生的简要经过、伤亡人数（包括下落不明的人数）和初步估计的直接经济损失。

（3）事故的初步原因。

（4）事故发生后采取的措施及事故控制情况。

（5）事故报告单位、联系人及联系方式。

（6）其他应当报告的情况。

事故报告后出现新情况，以及事故发生之日起30日内伤亡人数发生变化的，应当及时补报。

（二）事故调查

《关于做好房屋建筑和市政基础设施工程质量事故报告和调查处理工作的通知》中的对事故调查进行了详细的规定。该通知中规定，住房和城乡建设主管部门应当按照有关人民政府的授权或委托，组织或参与事故调查组对事故进行调查。

1. 住房和城乡建设主管部门在事故调查过程中的主要职责

（1）核实事故基本情况，包括事故发生的经过、人员伤亡情况及直接经济损失。

（2）核查事故项目基本情况，包括项目履行法定建设程序情况、工程各参建单位履行职责的情况。

（3）依据国家有关法律法规和工程建设标准分析事故的直接原因和间接原因，必要时组织对事故项目进行检测鉴定和专家技术论证。

（4）认定事故的性质和事故责任。

（5）依照国家有关法律法规提出对事故责任单位和责任人员的处理建议。

（6）总结事故教训，提出防范和整改措施。

（7）提交事故调查报告。

2. 事故调查报告的内容

（1）事故项目及各参建单位概况。

（2）事故发生经过和事故救援情况。

（3）事故造成的人员伤亡和直接经济损失。

（4）事故项目有关质量检测报告和技术分析报告。

（5）事故发生的原因和事故性质。

（6）事故责任的认定和事故责任者的处理建议。

（7）事故防范和整改措施。

事故报告要及时，不得隐瞒、虚报或拖延不报。提交的事故调查报告应当附具有关证据材料，并且有事故调查组成员的签名。

（三）事故处理

住房和城乡建设主管部门应当依据有关人民政府对事故调查报告的批复和有关法律法规的规定，对事故相关责任者实施行政处罚。处罚权限不属本级住房和城乡建设主管部门的，应当在收到事故调查报告批复后15个工作日内，将事故调查报告（附具有关证据材料）、结案批复、本级住房和城乡建设主管部门对有关责任者的处理建议等转送有权限的住房和城乡建设主管部门。

住房和城乡建设主管部门应当依据有关法律法规的规定，对事故负有责任的建设、勘察、设计、施工、监理等单位和施工图审查、质量检测等有关单位分别给予罚款、停业整顿、降低资质等级、吊销资质证书其中一项或多项处罚，对事故负有责任的注册执业人员分别给予罚款、停止执业、吊销执业资格证书、终身不予注册其中一项或多项处罚。

二、安全生产事故的报告和调查处理

（一）事故报告

安全生产事故的报告过程和报告内容详见第五章，第三节的"**十二、按规定及时、如实报告生产安全事故。**"

（二）事故的应急处理

事故应急处理的基本要求：

1. 单位负责人接到事故报告后，应当迅速采取有效措施，组织抢救，防止事故扩大，减少人员伤亡和财产损失，不得在事故调查处理期间擅离职守。

2. 有关地方人民政府和负有安全生产监督管理职责的部门的负责人接到生产安全事故报告后，应当按照生产安全事故应急救援预案的要求立即赶到事故现场，组织事故抢救。

3. 参与事故抢救的部门和单位应当服从统一指挥，加强协同联动，采取有效的应急救援措施，并根据事故救援的需要采取警戒、疏散等措施，防止事故扩大和次生灾害的发生，减少人员伤亡和财产损失。本规定中的几个核心概念的含义是：

（1）警戒措施，一般是指对具有危险因素的事故现场周围的道路、出入口等进行暂时封闭，设立警戒标志或者人工隔离，防止与事故抢救无关的人员进入危险区域而受到伤害。

（2）疏散，是指将事故现场危险区域的从业人员和群众及时转移安置到其他安全场所，防止聚集在事故现场及其周边的人员受到进一步的伤害。

（3）次生灾害，是指由原生灾害诱导出来的灾害，生产安全事故发生后，由于事故源本身的特点或采取措施不及时等原因，进一步引发其他灾害事故。

4.事故抢救过程中应当采取必要措施，避免或者减少对环境造成的危害。

5.任何单位和个人都应当支持、配合事故抢救，并提供一切便利条件。

6.事故发生后，有关单位和人员应当妥善保护事故现场以及相关证据，任何单位和个人不得破坏事故现场、毁灭相关证据。

（1）事故现场保护主体是有关单位和人员，主要指事故发生单位和接到事故报告并赶赴事故现场的安全生产监督管理部门和负有安全生产监督管理职责的有关部门及其工作人员。

（2）现场保护，是指在现场勘察之前，维持现场的原始状态。在事故调查组未进入事故现场前，根据事故现场的具体情况和周围环境，划定保护区的范围，布置警戒，并派专人看护现场，禁止随意触摸或者移动事故现场的任何物品。

7.因抢救人员、防止事故扩大以及疏通交通等原因需要移动事故现场物件的，经过事故单位负责人或者组织事故调查的安全生产监督管理部门和负有安全生产监督管理职责的有关部门的同意后，在尽量减少对现场破坏的前提下，做出标志和绘制现场简图后可以移动，但是要对该过程作出书面记录，妥善保存现场重要痕迹、物证。

（三）事故调查

《安全生产法》第八十三条规定，事故调查处理应当按照科学严谨、依法依规、实事求是、注重实效的原则，及时、准确地查清事故原因，查明事故性质和责任，总结事故教训，提出整改措施，并对事故责任者提出处理意见。事故调查报告应当依法及时向社会公布。此外，《生产安全事故报告和调查处理条例》第三章用13条条文对事故的调查进行了详细规范。

1.事故调查的组织单位

（1）特别重大事故由国务院或者国务院授权有关部门组织事故调查组进行调查。

（2）重大事故、较大事故、一般事故分别由事故发生地省级人民政府、设区的市级人民政府、县级人民政府负责调查。省级人民政府、设区的市级人民政府、县级人民政府可以直接组织事故调查组进行调查，也可以授权或者委托有关部门组织事故调查组进行调查。

（3）未造成人员伤亡的一般事故，县级人民政府也可以委托事故发生单位组织事故调查组进行调查。

（4）上级人民政府认为必要时，可以调查由下级人民政府负责调查的事故。

（5）自事故发生之日起30日内，因事故伤亡人数变化导致事故等级发生变化，应当由上级人民政府负责调查的，上级人民政府可以另行组织事故调查组进行调查。

（6）特别重大事故以下等级事故，事故发生地与事故发生单位不在同一个县级以上行政区域的，由事故发生地人民政府负责调查，事故发生单位所在地人民政府应当派人参加。

2.事故调查的实施

（1）事故调查组成员的基本要求

① 事故调查组的组成应当遵循精简、效能的原则。

② 根据事故的具体情况，事故调查组由有关人民政府、安全生产监督管理部门、负有安全生产监督管理职责的有关部门、监察机关、公安机关以及工会派人组成，并应当邀请人民检察院派人参加。

③ 事故调查组可以聘请有关专家参与调查。

④ 事故调查组成员应当具有事故调查所需要的知识和专长，并与所调查的事故没有直接利害关系。

⑤ 事故调查组组长由负责事故调查的人民政府指定。事故调查组组长主持事故调查组的工作。

（2）调查组的职责

① 查明事故发生的经过、原因、人员伤亡情况及直接经济损失。

② 认定事故的性质和事故责任。

③ 提出对事故责任者的处理建议。

④ 总结事故教训，提出防范和整改措施。

⑤ 提交事故调查报告。

（3）事故调查组的职权

① 事故调查权，即事故调查组有权向有关单位和个人了解与事故有关的情况。包括事故发生单位和个人，以及事故发生有关联的单位和个人，如设备制造单位、设计单位、施工单位等，还包括与事故发生有关的政府及其有关部门和人员等。

② 文件资料获得权，即事故调查组有权要求有关单位和个人提供相关文件、资料，有关单位和个人不得拒绝。

（4）事故调查实施过程中的要求

① 任何单位和个人不得阻挠和干涉对事故的依法调查处理。

阻挠和干涉对事故的报告，指通过强制命令、威逼利诱、明示或暗示或授意别人等手段，所进行的不允许他人报告事故；要求他人不要报告事故或者不如实报告事故；为他人报告事故设置障碍等行为。

② 事故调查组有权向有关单位和个人了解与事故有关的情况，并要求其提供相关文件、资料，有关单位和个人不得拒绝。

③ 事故发生单位的负责人和有关人员在事故调查期间不得擅离职守，并应当随时接受事故调查组的询问，如实提供有关情况。

④ 事故调查中发现涉嫌犯罪的，事故调查组应当及时将有关材料或者其复印件移交司法机关处理。

⑤ 事故调查中需要进行技术鉴定的，事故调查组应当委托具有国家规定资质的单位进行技术鉴定。必要时，事故调查组可以直接组织专家进行技术鉴定。技术鉴定所需时间不计入事故调查期限。

⑥ 事故调查组成员在事故调查工作中应当诚信公正、恪尽职守，遵守事故调查组的纪律，保守事故调查的秘密。

⑦ 未经事故调查组组长允许，事故调查组成员不得擅自发布有关事故的信息。

⑧ 事故调查组应当自事故发生之日起60日内提交事故调查报告；特殊情况下，经负责事故调查的人民政府批准，提交事故调查报告的期限可以适当延长，但延长的期限最长不超过60日。

3. 事故调查报告

事故调查报告应当包括下列内容：

（1）事故发生单位概况。

（2）事故发生经过和事故救援情况。

（3）事故造成的人员伤亡和直接经济损失。

（4）事故发生的原因和事故性质。

（5）事故责任的认定以及对事故责任者的处理建议。

（6）事故防范和整改措施。

事故调查报告应当附具有关证据材料。事故调查组成员应当在事故调查报告上签名。没有事故调查组成员签名的事故调查报告，可以不予批复。签名应当由事故调查组成员本人签署，特殊情况下由他人代签的，要注明本人同意。事故调查中的不同意见在签名时可一并说明。事故调查报告报送负责事故调查的人民政府后，事故调查工作即告结束。事故调查的有关资料应当归档保存，事故调查组成员不得私自保存。

（四）事故处理

事故的处理包括两方面，一方面是对造成事故的相关人员的处罚，另一方面是指吸取事故经验，预防发生类似事故而采取的整改措施。对相关人员的处罚会在 6.3 节中详细介绍，此处主要对整改进行说明。

事故调查处理的最终目的是预防和减少事故。事故发生单位作为安全生产工作的责任主体，也应当是落实防范和整改措施的主体。企业的安全生产规章制度和操作规程不健全，未对职工进行安全教育和培训，管理人员违章指挥，职工违章冒险作业，事故隐患未及时排除等是造成安全生产事故发生的主要原因。事故发生单位应当认真反思，吸取教训，查找安全生产管理方面的不足和漏洞，吸取事故教训。对于事故调查组在查明事故原因的基础上提出的有针对性的防范和整改措施。

安全生产监督管理部门和负有安全生产监督管理职责的有关部门应当对事故发生单位落实防范和整改措施的情况进行监督检查。安全生产监督管理部门对安全生产实施综合监督管理，各有关部门对各自领域的安全生产实施监督管理。安全生产监督管理部门是指国家安全生产监督管理总局和各级安全生产监督管理局。负有安全生产监督管理职责的有关部门是指除本级政府安全生产监督管理部门外，依照法律、行政法规和职责分工，对安全生产负有监督管理职责的部门，在建设工程领域主要是指建设管理部门。

第三节　违规处罚

一、行为不规范导致事故发生的处罚

（一）行为不规范导致工程质量事故的处罚

1. 工程质量的基本制度

（1）各方主体的工程质量责任

《国务院办公厅关于促进建筑业持续健康发展的意见》（国办发〔2017〕19 号）指出，

严格落实工程质量责任。全面落实各方主体的工程质量责任，特别要强化建设单位的首要责任和勘察、设计、施工单位的主体责任。

（2）工程质量终身责任制

《国务院办公厅关于促进建筑业持续健康发展的意见》中强调，严格执行工程质量终身责任制，在建筑物明显部位设置永久性标牌，公示质量责任主体和主要责任人。建设、勘察、设计、施工、工程监理单位的工作人员因调动工作、退休等原因离开该单位后，被发现在该单位工作期间违反国家有关建设工程质量管理规定，造成重大工程质量事故的，仍应当依《建设工程质量管理条例》追究法律责任。

2. 处罚措施

（1）给予责任单位停业整顿、降低资质等级、吊销资质证书等行政处罚并通过国家企业信用信息公示系统予以公示。比如，《建筑法》规定，建筑设计单位不按照建筑工程质量、安全标准进行设计，造成工程质量事故的，责令停业整顿，降低资质等级或者吊销资质证书，没收违法所得，并处罚款；造成损失的，承担赔偿责任；构成犯罪的，依法追究刑事责任。

（2）给予注册执业人员暂停执业、吊销资格证书、一定时间直至终身不得进入行业等处罚。比如，违反《建设工程质量管理条例》的规定，注册建筑师、注册结构工程师、监理工程师等注册执业人员因过错造成质量事故的，责令停止执业1年；造成重大质量事故的，吊销执业资格证书，5年以内不予注册；情节特别恶劣的，终身不予注册。

（3）对发生工程质量事故造成损失的，要依法追究经济赔偿责任，情节严重的要追究有关单位和人员的法律责任。

3. 处罚的实施机构

住房和城乡建设主管部门应当依据有关人民政府对事故调查报告的批复和有关法律法规的规定，对事故相关责任者实施行政处罚。处罚权限不属本级住房和城乡建设主管部门的，应当在收到事故调查报告批复后15个工作日内，将事故调查报告（附具有关证据材料）、结案批复、本级住房和城乡建设主管部门对有关责任者的处理建议等转送有权限的住房和城乡建设主管部门。

（二）行为不规范导致安全生产事故的处罚

《安全生产法》规定，我国实行生产安全事故责任追究制度，依法追究生产安全事故责任人员的法律责任。

1. 建筑施工企业发生生产安全事故造成人员伤亡、他人财产损失的，应当依法承担赔偿责任；拒不承担或者其负责人逃匿的，由人民法院依法强制执行。此外，还会由安全生产监督管理部门对其处以下罚款：

（1）发生一般事故的，处20万元以上50万元以下的罚款。

（2）发生较大事故的，处50万元以上100万元以下的罚款。

（3）发生重大事故的，处100万元以上500万元以下的罚款。

（4）发生特别重大事故的，处500万元以上1000万元以下的罚款；情节特别严重的，处1000万元以上2000万元以下的罚款。

此外，《安全生产法》规定，事故发生单位对事故发生负有责任的，由有关部门依法暂扣或者吊销其有关证照，包括其依法取得的各类许可、审批证件以及营业执照。

2.建筑施工企业的管理人员违章指挥、强令职工冒险作业，因而发生重大伤亡事故或者造成其他严重后果的，依《建筑法》和《安全生产法》等法规追究刑事责任。

建筑施工企业的主要负责人未履行本法规定的安全生产管理职责，导致发生生产安全事故的，由安全生产监督管理部门依照下列规定处以罚款：

（1）发生一般事故的，处上一年年收入30％的罚款。

（2）发生较大事故的，处上一年年收入40％的罚款。

（3）发生重大事故的，处上一年年收入60％的罚款。

（4）发生特别重大事故的，处上一年年收入百分之八十的罚款。

《安全生产法》规定，对事故发生单位负有事故责任的有关人员，依法暂停或者撤销其与安全生产有关的执业资格、岗位证书；事故发生单位主要负责人受到刑事处罚或者撤职处分的，自刑罚执行完毕或者受处分之日起，5年内不得担任任何生产经营单位的主要负责人。

3.建设单位、设计单位、施工单位、工程监理单位违反国家规定，降低工程质量标准，造成重大安全事故，构成犯罪的，对直接责任人员依《建设工程质量管理条例》追究刑事责任。

应该明确的是，如果主要负责人已经依法履行了安全生产监管职责，事故仍然发生的，则不应当追究其责任。

二、事故发生后处置不当的处罚

（一）事故发生后的违法行为主要是：

1.不立即组织事故抢救。

2.迟报或者漏报事故。

3.谎报或者瞒报事故。

4.伪造或者故意破坏事故现场。

5.转移、隐匿资金、财产。

6.或者销毁有关证据、资料。

7.事故调查处理期间擅离职守。

8.拒绝接受调查或者拒绝提供有关情况和资料。

9.在事故调查中作伪证或者指使他人作伪证。

10.事故发生后逃匿。

11.阻碍、干涉事故调查工作。

12.对事故调查工作不负责任，致使事故调查工作有重大疏漏。

13.包庇、袒护负有事故责任的人员或者借机打击报复。

14.故意拖延或者拒绝落实经批复的对事故责任人的处理意见等。

（二）不立即组织事故抢救、迟报或者漏报事故，以及在事故调查处理期间擅离职守行为的处罚。

1.在事故发生后立即组织事故抢救，是建筑施工企业主要负责人的法定义务。建筑施工企业的主要负责人对本单位的安全生产工作全面负责，单位负责人接到事故报告后，应当迅速采取有效措施，组织抢救，防止事故扩大，减少人员伤亡和财产损失。

《生产安全事故应急条例》规定，发生生产安全事故后，生产经营单位应当立即启动预案，采取相应的应急救援措施，并按照规定报告事故情况。应急救援措施包括：

（1）迅速控制危险源，组织抢救遇险人员。

（2）根据事故危害程度，组织现场人员撤离或者采取可能的应急措施后撤离。

（3）及时通知可能受到事故影响的单位和人员。

（4）采取必要措施，防止事故危害扩大和次生、衍生灾害发生。

（5）根据需要请求邻近的应急救援队伍参加救援，并向参加救援的应急救援队伍提供相关技术资料、信息和处置方法。

（6）维护事故现场秩序，保护事故现场和相关证据以及法律、法规规定的其他应急救援措施。

抢救的效果与组织抢救是否及时密切相关，事故发生单位主要负责人通常是最先接到事故报告的，事故发生单位主要负责人所采取的应急措施直接关系到能否挽救更多的生命，能否尽量减少财产损失。不立即组织抢救，是指事故发生单位主要负责人客观上能够组织抢救，而不立即组织抢救的情形，不包括客观上不能立即组织抢救的情形。

及时、准确、如实、完整地报告生产事故是建筑施工企业主要负责人的重要职责。迟报事故是指未按照规定的时间要求报告事故，事故报告不及时的情况。漏报事故是指对应当上报的事故遗漏未报的情形。漏报与瞒报是不同的，漏报是非主观故意实施的行为，主要是不负责任所致。

事故发生单位主要负责人报告事故是事故报告程序的前端环节，往往处于第一（或者第二）环节，其对事故报告的质量对后续的事故报告和救援至关重要。漏报事故会导致以后环节中事故报告难以及时、准确，并影响到事故救援的组织实施和事故调查的开展。

2.《生产安全事故报告和调查处理条例》规定，事故发生单位的负责人和有关人员在事故调查期间不得擅离职守，并应当随时接受事故调查组的询问，如实提供有关情况。事故发生单位的主要负责人对事故的发生经过和原因，以及企业的经营状况最为了解，事故发生单位负责人坚守岗位，有利于事故调查组更好地展开事故的调查。此外，事故发生单位的主要负责人往往是事故责任人，要求其坚守岗位，有利于对其追究事故责任。

《生产安全事故报告和调查处理条例》第三十八条规定，事故发生单位主要负责人未依法履行安全生产管理职责，导致事故发生的，处上一年年收入30%～80%的罚款；构成犯罪的，依法追究刑事责任。

《建筑法》也规定，施工中发生事故时，建筑施工企业应当采取紧急措施减少人员伤亡和事故损失。建筑施工企业的主要负责人在本单位发生生产安全事故时，不立即组织抢救或者在事故调查处理期间擅离职守或者逃匿的，依据《安全生产法》给予降级、撤职的处分，并由安全生产监督管理部门处上一年年收入60%～100%的罚款；对逃匿的处十五日以下拘留；构成犯罪的，依照刑法有关规定追究刑事责任。

不立即组织事故抢救或者在事故调查处理中擅离职守，可能构成《刑法》第一百六十八条规定的国有公司、企业单位人员失职犯罪，被处3年以下有期徒刑或者拘役；致使国家利益遭受特别重大损失的，处3年以上7年以下有期徒刑。迟报或者漏报事故，如果情节严重，可能构成《刑法修正案（六）》所规定的不报或者谎报事故罪，可能被处 3 年以下有期徒刑或者拘役；情节特别严重的，处 3 年以上 7 年以下有期徒刑。

（三）《生产安全事故报告和调查处理条例》规定，若建筑施工企业及其有关人员存在：

1. 谎报、瞒报事故的。

2. 伪造或者故意破坏事故现场的。

3. 转移、隐匿资金、财产，或者销毁有关证据、资料的。

4. 拒绝接受调查或者拒绝提供有关情况和资料的。

5. 在事故调查中作伪证或者指使他人作伪证的。

6. 事故发生后逃匿的。

对发生事故的建筑施工企业处 100 万元以上 500 万元以下的罚款；对主要负责人、直接负责的主管人员和其他直接责任人员处上一年年收入 60%～100% 的罚款；构成违反治安管理行为的，由公安机关依法给予治安管理处罚；构成犯罪的，依法追究刑事责任。

（四）阻挠和干涉对事故的依法调查处理的处罚

阻挠、干涉对事故的依法调查处理的行为主要包括：

1. 在事故调查组组成过程中阻挠和干涉事故调查组的组成。

2. 阻挠和干涉事故调查的过程，故意破坏事故现场或者转移、隐匿有关证据，或者无正当理由拒绝接受事故调查组的询问，或者拒绝提供有关情况和资料，或者作伪证、提供虚假情况，或者为事故调查设置障碍。

3. 干涉对事故性质的认定或者事故责任的确定。

4. 阻挠和干涉对有关事故责任人员进行处理等。

对阻挠、干涉依法调查处理事故的单位和个人，构成犯罪的，依法追究刑事责任；不构成犯罪的，依法给予行政处罚或者处分。

第七章　工程质量与安全生产管理案例分析

第一节　全过程管控模式的工程质量与安全管理案例

一、B市中关村A区科研楼项目

（一）工程简介

B市中关村A区科研楼，总建筑面积12.76万平方米，合同总额4.7亿元。基坑深15m，地下共计三层，层高分别为4.4m、5m、5.5m；地上A1、A2、A3、A4、A5楼分别为22层、16层、14层、2层和4层，A1楼建筑高度为96.45m。总工期为1614日历天，安全生产目标为B市市绿色安全样板工地；质量目标为确保B市市结构长城杯金奖，争创鲁班奖。

（二）管理重点与难点

1.本工程质量标准高。创优目标为确保长城杯金奖，力争鲁班奖。

2.本工程为地标性建筑，深基坑、高支模、钢结构吊装等危大工程多，确保B市市绿色安全样板工地，安全文明施工是本工程管理上的重难点。

3.工期长。本工程开工日期为2013年5月1日，实际竣工日期为2017年10月1日，历时1614天。历经季节性施工多（4个冬季施工，5个夏季施工），不确定因素多。

4.本工程使用功能全面，结构类型多样，劳务分包、专业分包多，各专业交叉施工，因此，总承包协调管理是本工程的重难点。

5.大体积浇筑。地下室底板采用C35p8抗渗混凝土，为筏板基础，基础最厚处2200mm，控制大体积混凝土有害裂缝是施工阶段的重难点。

6.基坑深，地下水位高。本工程基础垫层标高最低处为－17.600，地下水位标高－2.800。地下室外墙防水施工操作面狭窄。因此保证深基坑的安全和确保地下室防水施工质量是本工程的重难点。

7.钢连廊安装难度大。A2、A3楼之间钢连廊平面尺寸为42.0m×15.4m，整个桁架高度9m，构件截面形式为H型钢，构件总数620根，钢结构总重约366.2t，钢连廊顶部标高为＋62.6m，整体提升高度为50.1m。

8.群塔作业。设4台塔吊（A1、A2、A3、A5楼各1台），南侧紧邻B标段（2台塔吊）、东侧临近C标段（塔吊），塔吊交叉作业多。

（三）项目管理创新

工程项目经理部引入全过程质量和安全管控理念，推行工程项目精细化创新管理，坚持"**低成本竞争、高品质管理**"的经营思路，通过对"**粗放式**"管理模式进行颠覆性的变革，对质量、安全、成本、工期进行有效管控，做到全周期经营、全过程管控、带动企业整体管理水平的全面提升。

1. 创新项目管理理念

本项目精细化项目管理的精髓概括为"一个核心、一种理念、一条主线"，即：突出一个核心——以项目成本管理为核心；树立一种理念——树立"**法人管项目**"的理念；强化一条主线——强化项目全过程管控这条主线。

精细化项目管理的具体做法概括为"**12 大集中**""**13 化管理**"。12 大集中，即：物资集中采购配送、设备集中采购和租赁、劳务集中管理、资金集中管理、施工组织设计集中管理、限价集中管理、合同集中管理、业务流程集中制定、管理策划集中进行、责任成本集中管控、二次经营集中组织、督导检查集中进行。13 化管理，即：项目管理层级化、要素管控集约化、资源配置市场化、产品清单预算化、管理责任矩阵化、成本控制精细化、管理流程标准化、作业队伍组织化、管理报告格式化、经济活动分析制度化、绩效考核科学化、管理手段信息化、团队理念国际化。

2. 建立矩阵式的管理职责体系

将项目管理划分为进场前阶段（前期策划）、进场后阶段（过程管理）和退场阶段（收尾管理），以各项业务管理目标为导向，从安全、质量、进度、环保、分包、财务等项目管理的各个维度、各个指标等，建立项目管理责任矩阵，厘清项目各部门在项目管理的各个阶段所担负的主要管理责任，明确主责部门和配合部门，提高管理效率，避免相互推诿。

（四）技术创新

项目部建立科技创新领导小组，负责科研计划的审查、管理和立项实施。紧密围绕"**科技兴企**"战略，运用科学的管理机制和管理方法，充分利用公司内外部科技资源，建立健全灵活高效的科技创新体系；以培养公司技术能手、提高公司科技实力和核心竞争力为目标，加快科技成果转化为生产力，培育企业新的经济增长点。

项目部成立创新工作室，通过技术创新，降低产品能耗比重和资源消耗量，提高产品竞争力。通过应用建筑业十项创新技术，实现了产品降能降耗，减少了人工、机械、材料等的消耗，缩短了工期。例如，开展循环水控制大体积混凝土裂缝技术、土层锚杆支护结构技术、大跨度钢承板结构技术、利用基坑降水、降尘、除霾系统技术、复杂环境下钢结构连廊整体提升技术的研究，编制施工电梯对拉螺栓附着施工工法等，推广应用深基坑封闭降水、深基坑支护、混凝土裂缝控制等新技术，给企业带来了实实在在的经济效益。

（五）安全管理措施

1. 通过公司在线学习系统，各级人员按照不同的分级标准完成一定学时的安全、质量知识学习，项目安全质量管理人员每月 30 日检查员工的学习情况，对检查结果进行通报。

2.施工现场逐级建立安全生产岗位责任制，明确全员化的安全责任体系，形成"**一级抓一级，一环扣一环，并对上一级、上一环负责**"的管理网络，哪一级出现问题就追究哪一级管理人员的责任，促使责任制有效扎实地落实到各工种、各工序、各班组中，形成齐抓共管的氛围。

3.在日常工作中，坚持把安全文明施工落实到技术交底、任务下达和交接上，实行安全文明施工交接制度，每道工序完成之后，由安全员、工长、下道工序施工班组进行联合验收，符合安全文明施工要求，办理交接手续，如不符合要求，将追究工长和施工班组的责任。

4.实行现场领导值班制度，现场设专职安全员，各班组设兼职安全员，跟踪检查现场安全情况，对各种安全生产隐患要及时发现并消除。

5.实行安全晨会、安全例会制度，由专业工长、专职安全员负责召开，晨会主要给操作人员讲清楚每天在安全文明施工方面的注意事项，检查施工的安全文明条件是否具备；每周安全例会主要加强对员工的每周安全生产教育，布置并进行安全培训，安全技术交底，牢固树立"**安全第一，预防为主**"的观念，检查安全制度落实情况。

（六）质量管理措施

1.施工图纸到达现场后，所有的施工管理人员尽快熟悉图纸，进行图纸核查工作。及时编制施工组织设计、各种施工方案及技术交底。优化工艺，把先进的工艺运用到工程施工中，促进新技术新工艺与工程项目实施过程结合。

2.加强原材料和构配件的质量控制，原材料、成品、半成品的采购必须执行采购程序文件，建立合格供应商名单，并对供应商进行评价。凡采购到场的材料，材料、技术、质检人员必须依据采购文件资料中规定的质量标准进行验收。

3.坚持样板引路。各道工序和各个分项工程施工前必须做样板，样板完成后由质检员和有关技术人员共同验收，满足要求后才能进行大面积施工。对样板间和主要的样板项目，还必须要经上级部门验收。

4.质量管理人员应对现场的各道工序进行实时的监督管理。各道工序均应进行自检、专检、交接检。每道工序完工合格后，由分管该工序的技术人员、质检员、施工员组织作业组长，按规范和验标要求进行验收；对不符合质量验收标准的，返工重做，直到再次验收合格。

5.隐蔽工程经自检合格后，邀请甲方及监理工程师检查验收，同时做好隐蔽工程验收记录和签字工作，并归档保存。所有隐蔽工程必须经监理工程师签字认可后，方能进行下一道工序施工；未经签字认可的，禁止进行下道工序施工。

6.项目经理部成立 QC 小组开展"**降低大体积混凝土裂缝发生率**""**提高室内铝板地台安装合格率**""**提高屋面砖一次铺贴合格率**"等质量控制活动，成功地解决了大体积混凝土容易产生温度裂缝、室内铝板地台安装平整度偏差大及边角不通直、屋面砖铺贴过程中坡度坡向不准确及表面平整度不合格三项问题。

二、H市河道整治及生态恢复项目

(一) 工程简介

H市市河道整治及生态恢复工程由8个项目组成，其中H市体育公园园林景观工程总面积32万 m^2。H市巷道硬化面积4.94万 m^2，其中混凝土部分面积为2.4万 m^2，人行道板面积为2.54万 m^2；H市规划馆、综合档案馆工程其中档案馆总建筑面积：$5512m^2$，规划馆总建筑面积：$6260m^2$，H职业学院图书馆工程总建筑面积：$12128.38m^2$，H公路口岸货运场区联检查验楼工程总占地面积 $9632.39m^2$，H公路口岸货运场区通道工程占地 $174193.36m^2$，总建筑面积约 $10472.44m^2$。

(二) 管理重点及难点

1. 管理重点

本工程实施"**加强过程管理，提升安全质量，确保施工进度**"管理模式，重点主要是工程项目的安全控制、质量控制、工期控制三个方面。

2. 管理难点

(1) 工程项目繁多，内容庞杂，施工专业多，工序衔接紧，互相干扰大是其重要特征。本工程所处地区人员密集、车流量大，施工过程中涉及部队国防光缆、公路、交通、交警、公交、电信、移动、职业学院等单位与业主的配合和与其他单位的协调配合，并负责业主与其他单位的协调等工作。要求项目部具有较高的综合施工资质和丰富的施工组织经验、较强的专业施工实力和协调指挥能力。

(2) 工程内容复杂、工序多。施工范围包括巷道、主体、电力、弱电、消防、防水、散水、保温、钢结构等工程，施工工序繁杂，根据施工进度计划，需要多个工作面多种工序同时施工，要求施工队伍具有较强的综合施工能力。

(3) 交叉施工，组织工作繁重。由于本工程采取施工总承包的模式，施工时须通盘考虑各施工项目的施工组织顺序，交叉施工工程量大，施工组织繁琐。各专业工程的顺利衔接，是保证工程顺利推进以实现工期目标的关键。

(三) 管理策划及创新品点

1. 管理策划

为优质高效地完成好施工生产任务，根据业主要求和施工现场的实际情况，项目部决定采用"**加强过程管理，提升安全质量，确保施工进度**"的管理模式，具体为：过程中无缝沟通，保证施工信息共享；过程中现场管理人员履行"**一岗双责**"制度，对安全质量进行双向管理与控制；过程中优化施工方案，同时对施工班组进行跟踪管理，做到对施工方案及施工班组实施动态管理，确保优化后的施工方案在第一时间得到落实，从而提高效率，降低施工成本，加快施工进度。

2. 项目管理创新点

该项目部管理过程中的创新点包括：

(1) "加强过程管理，提升安全质量，确保施工进度"的管理模式，全面满足建设单位的期望和要求。

（2）打破传统的领导训话式例会模式，大胆启用以现场技术员及现场作业人员为主体的新型例会模式。

（3）利用网络平台，实施沟通协调无缝对接；同时将建设单位提出的要求，细化到项目部的各项施工标准及管理制度中，确保施工过程中的每一个环节均符合建设单位的要求。

（4）现场管理借鉴党政建设中的"一岗双责"制度，且根据现场安全、质量的控制情况，对"一岗双责"重新定义，即技术人员在现场除了应对施工质量进行控制把关外，还应同时兼顾安全管理。现场负责安全人员亦同理。切实将安全、质量做到双向把控。

（5）在施工过程中对施工方案进行优化，同时对优化后的方案实施，采用动态管理，跟踪施工班组，了解工人操作熟练程度等每一个关键细节，保证施工质量并降低施工成本。

（四）管理措施及方法

1. 过程中无缝沟通，保证施工信息共享

本项目由 8 个工程组成，且竣工日期较为接近，因此将其有机的联系起来进行统一部署，统一管理显得尤为重要，要做到这一点，沟通过程中的无缝对接更是重中之重，为保证施工信息做到共享，项目部采取了以下管理措施：

（1）项目部大胆启用以现场技术员及现场作业人员为主体的新型例会模式，现场管理人员及作业人员在会上提出可确保安全质量的建设性意见或施工过程中存在的问题及解决方法，项目部班组成员在会上立刻展开决议，直至意见达成共识，会后现场管理人员及作业人员立即开展落实工作并及时反馈。该例会模式有效的杜绝了**"问题天天有，会议天天开"**的被动式管理及粗放式管理。

（2）利用网络平台，实施沟通协调无缝对接。针对项目工点分散，不方便统一管理的实际情况，项目部利用 QQ 群，微信群，云盘等网络平台对施工信息及工作安排进行统一部署，分管领导在网络平台发布近期工作安排，工点负责人在收到消息后，第一时间回复，对于未及时回复的工点，分管领导单独电话联系，确保每一个工点都能及时收到项目部的统一安排及部署，同时项目部将常用的工程量清单，月度、季度及年度施工计划等信息上传至云盘，各工点需要相关数据时均可利用云盘统一公共账号进行登录下载，确保施工信息的统一性，完整性。

（3）将建设单位提出的要求，细化到项目部的各项施工标准及管理制度中。对于建设单位在安全、质量、进度等方面提出的各项要求，项目部对其进行汇总及分类，随后细化到对应的施工标准及管理制度中，确保现场施工满足设计、规范要求的同时也满足建设单位的各项制度和要求。

2. 过程中借鉴党政建设中的"一岗双责"制度，对"一岗双责"在施工管理过程中重新定义

党风廉政建设中的"一岗双责"是指各级干部在履行本职岗位管理职责的同时，还要对所在单位和分管工作领域的党风廉政建设负责。项目部首次借鉴党政建设中的"一岗双责"制度，并根据现场施工管理的特点，对其进行重新定义，即技术人员在现场除了应对施工质量进行控制把关外，还应同时兼顾安全管理。现场负责安全人员也同理。该

举措不但对施工现场的安全、质量进行了双向控制，同时也满足施工质量的"三检"要求。

3. 过程中优化施工方案，动态跟踪施工班组

施工过程中对施工方案进行优化是在保证安全质量的前提下为提高效率，缩短工期，降低成本而采取的一种常见手段，如何有效的落实优化后的施工方案就成了施工方案优化过程中的常见问题，目前施工单位普遍存在的问题是各建设项目中的施工班组人员流动性大，施工作业人员不固定的问题，针对班组工人流动性大的特点，项目部采用直接跟踪管理施工班组，了解工人对优化后方案的知悉程度及施工过程中的操作熟练程度等每一个关键细节，从而保证施工质量，提高施工效率并降低施工成本。

第二节 EPC模式下的工程质量与安全管理案例

一、Q市汽车产业新城安置区建设项目

（一）工程简介

本工程项目位于Q市汽车产业新城南部，是当地的重点民生工程。工程主要由1号～56号楼共计56栋15～17层单体住宅楼及地下车库组成，总建筑面积约47万 m^2。

（二）管理重点与难点

1. 管理重点

本工程系重点民生工程，施工过程中必须严格把控安全、质量，严格控制各节点工期，确保项目顺利交工。

项目分包单位众多，施工过程不同班组间的协调配合，施工指导和各分包及班组间的施工协调工作。

2. 管理难点

本工程单体数目多、工程量大、工序繁杂，因前期拆迁滞后导致项目整体工期非常紧张。

工程对材料、机械、人力资源等一次性投入大，区域环保巡查严格，大量建材公司产能降低，材料供应不及时，材料价格上涨，对项目施工造成不利影响。

工程分包队伍多，各分包队伍施工人员素质高低不齐，对现场质量、安全管理提出严格挑战。

由于项目部现场管理人员有限，在面对如此大体量、高质量要求、短工期的工程，各劳务及专业分包队伍对项目部下达目标任务的落实质量和效率，直接影响项目施工进度能否顺利推进。

（三）管理策划与创新特点

1. 全面策划。在项目建设之初，根据项目进步情况及管理的重点与难点，对项目管理

目标进行深入的分析研究，从工程的"**安全、质量、进度、成本**"管理四个方面进行全面详细的策划，促使项目管理工作更全面、更深入的规范系统管理工作，打造项目坚强执行力，进而确保各项管理目标的顺利完成。

2.项目目标制定，高标准高质量落实。制定项目管理目标，项目管理计划，明确目标责任人，明确完成时间，明确奖罚措施。

3.利用微信平台构建业主、质监、设计、监理、劳务分包、专业分包、材料供应商、机械租赁方等多单位交流平台。及时进行信息沟通，及时协调处理现场问题，大大提高项目部各项工作效率。

4.针对工程单体多、体量大，施工过程中人员配置及材料供应存在不确定因素，指挥部专门成立了青年突击队及后备材料供应单位，有效提升项目对突发事件的应对能力。

（四）项目的管理措施

1.项目组织构架建设及项目部会议制度的制定

根据工程特点，项目部设置高效的组织架构，针对 4 大片区 56 栋单体，项目部领导合理分工管理。项目部对每个片区配置安全、质量、技术、生产、商务管理人员。如对 4 个区域均配置经验丰富的片区长，全面负责整个片区的施工生产，再由生产经理全面负责项目部的生产施工。

项目部在劳务及分包队伍进场前，制定了项目部会议制度。

（1）召开项目生产周例会。每周一晚间召开项目生产例会。项目部管理人员、各劳务及分包队伍必须按时参加。会议由项目管理人员分片区汇报：上周重点工作完成情况；本周工作计划安排；项目内部需要协调事宜；各劳务分包需要总包单位解决事宜等。

（2）周安全巡检及项目周安全生产例会。每周五下午，项目经理参加，项目安全总监组织劳务及分包单位项目负责人及专职安全管理员参与，对整个项目各家队伍现场安全及文明施工检查。就巡检问题下发整改意见书，对过程安全管理问题进行通报，布置本周重点安全管理工作。

（3）周质量巡检及项目周质量例会。每周周四下午，项目部总工参加，项目质量总监负责组织劳务及分包单位质检员，对现场已经施工完成及作业面进行质量排查并留好影像资料。针对现场问题下发质量问题整改通知书，反馈会质量总监对现场出现问题进行图片分析讲解，项目总工进行技术指导，片区及各栋号长负责监督劳务整改落实情况。

（4）项目月度例会。每月第一周周五上午召开月度商务例会，由项目商务经理组织，项目经理参加及其他管理人员参加。商务部门就项目经济指标完成情况、项目签证办理、商务合同交底等进行讨论学习。

（5）项目技术例会。每周周二下午，由项目总工主持，项目工程技术部、安装部及劳务分包单位技术管理人员参加。主要对图纸设计问题、做法变更、方案技术交底等做讨论学习。

2.明确目标，计划管控

根据合同要求本工程在 2017 年 12 月 30 日具备交房条件，由该节点分别制定项目总工期计划、项目年度计划、月计划、周计划、日计划。再根据进度计划编制出详细的材料、机械、人员配置等计划。

年度计划在项目年前停工前，专门组织主劳务及各专业分包队伍召开年后工作计划专门会议。明确各工种年后进场时间，年后主要节点计划要求并签订责任状。

月度计划在每月度生产例会上安排落实，每月度生产例会落实上月重点工作完成情况，对未按期完成分包劳务进行工期罚款处理。对差异较大的计划，分析原因，制定纠偏措施，按照纠偏措施严格组织施工。对下月重点工作的安排，给各家劳务及专业分包队伍下发下月进度计划，签订责任状。明确下月施工注意事项，根据进度计划分析下月物资、机械、人员等配置计划。根据不同材料的不同生产周期，提前上报材料进场计划，要充分考虑环保检查、农忙等不利因素对工程进度的影像，制定专门的材料、人员配置计划。与供货方及劳务分包签订责任状，以防出现材料断供、人员不足等不利局面。

周计划在每周生产例会提出并安排落实，对上周重点工作完成情况、本周工作计划安排、材料需求计划、各劳务分包需要总包单位解决事宜等分析安排落实。对于未按计划时间完成的单位进行进度罚款处理，对进度存在偏差的制定具体的进度纠偏措施，按纠偏措施严格执行，进而弥补工期损失。

日计划由各片区长根据周计划安排细化后做出每日详细进度计划及每日资源配置计划。使项目管理人员及劳务分包管理明确自身任务，每天严格控制施工进度计划，保障在规定的时间内顺利完工。

明确目标、主动管理是一种追求成果的管理方式，总包方在总承包管理过程中，将对分包商提出总目标和阶段目标，在目标明确的前提下对各分包商进行管理。过程中跟踪管理，总包方在进行目标管理的同时，在过程中对质量、进度、安全、文明施工等进行跟踪检查，发现问题立即反馈、督促整改。对劳务分包平衡协调管理，实施平衡管理，关键是要抓住重点，使整个工程施工过程中有重点、有条理。实施协调管理主要是与各分包单位通过合同及协议明确双方责任，合理安排各分包单位的施工时间，组织工序穿插，由总承包部及时解决各分包单位存在的技术、进度、质量问题；通过每日的工程协调会和每周的工程例会解决总分包间及各分包间的各种矛盾，以使整个工程施工顺利进行，实现各项目标。

3. 劳务分包管理

（1）建筑工人实名制管理。本工程为群体住宅工程，工人基数大，项目统一按要求对工人进行实名制管理，在工人管理上项目上引进了门禁管理系统，将每位工人基本信息录入平台，工人每天打卡上下班时，安全人员在旁监督，对信息不全的进行安全教育，更正信息，签订劳动合同。通过门禁打卡，直接可掌握各工种人员数量同时可以作为对建筑工人的考勤依据。对本工程所有建筑工人进行实名制管理，杜绝出现社会闲杂人员进入施工现场的情况。通过实名制管理对建筑工人的工资发放进行实时跟踪，杜绝了拖欠工人工资。

（2）强化现场管理。现场质量管理，采用样板引路现场交底过程管控的措施。在施工现场设立样板成品展示区域，它既是建筑工人的培训基地，也是检查验收的标准。对于一线建筑工人通过"样板引路"的展示，对于施工工艺、技术等细致分解，精确掌握，确保一线工人真正掌握相关工艺要求，在建筑过程中严格按照要求作业，保证产品质量。在施工过程中，对每个检查流程中的各节点进行质量监控，实现事前、事中控制，减少事后控制，将各工序的检查形成标准化程序，实现全过程标准化管理。

现场进度控制，通过微信平台协调现场生产问题，提高管理及施工效率。利用微信群聊构建劳务分包、专业分包等多单位交流平台。现场进行信息沟通，及时协调处理现场问题，大大提高项目部各项工作效率。项目部负责工程次序、时间进度的协调工作，确定详细合理的工序和安装计划，积极主动了解各分包的施工难度和施工需要，对不同单位交叉施工出现矛盾的地方予以协调，主动找出解决办法。

通过劳动竞赛激励全员大干抢工期，本工程因前期拆迁问题导致工期紧，为确保施工节点的按时完成，项目部组织土建主劳务、安装主劳务进行劳动竞赛，制定了具体的奖惩措施，促使各劳务分包负责人及现场所有建筑工人深刻认识到工程进度直接与他们的利益挂钩，提高了广大工人的劳动积极性。

现场安全管理，通过每日召开安全早班会。对广大建筑工人提前进行施工安全交底，留置影像资料，发至网上交流群。现场安全生产过程中，做到随时发现隐患随时完成隐患整改。

通过"行为安全之星"以正向激励为载体，安全观察为核心，规范一线工友安全施工、文明施工，充分践行"**敬畏生命，守护安全**"的安全理念。活动通过"**集卡（行为安全之星表彰卡，可作为等额现金在便利店购物）**"和"**评优（根据得卡数量的多少来评定月度安全行为之星）**"的双重奖励，吸引工友参与项目安全管理。

二、J 市 N 区安置房项目

（一）工程简介

J 市 N 区安置一区 C、D 地块项目总建筑面积 33 万 m^2，总造价 10 亿元，由 14 个单位工程组成。住宅楼最高为 80m，结构形式为框架剪力墙结构。

（二）管理重难点

1. 工期要求高

本工程为 J 市 N 区安置性保障房，回迁安置时间在拆迁时已经确定，也是政府征信建设的一项重要内容，被列为市区两级政府重点民生项目，确定的节点计划只能提前，不能拖后，考虑各种影响因素后合理安排各阶段的时间并严格落实为重中之重。

2. 单位工程较多，总体协调难度大

本工程共计 14 个单位工程，其中 8 栋 24 层住宅及 6 栋 18 层商务公寓和配套地下车库，地下水位高，且全部同时开工，场地布置及材料合理倒运为前期的施工难点，在施工过程中如何协调"人、材、机"等是项目管理重点。

3. 施工机械投放量大，群塔作业协调难度大

本工程共计 14 台塔吊，14 台施工升降机，使用周期较长，机械管理难度大，塔吊之间距离较近，覆盖面存在盲区，导致群塔作业之间协调配合难度较大。

4. 尝试新型管理模式

项目尝试新型管理模式，将模板、内模架等部分材料进行扩大劳务分包，如何保障现场模板、内模架等材料进场质量是个不小的挑战。

5. EPC 承包模式，协调各方、厘清责任难度大

本项目为 EPC 项目，设计、采购、施工由施工总承包单位进行管理，总包单位设置总协调，然后设置设计采购施工分管人员，设定流程及时间，严格执行，各司其职，各负其责，目标一致，分解目标到各阶段，最终实现共同的目标。总体流程为：立项→扩初→方案设计→规划审核→施工图设计→施工图审查→施工。

6. 安全文明施工高标准要求

为达到项目创优目标，安全文明施工为重中之重，要满足 J 市建筑施工安全文明标准化示范工地要求，对现场施工安全管理人员的能力要求极高。

（1）本工程基坑深度约为 6m，属于深基坑施工，需专家论证，安全管理难度大。

（2）本工程属于高层住宅，安全管理难度大，悬挑脚手架、临边防护、悬挑卸料平台、高空坠物等。

（3）计划投入劳务人员多，工人数量约 1500 人，安全管理、教育难度大、任务重。

（4）本工程共计 14 台塔吊，14 台施工升降机及大量施工配套小型机械，机械管理难度较大。

采用信息化辅助手段来实现，首先采用安全巡检软件，设定巡检频率和路线，现场抓拍，限时督办，整改反馈，结果验收，完成管理闭环。另外通过项目管理信息化平台进行相关的策划文件，交底文件，措施方案的限时审批，做到策划先行，措施到位，实现预防为主，过程管理，综合管控的效果。

7. 设计、采购、施工阶段管理及分包分供管理

本工程为 EPC 总承包管理模式，采用 BIM 手段，设计建模，通过碰撞检查消除图纸中的问题，数据共享，图纸变更实时同步，装饰深化设计直接三维形成，并赋予材质，做到整齐划一，样板先行，确认样板后，通过软件生成材料清单，集中采购装饰材料，保证了材料的统一性，通过三维建模形成三维交底，做到施工做法的统一，标准的统一，配合后期的质量检查和实测实量手段，确保了工程的高品质。

（三）管理措施

1. 质量管理措施

坚持正确的施工顺序（方法），建立有序的施工程序。

（1）建立工程质量预检制度。由质检员主持，由工长及有关班组长参加，对该分项工程在下道工序未施工前及预先检查验收，认真处理预检中提出的质量问题。未经预检或预检不合格，不得进入下道工序的施工。

（2）职责权利相结合制度。明确项目班子管理骨干、各个有关职能部门、各个工种操作班组和操作人员在保证质量中所承担的任务、职责和权限。做到职责上墙、权限明晰，使管理人员各尽其职，保证整个管理机构层次分明、有条不紊，确保质量管理工作的顺利开展。

对各个工种操作班组实行经济与质量挂钩制度，真正做到奖优罚劣，以经济手段来保证工程质量。

（3）严格检查制度。所有施工过程都要按规定认真进行检验，未达到标准要求必须返工，验收合格后才能转入下道工序。

自检：操作工人在施工中按检验批质量验收进行自我检查，并由施工队专职质检员进行复核，合格后填写自检单报质检员，保证本班组完成的检验批达到质量目标的要求，为下道工序创造良好的条件。

专检：在自检满足要求的基础上，项目专业质检员会同有关专业技术人员进行复查，合格后报项目监理部验收。检查中要严格标准，一切用数据说话，确保分项、检验批工程质量。

交接检：各分项、检验批或上道工序经专检合格满足要求后，组织上下工序专业技术负责人进行交接验收，并办理交接验收手续。

（4）坚持样板引路制度。各道工序或各个分项、检验批在施工前必须做样板，有关人员进行监控指导。样板完成后要由项目专业质检员和专业技术人员共同进行验收，满足要求后才能全面施工。对样板间和主要项目的样板，还必须经公司或上级有关部门检查验收后才能施工。如装饰工程施工工序原则要求先上后下，先细部后大块，先天棚、后墙面再地面；先做样板房，经工地施工人员、项目负责人、建设单位、质监部门等有关人员认可后方可大面积施工。

（5）加强成品保护制度。指定专人负责。严格执行《搬运、贮存、包装、防护和交付控制程序》采取"护、包、盖、封"的保护措施，并合理安排施工顺序，防止后道工序损坏或污染前道工序。

（6）工程例会制。外部工程例会：汇报工程进展情况；听取业主，监理、质检站及设计院等各方面的指导和意见，提出施工或图纸上的问题、方案措施；协调与业主外包专业工程施工单位的矛盾、协作关系。内部工程例会：总结工程施工的进度、质量、情况，传达外联工程会议精神，明确各专业的施工顺序和工序穿插的交接关系及质量责任，加强各专业工种之间的协调、配合及工序交接管理，保证施工顺利进行。定于每天早晚召开工程项目例会。

（7）建立开工前的技术交底制度。每项工程开工前，必须有主管工程师向全体施工人员进行技术交底，讲清该项工程的设计要求、技术标准、定位方法、几何尺寸、功能作用及与其他项目的关系、施工方法和注意事项等。每个工序开工前有施工队主管工程师向施工班组进行技术交底，使全体人员在彻底明了施工对象的情况下投入施工。

（8）建立严格的隐蔽工程检查签证制度。凡属隐蔽工程项目，首先由班、队、项目部逐级进行自检，自检合格后，会同监理一起复检，检查结果填入质量验收记录，由双方签认，并由监理签发隐蔽工程验收证明。

（9）建立严格的原材料、成品和半成品进场验收制度。对采购进场的原材料、成品和半成品要由质量总监、材料主管组织进行验收。参加验收的人员包括质量、技术、材料及使用单位的人员。验收合格后进行封样。

（10）严格执行实测实量制度。为保障项目顺利完成开始既定的质量目标，项目专门成立实测实量小组，并依据实测实量操作指引，对现场混凝土工程、砌筑工程、抹灰工程、装饰工程等分项进行实测实量，通过测量数据分析加强现场施工质量的过程管控，并将测量数据上墙，由班组及实测实量小组共同签字确认。

2. 安全管理措施

（1）安全教育和持证上岗制度。坚持"**三级安全教育**"，规范"**三级安全交底**"制度，施工中坚持"**班组安全活动**"制度，并要求持证上岗。

（2）安全技术交底制度。所有施工活动进行安全技术交底、要求交底人、被交底人签字，安全总监审核、监督，内容全面、准确、有针对性和可操作性，逐级下达到作业班组全体人员。

（3）安全检查和隐患整改制度。项目经理组织安全部、劳务班组等管理人员举行现场施工安全大检查，以 100 分为准，其中包括安全教育 10 分、安全管理 10 分、三宝四口五临边 20 分、脚手架及卸料平台 20 分、安全用电 10 分、施工机具 5 分、机械设备 10 分、基坑支护 5 分、防火 10 分，并要求班组就检查情况进行打分签字确认，就存在问题发文勒令整改，每月就检查情况排名公示，并建立奖罚制度，消除隐患，确保施工安全。

（4）安全生产奖罚制度。每周安全文明大检查结果和日常巡检记录，每月组织一次安全评比考核，对安全生产突出班组、个人进行表扬和奖励，对安全工作差的批评、教育、处罚。

（5）项目班子领导值班制度。现场存在施工作业时，安排项目主要责任人进行值班。

（6）重要过程旁站制。对危险性大、工序特殊等施工过程，设专门管理人员现场指挥。

（7）防护变更批准制度。任何人不得拆改现场安全防护、标志、警告牌，防护设施变动必须经项目安全总监批准，由专业架子工持证上岗进行拆改作业，变动后要有相应有效的防护措施，作业完成后按原标准恢复，变动书面资料由安全总监保管。

（8）动火审批制度。任何人不得私自进行动火作业，必须经项目安全总监批准，规范开始、结束时间，现场消防器材备齐等有效防护措施后按照规定时间进行作业，一次动火审批具备时效，同一工作未完成必须重新进行动火审批。

第三节　智慧工地中的工程质量与安全管理案例

一、C 市科技产业项目

（一）工程概况

C 市科技产业项目一期工程总占地面积 115058m²，工程造价 4.5 亿元，总建筑面积 16.4 万 m²。全国单体体量最大的清水混凝土项目，设计新颖，造型独特，是绿色、生态、优美的产业园区建筑群。工程品质确保"**鲁班奖**""**詹天佑奖**""**中国安装之星**"。

（二）管理重点

1. 基于 BIM 技术的信息化管理工具是智慧工地的重点要素，BIM 通过在计算机中建立虚拟的建筑工程三维模型，同时利用数字化技术，为这个模型提供与实际情况一致的建筑工程信息库。isBIM 的 BIM 信息库包含描述建筑物构件的几何信息、专业信息及状态信息。为建筑工程项目的相关利益方都提供了一个工程信息交互和共享的平台。信息能够帮助建筑工程项目的相关利益方增加效率、降低成本。结合更多的相关数字化技术，BIM 模型中包含的工程信息，还可以被用于模拟建筑物在真实世界中的状态和变化，项目的相关利益方能对工程项目的成败作出分析和评估。

2. 手机 APP 终端：智慧工地重要工具。现代化掌上工地系统围绕建筑施工现场"**人、机、料、法、环**"五大因素，采用先进的高科技信息化处理技术，为管理方提供系统解决问题的应用平台。产品主要功能包括：

1）通讯录：按组织架构和专业施工队伍信息，将项目全面人员信息进行管理，通过云服务，摆脱电话通信的传统模式，通过部门检索通信，提高沟通效率，保证即时通信。

2）任务管理：随时随地发送指令，任务追踪时刻提醒，主办协办清晰明了，每日提醒。

3）整改与罚款：现场问题随手拍，即时图文上传，"**定人、定时、定目标**"实施责任明确分布个人，整改意见即时传递，现场问题及时处理。

4）资料管理：项目文件按编号，日期整齐排列，通过扫描二维码，随时随地查阅相关文件。

5）应急预案：应急预案措施提前上传云端，遇紧急情况部门、个人分工明确。

6）塔吊管理：线上协调各方资源，自行申请用工需求，有序排班。

7）材料管理：针对三大主材进场、送检步骤，通过手机上传的方式，自动记录和数据分析，保留历史数据、永久备查。

8）动火管理：摆脱传统动火申请步骤，通过手机上传提交，信息实时传递。

9）设备管理：大型设备线上数据管理，一个设备一个身份，通过扫码检验。

10）危险源：拍照上传添加或删减危险源标志，实时更新。

11）劳务管理：落实劳务人员实名制制度，建立稳定的劳动合同关系。

12）劳动力点名：实时把控每日务工人员，实时动态人员定位分析。

13）进度计划：统筹规划施工任务，随时查看施工进度，及时修改调整。

14）视频监控：通过视频远程监控施工现场。

15）收发文：项目文件上传下达，手机随时随地查阅，文件及时处理。

16）规范、图纸查阅：随时调用施工图纸，不明规范随时查阅。

17）影音资料：全项目图片共享，影音记录自动归类，资料随时翻阅。

18）施工日志：每日工作汇报手机一键操作，施工日志自动形成。

（三）管理策划实施及创新特点

1. 实施策划应用项及目标

智慧工地采用 10 大项 59 个小项，实施项和目标见表 7-1。

智慧工地实施策划项及目标 表 7-1

1	基于全生命周期管理的信息化应用	信息化应用全面覆盖

续表

2	基于劳务实名制及物业管理的智慧型应用	1. 使用全国劳务实名制系统,建卡率100% 2. 门禁刷卡率95%,数据库及时维护 3. 实现单位工程立体劳动力统计,劳动班组作业位置及劳动力数量与项目3D模型链接 4. 特殊工种统计,岗位证书建档 5. 使用劳务工人出勤智能查询终端 6. 实现劳务属地分析(劳动力农忙及返乡分析,流动分析) 7. 劳务工人健康体检档案,及健康状况预警 8. 实现劳务工人床位电子登记 9. 生活区实现无线覆盖,实现安全教育宣传及通知推送
3	基于传感器、物联网、"一张图"的智慧系统	1. 项目网络基础设施建设,智慧工地控制机房 2. 远程监控集成应用,远程监控上传率90% 3. 塔吊黑匣子数据在线浏览,塔吊防碰撞系统使用 4. 施工升降机在线监测系统 5. 扬尘在线监测设备使用 6. 标准养护室在线监测设备 7. 周界防范红外对射报警系统 8. 二维码技术应用 9. 电子巡更技术应用 10. 使用能耗监控(智能水表、电表) 11. RFID技术应用
4	三维模型交互模拟及虚拟影像应用	1. 无人机摄像、全景影像、摄影测量应用 2. 全景相机工程样板全景记录、VR视频拍摄 3. 推荐使用BIM三维浏览器,项目自建群组,实现Revit、3D模型共享、在线浏览 4. WEBGL技术应用(项目清水样板应用WEBGL进行宣传)
5	手持终端应用情况	1. 按公司施工管理手册、技术质量管理手册要及时在手持终端上传质量、安全整改及整改回复 2. 按公实测实量手册要求,按质按量上传实测实量数据量
6	基于BIM技术的智慧型管理	1. 应用BIM5D技术,实现模型取量,三维工期计划 2. 应用BIM+VR技术 3. 应用BIM+3D打印
7	基于人员识别的行为记录系统	1. 施工电梯操纵员人脸识别技术 2. 安全教育、安全巡检手持终端(实现近距离感应门禁卡电子签到、影像留存、位置服务、隐蔽式违章行为记录)
8	基于绿色智能建造的标准化应用	1. 尘噪声在线监测 2. 太阳能路灯 3. 地下声控节能灯 4. 自动喷淋系统 5. VR安全体验及VR质量样板 6. 雨水回收利用系统 7. 空气能热水器 8. 无人机平面管理 9. BIM技术 10. 装配式可重复利用临时道路

9	基于智能机器人的人力替代应用	应用安全教育机器人,全自动数控钢筋加工机
10	智能会议室、智能办公应用	1.实现会议室智能录像及储存备忘 2.无线话筒、无线网络覆盖 3.资料台账二维码获取,现场摆放二维码资料台
11	其他(实施比例、区域影响力、观摩效果)	1.智慧工地实施项覆盖占比95% 2.项目累计承接的观摩团队人员数量2000人以上 3.青岛市政府视察及媒体采访两次以上
12	智慧"八一"集成平台应用	1.智能触控展示系统 2.智慧"八一"集成平台应用(考核以上未覆盖到的集成平台内菜单项,如工程大事记等)
13	自主探索创新应用	建立项目宣传网站,并链接至智慧管理平台,对项目特色进行宣传

2. 效果策划

通过智慧工地创建,实现一张图**"施工链"**管理,业主方、分供商、分包商、租赁商实现资源共享,共享大数据,整合资源,进行联动性管理,为工程实施过程降本增效。

(1)通过建立环境在线监测系统,对大气PM2.5、PM10、环境温湿度及风速风向、噪声等进行全天24小时的实时跟踪监控,系统对回传数据进行快速处理,与喷淋装置联动,自动开启喷淋,及时对现场环境进行整治。恶劣天气如台风、雨雪、低温提前报警,告知项目采取措施防范。

从后台记录开工到竣工每天详细天气及时刻温湿度,作为施工日志依据、自动累计同条件试块养护环境温度,并提示送检时间。

(2)智慧施工链物流LBS系统,达到钢筋、混凝土、砌块、管件等物料输送实时跟踪定位。自动统计分析供应商供料能力、供料用时等,为物资策划提供数据支持。

(3)利用无人机全景形成施工影像全记录,每月每周定时定点拍摄,形成影像数据库,并与工期计划形象对比。

(4)实现VR虚拟样板全景、VR安全体验区全景、VR实体样板全景,VR方案交底,用可视化解决复杂节点问题和各方沟通问题。

(5)实现智慧劳务实名制管理应用,劳务工人的考勤记录、安全教育记录、属地,记录其安全违规行为、施工水平,监控工资发放。

(6)绿色施工能耗监控、声光控系统,达到能耗可视化监控,利用智能水电表,记录分析能耗去向,为降耗策划提供数据支持。采用声光控系统,减少能源浪费。

(7)机械动态监控系统,对大型机械的工作状态进行实时监控,对出现的不良状态及时报警,自动统计塔吊、升降机等输送量。

(8)安全管理达到重大危险源警示,特殊工种公示,未接受入场安全教育警报,安全知识趣味测试。

3. 创新特点

利用无人机、全息投影、BIM 技术、VR 技术、全国劳务实名制系统、智慧机房等创新措施，提升项目管理水平。

（四）管理措施及风险控制

1. 劳务管理进出场与考核

基于劳务实名制管理的智慧型应用，劳务工人的考勤记录、安全教育记录、属地、是否存在安全违规行为、施工水平、工资发放记录等一目了然。生活区达到无线网全覆盖，工人答题验证，免费用网。

（1）硬件保障：需更换成全国劳务实名制系统，门禁的芯片和软件更换。

（2）实施运维保障：数据传输保障、门禁刷卡率保障、信息维护保障由项目安全工程师徐某负责。

2. 机械动态监控

现场共设置 5 台塔吊，4 部施工电梯，实施监控塔吊运转数据，实现数据分析，超吊预警功能。详见表 7-2。

3. 工程影像与虚拟现实

（1）达到效果：实现工程全景全记录，实施对比工期，安排施工资源。VR 虚拟体验馆集安全教育、质量样板、绿色施工、方案交底于一体，直接体验电击、高空坠落、洞口坠落、脚手架倾斜等效果；可以对各构件定位、排版、做法、标准、属性等信息进行查看等。

（2）硬件保障：无人机、电脑、全景相机、VR 体验馆（电脑、VR 设备、fuzor 软件等）。

（3）运维保障：何某负责无人机使用和维护，孟某负责 BIM 模型的建立，VR 系统的调式和 VR 设备的维护。

机械动态监控策划

表 7-2

包含内容	数据详细	数据获取方式	展现形式	数据记录(扩展功能)	备注
可视化塔吊监控	塔吊实时运转数据；操作工人记录；预警功能	接入塔吊黑匣子数据	黑匣子数据数字化展示	黑匣子数据存储；在三维可视化模型内借助虚拟引擎带动塔吊在模型内动态显示，数据可查询，可高亮显示进行预警	支持手机接入数据
升降机智能模拟监控	升降机实时运转数据；操作工人记录；预警功能；内部影像	接入升降机运作数据发射器	在三维可视化模型内借助虚拟引擎带动升降机在模型内动态显示，数据可查询	运转数据存储	需自主开发硬件终端获取数据；研究三维图形交互引擎嵌入技术

包含内容	数据详细	数据获取方式	展现形式	数据记录(扩展功能)	备注
标准养护室动态监控	标准养护室内部温湿度实时动态数据,内部影像数据	温湿度传感器;摄像机	实时展示内部温湿度数据,并有三级预警机制,警报超时未解除机制;摄像机每小时记录内部影像记录	历史数据查询;超标台账查询;微信关联硬件设备可实现手机查询数据	研究课题:标准养护室动态监控、预警及移动终端控制系统,可挖掘专利成果至少两项

4. 环境在线监测系统

(1) 达到的效果:达到对施工环境的实时监控,与环保设备联动,自动进行环境整治。

(2) 硬件保障:环境在线监测设备。

(3) 运维保障:专人负责设备的管理和维护。

5. V型柱应变检测系统,采集柱内应变数据,生成应变曲线,辅助优化模板支撑设计。

6. 防火测温热成像监控。

7. 能耗监测系统,现场水电,电表采用联网智能设备,实现对能耗的实施监控。

8. 智能触控展示系统的应用。

9. 边界防范红外对射报警系统。

10. 立体降尘喷雾联动系统,与在线环境检测系统联动,制动智能开启或关闭。

11. BIM+无人机应用功能,利用无人机建立现场DEM模型,与BIM模型融合,辅助平面布置。

12. 通过建立环境在线监测系统,对大气PM2.5、PM10、环境温湿度及风速风向、噪声等进行全天24小时的实时跟踪监控,系统对回传数据进行快速处理,与喷淋装置联动,自动开启喷淋,及时对现场环境进行整治。恶劣天气如台风、雨雪、低温提前报警,告知项目采取措施防范。

从后台记录开工到竣工每天详细天气及时刻温湿度,作为施工日志依据、自动累计同条件试块养护环境温度,并提示送检时间。

(五) 管理过程控制

1. 早例会制度

项目每日上午7点30分召开项目生产早例会,每周三进行周检、周例会,每周四进行生产例会,每月进行专检,对智慧工地建设情况、智慧工地使用情况进行检查。

2. 检查验收制度

编制智慧工地检查验收制度,对各智慧工地应用项进行检查验收,成效分析。

3. 总结改进

运用公司信息化优势,将各系统整合到统一的平台加强软件自主研发,将硬件数据直接接入自主平台中,增强对外学习交流,加强内部人才培养,协助公司进一步加快资源库建设，借助相关资源，提升自主研发能力。

二、W 大桥口岸项目

（一）工程概况

W 大桥口岸工程项目总建筑面积约 27.9 万 m^2，由旅检 A 区及旅检 B 区组成。其中旅检 A 区地下一层，地上六层（含三个夹层），总高度为 50.78m，旅检 B 区无地下室，地上六层（含三个夹层），总高度为 29.5m。

（二）管理特点与难点

1. 管理特点

本工程以信息化技术为主线，BIM 技术为辅线，与施工现场相结合的管理方式，在施工过程中对质量、进度、安全等进行策划及把控。保证工程质量和安全生产，实现完美履约。

2. 施工及管理难点

（1）项目施工体量大，施工技术难度高

1）钢构网架面积大、高度高、跨度长。旅检区总用钢量约 2.2 万吨，其中旅检 A 区的屋盖钢结构长 329m，宽 237m，总投影面积 $68925m^2$，建筑高度为 51.6m，为双曲空间网架结构，网架自重约 9600t。整个屋架采用 42 根钢管柱支撑，空间跨度大，实施难度高。

2）大体积混凝土。本工程大体积混凝土主要包括地板、承台、地梁。整个底板东西长 450m，南北宽 280m，属于超长混凝土结构，且底板混凝土结构厚度最小尺寸为 800mm。且项目处于海岛环境，大体积混凝土的裂缝控制，直接影响到结构自防水性能。

3）管线综合排布难度大。本工程管线综合排布包含：机电安装（给水排水、暖通、电气、消防、太阳能）、智能建筑系统、电梯扶梯等。各专业管线错综复杂，且与建筑、结构、装修等专业交叉关联，如何合理进行管线排布和工序安排，是施工及管理的一个难点。

4）精装修大吊顶转换。因旅检 A 区主屋面结构为多曲面结构，曲率的变化造成各结构球节点的角度和高度变化。并且因为施工安装和地质运动的影响，如何将屋面铝板安装并达到最终设计效果，是一大技术难点。

5）分包多、管理难度大。本工程涉及 30 余家分包，20 多个专业。施工工序繁杂，要在有限的时间内完成工程，保证工期质量，协调管理难度大。各分包作业面纵横向展开、竖向交叉穿插进行，如何进行成品保护成为重中之重。

（2）项目社会影响大、质量要求高

项目作为 W 大桥的重要配套项目，受社会关注度高。政府及业主对质量、安全、进度等方面均有较高要求。

（三）管理策划与创新

1. 管理策划

（1）信息化技术的运用

项目现场管理系统移动端是在原先项目管理系统的基础上拓展的一种使用方式，该方式允许原来项目管理系统 PC 端方式的人员，现在可以直接在项目管理的现场使用这些功能。通过在手机上安装一个客户端软件，输入账号和密码登录验证成功后即可使用相关功能。现场管理系统移动端适用于各部门，各级管理人员。信息化技术（单机版）的在项目现场的应用可分为下列几大块。

1）蓝牙扫描。在进行安全或质量检查时，只有到了部署蓝牙设备的现场进行扫描，才能进行检查，使用蓝牙扫描具有寻根功能。

2）消息推送。业务关联的功能模块都设置了消息推送功能，方便对应责任人及时知晓工作任务，并及时处理。

3）材料二维码扫描功能。使用移动端对材料进行签收时，直接扫描材料对应的二维码，会自动带出材料的名称、规格、型号等相关信息。

4）语音输入。根据操作人员说话（普通话）自动识别成汉字，大大提高使用效率，解决了手机屏幕小，录入文字不方便的问题。

5）图片编辑。图片编辑涂鸦功能，现场拍摄的照片，可以直接在照片上编辑，有问题的地方可以直接划个圆圈起来，更加直观明了。

6）物联网技术运用。环境监控预警模块预留了物联网技术应用接口，项目现场管理系统从项目现场的物联网设备中读取测量数据（如温度、湿度、粉尘、噪音、PM2.5 等）后，会根据预警条件自动向对应人员发送环境监控预警信息，并在移动端进行预警处理和复查。高大模板的二元杆的监控，大体积混凝土测温监控。

（2）BIM 技术的应用

1）土建 BIM 应用。通过已有的大型机械、运输通道、材料堆场、道路、大门、临建等 BIM 族库进行各阶段动态平面布置模拟，确保平面布置最优。

环梁钢筋深化设计，为钢筋翻样提供依据，同时优化钢筋绑扎顺序，对施工班组交底直观形象。

2）机电管线综合深化设计。借助三维建模软件，对机电管线进行深化设计，解决了施工过程中专业众多，工作面穿插进行。提供工作效率，节省工作时间。

3）幕墙深化设计。幕墙专业在其他专业的基础上运用 BIM 进行深化设计，找出与其他专业向冲突的地方后，进行调整。

2. 创新特点

将本工程列为重点工程，选派有多年施工经验且完成过"**鲁班奖**"的管理人员担任项目领导班子。并要求各分包单位同样派遣有多年施工经验且完成过"**鲁班奖**"的管理人员担任项目领导班子。项目根据工程的特点划分为 4 个片区，每三天召开碰头会，对各片区的完成情况进行通报。让各片区之间存在相互竞争、资源共享。移动端使用前后对比以前有几大优势：

（1）大大减少工作人员的工作量

在移动端使用前，施工员需要先在现场操作做完后先记录在纸上，回到办公室再录入到系统中，同样的一项工作施工员就要做两次，大大增加了工作人员的工作量。使用移动端后施工员直接就可以在现场直接录入移动端，并给相应人员进行推送消息提示。

（2）直接在现场进行同步数据，数据的实时性和准确性提高

　　施工员将现场施工情况录入单机版在有网络的情况下直接同步数据，并将数据上传，数据的实时性以及准确性得到了提高。管理人员的工作效率以及管理水平得到极大提高。

　　（3）将信息化技术与现场施工相结合，替代传统施工步骤，简化操作流程

　　在大体积混凝土测温及养护中，通过无线传输的方式自动实时记录传感器采集到大体积混凝土温度，并通过后台服务器对远程实时采集数据进行储存和智能分析，自动生成历史数据表和温度曲线走势图，替代传统测温，提高现场施工质量。本项目高支模情况特殊，高支模较密集，传统的高支模监控方法十分不便，故采用二元杆变形监控系统进行监控，测量系统以地面为基准点，通过倾角传感器测量附属于立杆上的柔性二元体角度变化，计算出立杆结构监测点空间坐标位置变化。并根据高支模支撑系统设计要求。在便携式通用数据采集处理服务器中设置安全预警值及报警值，通过实测数据与安全阈值对比，当实测数据超过安全阈值，可视化预警模块发出声光报警警示信号。

（四）管理措施实施与风险控制

主要管理措施

　　（1）技术先行

　　针对项目技术问题多且覆盖专业面广。项目以总包技术部门为龙头，牵头各分包技术人员针对项目重难点成立专门的技术攻坚小组。在项目前期提前组织项目管理人员进行场地考察，并学习类似项目，进行技术策划，针对项目重难点制定详细的关键技术专项方案。要求项目技术人员做到方案起步管控，过程监督，验收参与，同时在过程中加强与施工工人的交流，确保技术的应用得到顺利实现。

　　（2）管理标准化、精细化

　　项目为完成政府及业主下发任务指标。结合公司信息化技术统筹分包进场管理、质量管理、安全管理、进度计划管理等。并将管理标准化、精细化。

　　1）专业分包进场管理。在专业分包进场上实施策划先行，由总包单位负责编制分包单位进场计划，告知业主各分包进场时间，让业主安排分包进场。同时为规范分包单位的施工行为，分包单位进入施工现场前，必须向施工总承包单位提交相关证明文件，以及编制分包工程施工进度计划、主要技术措施方案、材料设备进场计划、劳动力进场计划等一系列保证现场生产的计划及方案。

　　2）质量管理制度。项目部建立以项目经理为首的质量管理组织机构，逐层分解到各级管理人员直至作业工人的体系。针对政府及业主对项目的高质量高标准要求，项目从开工期间就组织有"鲁班奖"经验的人员建立专门的质量创优小组，对项目过程实施情况进行拍照、录像保存。同时运用单机版对现场施工过程实现监控。从原材料半成品进场，通过使用材料二维码扫描功能进行扫描。过程中的一般及关键工序检查，到分部工程的验收。同时在施工现场分别设置可移动展示区以及结构实体样板展示区，在进行每一道工序前在样板区对班组进行交底，并进行样板施工及验收，合格后方可组织大面施工。同时对现场劳务以及施工班组制定质量奖惩细则、交底制度、工人培训机制等一系列管理制度。项目质量部每周日组织质量分析会，对每周巡场的质量问题、整改情况、创优风险进行分析，提出解决方案并落实，同时做好预控。

　　3）安全管理制度。项目部建立以项目经理为首的安全管理组织机构，逐层分解至各

级管理人员、作业班组、作业工人的管理体系。在项目大门左侧设置安全教育体现区，包括安全教育讲评台、安全展示区以及消防展示区等，宣传安全生产知识。施工现场根据局标准将施工现场安全防护标准化，项目全体人员在建设过程中始终将安全放在首位。在各分包进场前签订安全责任状和安全管理协议，不定期组织劳务及班组召开安全警示大会，传达公司相关文件精神。每天项目安全员组织巡场，安全员可直接在单机版上对出现的危害因素关联至安全隐患清单，并选择整改责任人。相关责任人选择相关整改项后，进行整改完成情况回复。最后由整改签发人进行整改复查，确认完成情况。

4）进度及计划管理。项目基于单机版进行进度及计划管理工作，由生产经理编制项目周生产计划，根据分区分段信息及核心管理行为责任岗位，明确责任人，进行计划派生。项目周生产计划经项目经理确认生效后，系统将各责任人相关周工作安排进行自动派生。同时项目根据现场实际情况在信息平台上调整计划完成时间，删除不必要的工序，也可以增加实际工作内容。在每周生产例会上对项目现场实际进度进行汇报，对未完成项进行分析解决。

5）工程协调管理。本工程设立总承包管理人，总承包管理人协调管理对象：钢结构工程、幕墙工程、精装修工程、弱电智能化等。

6）技术管理。总承包管理人的技术管理重点体现在技术协调、施工组织设计（方案）管理、技术资料的管理、文件信息管理。技术方面由总包技术部牵头组织各分包负责向设计院对接，及时将发现的图纸问题反馈至设计院，并对问题及时进行跟踪、检查。同时运用信息化技术解决现场实际施工过程中的技术难题，比如高大模板的二元杆监控，大体积混凝土测温监控等。

附　　录

附录一　《建设工程安全生产管理条例》

中华人民共和国国务院令
（第393号）

《建设工程安全生产管理条例》已经2003年11月12日国务院第28次常务会议通过，现予公布，自2004年2月1日起施行。

总理　温家宝

二〇〇三年十一月二十四日

建设工程安全生产管理条例

第一章　总则

第一条　为了加强建设工程安全生产监督管理，保障人民群众生命和财产安全，根据《中华人民共和国建筑法》《中华人民共和国安全生产法》，制定本条例。

第二条　在中华人民共和国境内从事建设工程的新建、扩建、改建和拆除等有关活动及实施对建设工程安全生产的监督管理，必须遵守本条例。

本条例所称建设工程，是指土木工程、建筑工程、线路管道和设备安装工程及装修工程。

第三条　建设工程安全生产管理，坚持安全第一、预防为主的方针。

第四条　建设单位、勘察单位、设计单位、施工单位、工程监理单位及其他与建设工程安全生产有关的单位，必须遵守安全生产法律、法规的规定，保证建设工程安全生产，依法承担建设工程安全生产责任。

第五条　国家鼓励建设工程安全生产的科学技术研究和先进技术的推广应用，推进建设工程安全生产的科学管理。

第二章　建设单位的安全责任

第六条　建设单位应当向施工单位提供施工现场及毗邻区域内供水、排水、供电、供气、供热、通信、广播电视等地下管线资料，气象和水文观测资料，相邻建筑物和构筑物、地下工程的有关资料，并保证资料的真实、准确、完整。

建设单位因建设工程需要，向有关部门或者单位查询前款规定的资料时，有关部门或

173

者单位应当及时提供。

第七条　建设单位不得对勘察、设计、施工、工程监理等单位提出不符合建设工程安全生产法律、法规和强制性标准规定的要求，不得压缩合同约定的工期。

第八条　建设单位在编制工程概算时，应当确定建设工程安全作业环境及安全施工措施所需费用。

第九条　建设单位不得明示或者暗示施工单位购买、租赁、使用不符合安全施工要求的安全防护用具、机械设备、施工机具及配件、消防设施和器材。

第十条　建设单位在申请领取施工许可证时，应当提供建设工程有关安全施工措施的资料。

依法批准开工报告的建设工程，建设单位应当自开工报告批准之日起 15 日内，将保证安全施工的措施报送建设工程所在地的县级以上地方人民政府建设行政主管部门或者其他有关部门备案。

第十一条　建设单位应当将拆除工程发包给具有相应资质等级的施工单位。

建设单位应当在拆除工程施工 15 日前，将下列资料报送建设工程所在地的县级以上地方人民政府建设行政主管部门或者其他有关部门备案：

（一）施工单位资质等级证明；

（二）拟拆除建筑物、构筑物及可能危及毗邻建筑的说明；

（三）拆除施工组织方案；

（四）堆放、清除废弃物的措施。

实施爆破作业的，应当遵守国家有关民用爆炸物品管理的规定。

第三章　勘察、设计、工程监理及其他有关单位的安全责任

第十二条　勘察单位应当按照法律、法规和工程建设强制性标准进行勘察，提供的勘察文件应当真实、准确，满足建设工程安全生产的需要。

勘察单位在勘察作业时，应当严格执行操作规程，采取措施保证各类管线、设施和周边建筑物、构筑物的安全。

第十三条　设计单位应当按照法律、法规和工程建设强制性标准进行设计，防止因设计不合理导致生产安全事故的发生。

设计单位应当考虑施工安全操作和防护的需要，对涉及施工安全的重点部位和环节在设计文件中注明，并对防范生产安全事故提出指导意见。

采用新结构、新材料、新工艺的建设工程和特殊结构的建设工程，设计单位应当在设计中提出保障施工作业人员安全和预防生产安全事故的措施建议。

设计单位和注册建筑师等注册执业人员应当对其设计负责。

第十四条　工程监理单位应当审查施工组织设计中的安全技术措施或者专项施工方案是否符合工程建设强制性标准。

工程监理单位在实施监理过程中，发现存在安全事故隐患的，应当要求施工单位整改；情况严重的，应当要求施工单位暂时停止施工，并及时报告建设单位。施工单位拒不整改或者不停止施工的，工程监理单位应当及时向有关主管部门报告。

工程监理单位和监理工程师应当按照法律、法规和工程建设强制性标准实施监理，并对建设工程安全生产承担监理责任。

第十五条 为建设工程提供机械设备和配件的单位，应当按照安全施工的要求配备齐全有效的保险、限位等安全设施和装置。

第十六条 出租的机械设备和施工机具及配件，应当具有生产（制造）许可证、产品合格证。

出租单位应当对出租的机械设备和施工机具及配件的安全性能进行检测，在签订租赁协议时，应当出具检测合格证明。

禁止出租检测不合格的机械设备和施工机具及配件。

第十七条 在施工现场安装、拆卸施工起重机械和整体提升脚手架、模板等自升式架设设施，必须由具有相应资质的单位承担。

安装、拆卸施工起重机械和整体提升脚手架、模板等自升式架设设施，应当编制拆装方案、制定安全施工措施，并由专业技术人员现场监督。

施工起重机械和整体提升脚手架、模板等自升式架设设施安装完毕后，安装单位应当自检，出具自检合格证明，并向施工单位进行安全使用说明，办理验收手续并签字。

第十八条 施工起重机械和整体提升脚手架、模板等自升式架设设施的使用达到国家规定的检验检测期限的，必须经具有专业资质的检验检测机构检测。经检测不合格的，不得继续使用。

第十九条 检验检测机构对检测合格的施工起重机械和整体提升脚手架、模板等自升式架设设施，应当出具安全合格证明文件，并对检测结果负责。

第四章 施工单位的安全责任

第二十条 施工单位从事建设工程的新建、扩建、改建和拆除等活动，应当具备国家规定的注册资本、专业技术人员、技术装备和安全生产等条件，依法取得相应等级的资质证书，并在其资质等级许可的范围内承揽工程。

第二十一条 施工单位主要负责人依法对本单位的安全生产工作全面负责。施工单位应当建立健全安全生产责任制度和安全生产教育培训制度，制定安全生产规章制度和操作规程，保证本单位安全生产条件所需资金的投入，对所承担的建设工程进行定期和专项安全检查，并做好安全检查记录。

施工单位的项目负责人应当由取得相应执业资格的人员担任，对建设工程项目的安全施工负责，落实安全生产责任制度、安全生产规章制度和操作规程，确保安全生产费用的有效使用，并根据工程的特点组织制定安全施工措施，消除安全事故隐患，及时、如实报告生产安全事故。

第二十二条 施工单位对列入建设工程概算的安全作业环境及安全施工措施所需费用，应当用于施工安全防护用具及设施的采购和更新、安全施工措施的落实、安全生产条件的改善，不得挪作他用。

第二十三条 施工单位应当设立安全生产管理机构，配备专职安全生产管理人员。

专职安全生产管理人员负责对安全生产进行现场监督检查。发现安全事故隐患，应当及时向项目负责人和安全生产管理机构报告；对违章指挥、违章操作的，应当立即制止。

专职安全生产管理人员的配备办法由国务院建设行政主管部门会同国务院其他有关部门制定。

第二十四条 建设工程实行施工总承包的，由总承包单位对施工现场的安全生产负总责。

总承包单位应当自行完成建设工程主体结构的施工。

总承包单位依法将建设工程分包给其他单位的，分包合同中应当明确各自的安全生产方面的权利、义务。总承包单位和分包单位对分包工程的安全生产承担连带责任。

分包单位应当服从总承包单位的安全生产管理，分包单位不服从管理导致生产安全事故的，由分包单位承担主要责任。

第二十五条 垂直运输机械作业人员、安装拆卸工、爆破作业人员、起重信号工、登高架设作业人员等特种作业人员，必须按照国家有关规定经过专门的安全作业培训，并取得特种作业操作资格证书后，方可上岗作业。

第二十六条 施工单位应当在施工组织设计中编制安全技术措施和施工现场临时用电方案，对下列达到一定规模的危险性较大的分部分项工程编制专项施工方案，并附具安全验算结果，经施工单位技术负责人、总监理工程师签字后实施，由专职安全生产管理人员进行现场监督：

（一）基坑支护与降水工程；

（二）土方开挖工程；

（三）模板工程；

（四）起重吊装工程；

（五）脚手架工程；

（六）拆除、爆破工程；

（七）国务院建设行政主管部门或者其他有关部门规定的其他危险性较大的工程。

对前款所列工程中涉及深基坑、地下暗挖工程、高大模板工程的专项施工方案，施工单位还应当组织专家进行论证、审查。

本条第一款规定的达到一定规模的危险性较大工程的标准，由国务院建设行政主管部门会同国务院其他有关部门制定。

第二十七条 建设工程施工前，施工单位负责项目管理的技术人员应当对有关安全施工的技术要求向施工作业班组、作业人员作出详细说明，并由双方签字确认。

第二十八条 施工单位应当在施工现场入口处、施工起重机械、临时用电设施、脚手架、出入通道口、楼梯口、电梯井口、孔洞口、桥梁口、隧道口、基坑边沿、爆破物及有害危险气体和液体存放处等危险部位，设置明显的安全警示标志。安全警示标志必须符合国家标准。

施工单位应当根据不同施工阶段和周围环境及季节、气候的变化，在施工现场采取相应的安全施工措施。施工现场暂时停止施工的，施工单位应当做好现场防护，所需费用由责任方承担，或者按照合同约定执行。

第二十九条 施工单位应当将施工现场的办公、生活区与作业区分开设置，并保持安全距离；办公、生活区的选址应当符合安全性要求。职工的膳食、饮水、休息场所等应当符合卫生标准。施工单位不得在尚未竣工的建筑物内设置员工集体宿舍。

施工现场临时搭建的建筑物应当符合安全使用要求。施工现场使用的装配式活动房屋应当具有产品合格证。

第三十条 施工单位对因建设工程施工可能造成损害的毗邻建筑物、构筑物和地下管线等，应当采取专项防护措施。

施工单位应当遵守有关环境保护法律、法规的规定，在施工现场采取措施，防止或者减少粉尘、废气、废水、固体废物、噪声、振动和施工照明对人和环境的危害和污染。

在城市市区内的建设工程，施工单位应当对施工现场实行封闭围挡。

第三十一条 施工单位应当在施工现场建立消防安全责任制度，确定消防安全责任人，制定用火、用电、使用易燃易爆材料等各项消防安全管理制度和操作规程，设置消防通道、消防水源，配备消防设施和灭火器材，并在施工现场入口处设置明显标志。

第三十二条 施工单位应当向作业人员提供安全防护用具和安全防护服装，并书面告知危险岗位的操作规程和违章操作的危害。

作业人员有权对施工现场的作业条件、作业程序和作业方式中存在的安全问题提出批评、检举和控告，有权拒绝违章指挥和强令冒险作业。

在施工中发生危及人身安全的紧急情况时，作业人员有权立即停止作业或者在采取必要的应急措施后撤离危险区域。

第三十三条 作业人员应当遵守安全施工的强制性标准、规章制度和操作规程，正确使用安全防护用具、机械设备等。

第三十四条 施工单位采购、租赁的安全防护用具、机械设备、施工机具及配件，应当具有生产（制造）许可证、产品合格证，并在进入施工现场前进行查验。

施工现场的安全防护用具、机械设备、施工机具及配件必须由专人管理，定期进行检查、维修和保养，建立相应的资料档案，并按照国家有关规定及时报废。

第三十五条 施工单位在使用施工起重机械和整体提升脚手架、模板等自升式架设设施前，应当组织有关单位进行验收，也可以委托具有相应资质的检验检测机构进行验收；使用承租的机械设备和施工机具及配件的，由施工总承包单位、分包单位、出租单位和安装单位共同进行验收。验收合格的方可使用。

《特种设备安全监察条例》规定的施工起重机械，在验收前应当经有相应资质的检验检测机构监督检验合格。

施工单位应当自施工起重机械和整体提升脚手架、模板等自升式架设设施验收合格之日起 30 日内，向建设行政主管部门或者其他有关部门登记。登记标志应当置于或者附着于该设备的显著位置。

第三十六条 施工单位的主要负责人、项目负责人、专职安全生产管理人员应当经建设行政主管部门或者其他有关部门考核合格后方可任职。

施工单位应当对管理人员和作业人员每年至少进行一次安全生产教育培训，其教育培训情况记入个人工作档案。安全生产教育培训考核不合格的人员，不得上岗。

第三十七条 作业人员进入新的岗位或者新的施工现场前，应当接受安全生产教育培训。未经教育培训或者教育培训考核不合格的人员，不得上岗作业。

施工单位在采用新技术、新工艺、新设备、新材料时，应当对作业人员进行相应的安全生产教育培训。

第三十八条 施工单位应当为施工现场从事危险作业的人员办理意外伤害保险。

意外伤害保险费由施工单位支付。实行施工总承包的，由总承包单位支付意外伤害保险费。意外伤害保险期限自建设工程开工之日起至竣工验收合格止。

第五章 监督管理

第三十九条 国务院负责安全生产监督管理的部门依照《中华人民共和国安全生产法》的规定，对全国建设工程安全生产工作实施综合监督管理。

县级以上地方人民政府负责安全生产监督管理的部门依照《中华人民共和国安全生产法》的规定，对本行政区域内建设工程安全生产工作实施综合监督管理。

第四十条 国务院建设行政主管部门对全国的建设工程安全生产实施监督管理。国务院铁路、交通、水利等有关部门按照国务院规定的职责分工，负责有关专业建设工程安全生产的监督管理。

县级以上地方人民政府建设行政主管部门对本行政区域内的建设工程安全生产实施监督管理。县级以上地方人民政府交通、水利等有关部门在各自的职责范围内，负责本行政区域内的专业建设工程安全生产的监督管理。

第四十一条 建设行政主管部门和其他有关部门应当将本条例第十条、第十一条规定的有关资料的主要内容抄送同级负责安全生产监督管理的部门。

第四十二条 建设行政主管部门在审核发放施工许可证时，应当对建设工程是否有安全施工措施进行审查，对没有安全施工措施的，不得颁发施工许可证。

建设行政主管部门或者其他有关部门对建设工程是否有安全施工措施进行审查时，不得收取费用。

第四十三条 县级以上人民政府负有建设工程安全生产监督管理职责的部门在各自的职责范围内履行安全监督检查职责时，有权采取下列措施：

（一）要求被检查单位提供有关建设工程安全生产的文件和资料；

（二）进入被检查单位施工现场进行检查；

（三）纠正施工中违反安全生产要求的行为；

（四）对检查中发现的安全事故隐患，责令立即排除；重大安全事故隐患排除前或者排除过程中无法保证安全的，责令从危险区域内撤出作业人员或者暂时停止施工。

第四十四条 建设行政主管部门或者其他有关部门可以将施工现场的监督检查委托给建设工程安全监督机构具体实施。

第四十五条 国家对严重危及施工安全的工艺、设备、材料实行淘汰制度。具体目录由国务院建设行政主管部门会同国务院其他有关部门制定并公布。

第四十六条 县级以上人民政府建设行政主管部门和其他有关部门应当及时受理对建设工程生产安全事故及安全事故隐患的检举、控告和投诉。

第六章 生产安全事故的应急救援和调查处理

第四十七条 县级以上地方人民政府建设行政主管部门应当根据本级人民政府的要求，制定本行政区域内建设工程特大生产安全事故应急救援预案。

第四十八条 施工单位应当制定本单位生产安全事故应急救援预案，建立应急救援组织或者配备应急救援人员，配备必要的应急救援器材、设备，并定期组织演练。

第四十九条 施工单位应当根据建设工程施工的特点、范围，对施工现场易发生重大事故的部位、环节进行监控，制定施工现场生产安全事故应急救援预案。实行施工总承包的，由总承包单位统一组织编制建设工程生产安全事故应急救援预案，工程总承包单位和分包单位按照应急救援预案，各自建立应急救援组织或者配备应急救援人员，配备救援器材、设备，并定期组织演练。

第五十条 施工单位发生生产安全事故，应当按照国家有关伤亡事故报告和调查处理的规定，及时、如实地向负责安全生产监督管理的部门、建设行政主管部门或者其他有关部门报告；特种设备发生事故的，还应当同时向特种设备安全监督管理部门报告。接到报告的部门应当按照国家有关规定，如实上报。

实行施工总承包的建设工程，由总承包单位负责上报事故。

第五十一条 发生生产安全事故后，施工单位应当采取措施防止事故扩大，保护事故现场。需要移动现场物品时，应当做出标记和书面记录，妥善保管有关证物。

第五十二条 建设工程生产安全事故的调查、对事故责任单位和责任人的处罚与处理，按照有关法律、法规的规定执行。

第七章 法律责任

第五十三条 违反本条例的规定，县级以上人民政府建设行政主管部门或者其他有关行政管理部门的工作人员，有下列行为之一的，给予降级或者撤职的行政处分；构成犯罪的，依照刑法有关规定追究刑事责任：

（一）对不具备安全生产条件的施工单位颁发资质证书的；

（二）对没有安全施工措施的建设工程颁发施工许可证的；

（三）发现违法行为不予查处的；

（四）不依法履行监督管理职责的其他行为。

第五十四条 违反本条例的规定，建设单位未提供建设工程安全生产作业环境及安全施工措施所需费用的，责令限期改正；逾期未改正的，责令该建设工程停止施工。

建设单位未将保证安全施工的措施或者拆除工程的有关资料报送有关部门备案的，责令限期改正，给予警告。

第五十五条 违反本条例的规定，建设单位有下列行为之一的，责令限期改正，处20万元以上50万元以下的罚款；造成重大安全事故，构成犯罪的，对直接责任人员，依照刑法有关规定追究刑事责任；造成损失的，依法承担赔偿责任：

（一）对勘察、设计、施工、工程监理等单位提出不符合安全生产法律、法规和强制性标准规定的要求的；

（二）要求施工单位压缩合同约定的工期的；

（三）将拆除工程发包给不具有相应资质等级的施工单位的。

第五十六条 违反本条例的规定，勘察单位、设计单位有下列行为之一的，责令限期改正，处10万元以上30万元以下的罚款；情节严重的，责令停业整顿，降低资质等级，直至吊销资质证书；造成重大安全事故，构成犯罪的，对直接责任人员，依照刑法有关规定追究刑事责任；造成损失的，依法承担赔偿责任：

（一）未按照法律、法规和工程建设强制性标准进行勘察、设计的；

（二）采用新结构、新材料、新工艺的建设工程和特殊结构的建设工程，设计单位未在设计中提出保障施工作业人员安全和预防生产安全事故的措施建议的。

第五十七条 违反本条例的规定，工程监理单位有下列行为之一的，责令限期改正；逾期未改正的，责令停业整顿，并处10万元以上30万元以下的罚款；情节严重的，降低资质等级，直至吊销资质证书；造成重大安全事故，构成犯罪的，对直接责任人员，依照刑法有关规定追究刑事责任；造成损失的，依法承担赔偿责任：

（一）未对施工组织设计中的安全技术措施或者专项施工方案进行审查的；

（二）发现安全事故隐患未及时要求施工单位整改或者暂时停止施工的；

（三）施工单位拒不整改或者不停止施工，未及时向有关主管部门报告的；

（四）未依照法律、法规和工程建设强制性标准实施监理的。

第五十八条 注册执业人员未执行法律、法规和工程建设强制性标准的，责令停止执业3个月以上1年以下；情节严重的，吊销执业资格证书，5年内不予注册；造成重大安全事故的，终身不予注册；构成犯罪的，依照刑法有关规定追究刑事责任。

第五十九条 违反本条例的规定，为建设工程提供机械设备和配件的单位，未按照安全施工的要求配备齐全有效的保险、限位等安全设施和装置的，责令限期改正，处合同价款1倍以上3倍以下的罚款；造成损失的，依法承担赔偿责任。

第六十条 违反本条例的规定，出租单位出租未经安全性能检测或者经检测不合格的机械设备和施工机具及配件的，责令停业整顿，并处5万元以上10万元以下的罚款；造成损失的，依法承担赔偿责任。

第六十一条 违反本条例的规定，施工起重机械和整体提升脚手架、模板等自升式架设设施安装、拆卸单位有下列行为之一的，责令限期改正，处5万元以上10万元以下的罚款；情节严重的，责令停业整顿，降低资质等级，直至吊销资质证书；造成损失的，依法承担赔偿责任：

（一）未编制拆装方案、制定安全施工措施的；

（二）未由专业技术人员现场监督的；

（三）未出具自检合格证明或者出具虚假证明的；

（四）未向施工单位进行安全使用说明，办理移交手续的。

施工起重机械和整体提升脚手架、模板等自升式架设设施安装、拆卸单位有前款规定的第（一）项、第（三）项行为，经有关部门或者单位职工提出后，对事故隐患仍不采取措施，因而发生重大伤亡事故或者造成其他严重后果，构成犯罪的，对直接责任人员，依照刑法有关规定追究刑事责任。

第六十二条 违反本条例的规定，施工单位有下列行为之一的，责令限期改正；逾期未改正的，责令停业整顿，依照《中华人民共和国安全生产法》的有关规定处以罚款；造成重大安全事故，构成犯罪的，对直接责任人员，依照刑法有关规定追究刑事责任：

（一）未设立安全生产管理机构、配备专职安全生产管理人员或者分部分项工程施工时无专职安全生产管理人员现场监督的；

（二）施工单位的主要负责人、项目负责人、专职安全生产管理人员、作业人员或者特种作业人员，未经安全教育培训或者经考核不合格即从事相关工作的；

（三）未在施工现场的危险部位设置明显的安全警示标志，或者未按照国家有关规定在施工现场设置消防通道、消防水源、配备消防设施和灭火器材的；

（四）未向作业人员提供安全防护用具和安全防护服装的；

（五）未按照规定在施工起重机械和整体提升脚手架、模板等自升式架设设施验收合格后登记的；

（六）使用国家明令淘汰、禁止使用的危及施工安全的工艺、设备、材料的。

第六十三条 违反本条例的规定，施工单位挪用列入建设工程概算的安全生产作业环境及安全施工措施所需费用的，责令限期改正，处挪用费用20％以上50％以下的罚款；造成损失的，依法承担赔偿责任。

第六十四条 违反本条例的规定，施工单位有下列行为之一的，责令限期改正；逾期未改正的，责令停业整顿，并处5万元以上10万元以下的罚款；造成重大安全事故，构成犯罪的，对直接责任人员，依照刑法有关规定追究刑事责任：

（一）施工前未对有关安全施工的技术要求作出详细说明的；

（二）未根据不同施工阶段和周围环境及季节、气候的变化，在施工现场采取相应的安全施工措施，或者在城市市区内的建设工程的施工现场未实行封闭围挡的；

（三）在尚未竣工的建筑物内设置员工集体宿舍的；

（四）施工现场临时搭建的建筑物不符合安全使用要求的；

（五）未对因建设工程施工可能造成损害的毗邻建筑物、构筑物和地下管线等采取专项防护措施的。

施工单位有前款规定第（四）项、第（五）项行为，造成损失的，依法承担赔偿责任。

第六十五条 违反本条例的规定，施工单位有下列行为之一的，责令限期改正；逾期未改正的，责令停业整顿，并处10万元以上30万元以下的罚款；情节严重的，降低资质等级，直至吊销资质证书；造成重大安全事故，构成犯罪的，对直接责任人员，依照刑法有关规定追究刑事责任；造成损失的，依法承担赔偿责任：

（一）安全防护用具、机械设备、施工机具及配件在进入施工现场前未经查验或者查验不合格即投入使用的；

（二）使用未经验收或者验收不合格的施工起重机械和整体提升脚手架、模板等自升式架设设施的；

（三）委托不具有相应资质的单位承担施工现场安装、拆卸施工起重机械和整体提升脚手架、模板等自升式架设设施的；

（四）在施工组织设计中未编制安全技术措施、施工现场临时用电方案或者专项施工方案的。

第六十六条 违反本条例的规定，施工单位的主要负责人、项目负责人未履行安全生产管理职责的，责令限期改正；逾期未改正的，责令施工单位停业整顿；造成重大安全事故、重大伤亡事故或者其他严重后果，构成犯罪的，依照刑法有关规定追究刑事责任。

作业人员不服管理、违反规章制度和操作规程冒险作业造成重大伤亡事故或者其他严重后果，构成犯罪的，依照刑法有关规定追究刑事责任。

施工单位的主要负责人、项目负责人有前款违法行为，尚不够刑事处罚的，处2万元以上20万元以下的罚款或者按照管理权限给予撤职处分；自刑罚执行完毕或者受处分之日起，5年内不得担任任何施工单位的主要负责人、项目负责人。

第六十七条 施工单位取得资质证书后，降低安全生产条件的，责令限期改正；经整改仍未达到与其资质等级相适应的安全生产条件的，责令停业整顿，降低其资质等级直至吊销资质证书。

第六十八条 本条例规定的行政处罚，由建设行政主管部门或者其他有关部门依照法定职权决定。

违反消防安全管理规定的行为，由公安消防机构依法处罚。

有关法律、行政法规对建设工程安全生产违法行为的行政处罚决定机关另有规定的，从其规定。

第八章　附则

第六十九条 抢险救灾和农民自建低层住宅的安全生产管理，不适用本条例。

第七十条 军事建设工程的安全生产管理，按照中央军事委员会的有关规定执行。

第七十一条 本条例自 2004 年 2 月 1 日起施行。

附录二 《建设工程质量管理条例》

(2000 年 1 月 30 日国务院令第 279 号发布 根据 2017 年 10 月 7 日国务院令第 687 号《国务院关于修改部分行政法规的决定》修正)

建设工程质量管理条例（2017 修正）

第一章 总则

第一条 为了加强对建设工程质量的管理，保证建设工程质量，保护人民生命和财产安全，根据《中华人民共和国建筑法》，制定本条例。

第二条 凡在中华人民共和国境内从事建设工程的新建、扩建、改建等有关活动及实施对建设工程质量监督管理的，必须遵守本条例。

本条例所称建设工程，是指土木工程、建筑工程、线路管道和设备安装工程及装修工程。

第三条 建设单位、勘察单位、设计单位、施工单位、工程监理单位依法对建设工程质量负责。

第四条 县级以上人民政府建设行政主管部门和其他有关部门应当加强对建设工程质量的监督管理。

第五条 从事建设工程活动，必须严格执行基本建设程序，坚持先勘察、后设计、再施工的原则。

县级以上人民政府及其有关部门不得超越权限审批建设项目或者擅自简化基本建设程序。

第六条 国家鼓励采用先进的科学技术和管理方法，提高建设工程质量。

第二章 建设单位的质量责任和义务

第七条 建设单位应当将工程发包给具有相应资质等级的单位。

建设单位不得将建设工程肢解发包。

第八条 建设单位应当依法对工程建设项目的勘察、设计、施工、监理以及与工程建设有关的重要设备、材料等的采购进行招标。

第九条 建设单位必须向有关的勘察、设计、施工、工程监理等单位提供与建设工程有关的原始资料。

原始资料必须真实、准确、齐全。

第十条 建设工程发包单位不得迫使承包方以低于成本的价格竞标，不得任意压缩合理工期。

建设单位不得明示或者暗示设计单位或者施工单位违反工程建设强制性标准，降低建设工程质量。

第十一条 施工图设计文件审查的具体办法，由国务院建设行政主管部门、国务院其他有关部门制定。

施工图设计文件未经审查批准的，不得使用。

第十二条 实行监理的建设工程，建设单位应当委托具有相应资质等级的工程监理单位进行监理，也可以委托具有工程监理相应资质等级并与被监理工程的施工承包单位没有隶属关系或者其他利害关系的该工程的设计单位进行监理。

下列建设工程必须实行监理：

（一）国家重点建设工程；

（二）大中型公用事业工程；

（三）成片开发建设的住宅小区工程；

（四）利用外国政府或者国际组织贷款、援助资金的工程；

（五）国家规定必须实行监理的其他工程。

第十三条 建设单位在领取施工许可证或者开工报告前，应当按照国家有关规定办理工程质量监督手续。

第十四条 按照合同约定，由建设单位采购建筑材料、建筑构配件和设备的，建设单位应当保证建筑材料、建筑构配件和设备符合设计文件和合同要求。

建设单位不得明示或者暗示施工单位使用不合格的建筑材料、建筑构配件和设备。

第十五条 涉及建筑主体和承重结构变动的装修工程，建设单位应当在施工前委托原设计单位或者具有相应资质等级的设计单位提出设计方案；没有设计方案的，不得施工。

房屋建筑使用者在装修过程中，不得擅自变动房屋建筑主体和承重结构。

第十六条 建设单位收到建设工程竣工报告后，应当组织设计、施工、工程监理等有关单位进行竣工验收。

建设工程竣工验收应当具备下列条件：

（一）完成建设工程设计和合同约定的各项内容；

（二）有完整的技术档案和施工管理资料；

（三）有工程使用的主要建筑材料、建筑构配件和设备的进场试验报告；

（四）有勘察、设计、施工、工程监理等单位分别签署的质量合格文件；

（五）有施工单位签署的工程保修书。

建设工程经验收合格的，方可交付使用。

第十七条 建设单位应当严格按照国家有关档案管理的规定，及时收集、整理建设项目各环节的文件资料，建立、健全建设项目档案，并在建设工程竣工验收后，及时向建设行政主管部门或者其他有关部门移交建设项目档案。

第三章 勘察、设计单位的质量责任和义务

第十八条 从事建设工程勘察、设计的单位应当依法取得相应等级的资质证书，并在其资质等级许可的范围内承揽工程。

禁止勘察、设计单位超越其资质等级许可的范围或者以其他勘察、设计单位的名义承揽工程。禁止勘察、设计单位允许其他单位或者个人以本单位的名义承揽工程。

勘察、设计单位不得转包或者违法分包所承揽的工程。

第十九条 勘察、设计单位必须按照工程建设强制性标准进行勘察、设计，并对其勘察、设计的质量负责。

注册建筑师、注册结构工程师等注册执业人员应当在设计文件上签字，对设计文件

负责。

第二十条 勘察单位提供的地质、测量、水文等勘察成果必须真实、准确。

第二十一条 设计单位应当根据勘察成果文件进行建设工程设计。

设计文件应当符合国家规定的设计深度要求，注明工程合理使用年限。

第二十二条 设计单位在设计文件中选用的建筑材料、建筑构配件和设备，应当注明规格、型号、性能等技术指标，其质量要求必须符合国家规定的标准。

除有特殊要求的建筑材料、专用设备、工艺生产线等外，设计单位不得指定生产厂、供应商。

第二十三条 设计单位应当就审查合格的施工图设计文件向施工单位作出详细说明。

第二十四条 设计单位应当参与建设工程质量事故分析，并对因设计造成的质量事故，提出相应的技术处理方案。

第四章 施工单位的质量责任和义务

第二十五条 施工单位应当依法取得相应等级的资质证书，并在其资质等级许可的范围内承揽工程。

禁止施工单位超越本单位资质等级许可的业务范围或者以其他施工单位的名义承揽工程。禁止施工单位允许其他单位或者个人以本单位的名义承揽工程。

施工单位不得转包或者违法分包工程。

第二十六条 施工单位对建设工程的施工质量负责。

施工单位应当建立质量责任制，确定工程项目的项目经理、技术负责人和施工管理负责人。

建设工程实行总承包的，总承包单位应当对全部建设工程质量负责；建设工程勘察、设计、施工、设备采购的一项或者多项实行总承包的，总承包单位应当对其承包的建设工程或者采购的设备的质量负责。

第二十七条 总承包单位依法将建设工程分包给其他单位的，分包单位应当按照分包合同的约定对其分包工程的质量向总承包单位负责，总承包单位与分包单位对分包工程的质量承担连带责任。

第二十八条 施工单位必须按照工程设计图纸和施工技术标准施工，不得擅自修改工程设计，不得偷工减料。

施工单位在施工过程中发现设计文件和图纸有差错的，应当及时提出意见和建议。

第二十九条 施工单位必须按照工程设计要求、施工技术标准和合同约定，对建筑材料、建筑构配件、设备和商品混凝土进行检验，检验应当有书面记录和专人签字；未经检验或者检验不合格的，不得使用。

第三十条 施工单位必须建立、健全施工质量的检验制度，严格工序管理，作好隐蔽工程的质量检查和记录。隐蔽工程在隐蔽前，施工单位应当通知建设单位和建设工程质量监督机构。

第三十一条 施工人员对涉及结构安全的试块、试件以及有关材料，应当在建设单位或者工程监理单位监督下现场取样，并送具有相应资质等级的质量检测单位进行检测。

第三十二条 施工单位对施工中出现质量问题的建设工程或者竣工验收不合格的建设工程，应当负责返修。

第三十三条　施工单位应当建立、健全教育培训制度，加强对职工的教育培训；未经教育培训或者考核不合格的人员，不得上岗作业。

第五章　工程监理单位的质量责任和义务

第三十四条　工程监理单位应当依法取得相应等级的资质证书，并在其资质等级许可的范围内承担工程监理业务。

禁止工程监理单位超越本单位资质等级许可的范围或者以其他工程监理单位的名义承担工程监理业务。禁止工程监理单位允许其他单位或者个人以本单位的名义承担工程监理业务。

工程监理单位不得转让工程监理业务。

第三十五条　工程监理单位与被监理工程的施工承包单位以及建筑材料、建筑构配件和设备供应单位有隶属关系或者其他利害关系的，不得承担该项建设工程的监理业务。

第三十六条　工程监理单位应当依照法律、法规以及有关技术标准、设计文件和建设工程承包合同，代表建设单位对施工质量实施监理，并对施工质量承担监理责任。

第三十七条　工程监理单位应当选派具备相应资格的总监理工程师和监理工程师进驻施工现场。

未经监理工程师签字，建筑材料、建筑构配件和设备不得在工程上使用或者安装，施工单位不得进行下一道工序的施工。未经总监理工程师签字，建设单位不拨付工程款，不进行竣工验收。

第三十八条　监理工程师应当按照工程监理规范的要求，采取旁站、巡视和平行检验等形式，对建设工程实施监理。

第六章　建设工程质量保修

第三十九条　建设工程实行质量保修制度。

建设工程承包单位在向建设单位提交工程竣工验收报告时，应当向建设单位出具质量保修书。质量保修书中应当明确建设工程的保修范围、保修期限和保修责任等。

第四十条　在正常使用条件下，建设工程的最低保修期限为：

（一）基础设施工程、房屋建筑的地基基础工程和主体结构工程，为设计文件规定的该工程的合理使用年限；

（二）屋面防水工程、有防水要求的卫生间、房间和外墙面的防渗漏，为 5 年；

（三）供热与供冷系统，为 2 个采暖期、供冷期；

（四）电气管线、给排水管道、设备安装和装修工程，为 2 年。

其他项目的保修期限由发包方与承包方约定。

建设工程的保修期，自竣工验收合格之日起计算。

第四十一条　建设工程在保修范围和保修期限内发生质量问题的，施工单位应当履行保修义务，并对造成的损失承担赔偿责任。

第四十二条　建设工程在超过合理使用年限后需要继续使用的，产权所有人应当委托具有相应资质等级的勘察、设计单位鉴定，并根据鉴定结果采取加固、维修等措施，重新界定使用期。

第七章　监督管理

第四十三条　国家实行建设工程质量监督管理制度。

国务院建设行政主管部门对全国的建设工程质量实施统一监督管理。国务院铁路、交通、水利等有关部门按照国务院规定的职责分工，负责对全国的有关专业建设工程质量的监督管理。

县级以上地方人民政府建设行政主管部门对本行政区域内的建设工程质量实施监督管理。县级以上地方人民政府交通、水利等有关部门在各自的职责范围内，负责对本行政区域内的专业建设工程质量的监督管理。

第四十四条 国务院建设行政主管部门和国务院铁路、交通、水利等有关部门应当加强对有关建设工程质量的法律、法规和强制性标准执行情况的监督检查。

第四十五条 国务院发展计划部门按照国务院规定的职责，组织稽察特派员，对国家出资的重大建设项目实施监督检查。

国务院经济贸易主管部门按照国务院规定的职责，对国家重大技术改造项目实施监督检查。

第四十六条 建设工程质量监督管理，可以由建设行政主管部门或者其他有关部门委托的建设工程质量监督机构具体实施。

从事房屋建筑工程和市政基础设施工程质量监督的机构，必须按照国家有关规定经国务院建设行政主管部门或者省、自治区、直辖市人民政府建设行政主管部门考核；从事专业建设工程质量监督的机构，必须按照国家有关规定经国务院有关部门或者省、自治区、直辖市人民政府有关部门考核。经考核合格后，方可实施质量监督。

第四十七条 县级以上地方人民政府建设行政主管部门和其他有关部门应当加强对有关建设工程质量的法律、法规和强制性标准执行情况的监督检查。

第四十八条 县级以上人民政府建设行政主管部门和其他有关部门履行监督检查职责时，有权采取下列措施：

（一）要求被检查的单位提供有关工程质量的文件和资料；

（二）进入被检查单位的施工现场进行检查；

（三）发现有影响工程质量的问题时，责令改正。

第四十九条 建设单位应当自建设工程竣工验收合格之日起 15 日内，将建设工程竣工验收报告和规划、公安消防、环保等部门出具的认可文件或者准许使用文件报建设行政主管部门或者其他有关部门备案。

建设行政主管部门或者其他有关部门发现建设单位在竣工验收过程中有违反国家有关建设工程质量管理规定行为的，责令停止使用，重新组织竣工验收。

第五十条 有关单位和个人对县级以上人民政府建设行政主管部门和其他有关部门进行的监督检查应当支持与配合，不得拒绝或者阻碍建设工程质量监督检查人员依法执行职务。

第五十一条 供水、供电、供气、公安消防等部门或者单位不得明示或者暗示建设单位、施工单位购买其指定的生产供应单位的建筑材料、建筑构配件和设备。

第五十二条 建设工程发生质量事故，有关单位应当在 24 小时内向当地建设行政主管部门和其他有关部门报告。对重大质量事故，事故发生地的建设行政主管部门和其他有关部门应当按照事故类别和等级向当地人民政府和上级建设行政主管部门和其他有关部门报告。

特别重大质量事故的调查程序按照国务院有关规定办理。

第五十三条 任何单位和个人对建设工程的质量事故、质量缺陷都有权检举、控告、投诉。

第八章 罚则

第五十四条 违反本条例规定,建设单位将建设工程发包给不具有相应资质等级的勘察、设计、施工单位或者委托给不具有相应资质等级的工程监理单位的,责令改正,处 50 万元以上 100 万元以下的罚款。

第五十五条 违反本条例规定,建设单位将建设工程肢解发包的,责令改正,处工程合同价款百分之零点五以上百分之一以下的罚款;对全部或者部分使用国有资金的项目,并可以暂停项目执行或者暂停资金拨付。

第五十六条 违反本条例规定,建设单位有下列行为之一的,责令改正,处 20 万元以上 50 万元以下的罚款:

(一)迫使承包方以低于成本的价格竞标的;

(二)任意压缩合理工期的;

(三)明示或者暗示设计单位或者施工单位违反工程建设强制性标准,降低工程质量的;

(四)施工图设计文件未经审查或者审查不合格,擅自施工的;

(五)建设项目必须实行工程监理而未实行工程监理的;

(六)未按照国家规定办理工程质量监督手续的;

(七)明示或者暗示施工单位使用不合格的建筑材料、建筑构配件和设备的;

(八)未按照国家规定将竣工验收报告、有关认可文件或者准许使用文件报送备案的。

第五十七条 违反本条例规定,建设单位未取得施工许可证或者开工报告未经批准,擅自施工的,责令停止施工,限期改正,处工程合同价款百分之一以上百分之二以下的罚款。

第五十八条 违反本条例规定,建设单位有下列行为之一的,责令改正,处工程合同价款百分之二以上百分之四以下的罚款;造成损失的,依法承担赔偿责任:

(一)未组织竣工验收,擅自交付使用的;

(二)验收不合格,擅自交付使用的;

(三)对不合格的建设工程按照合格工程验收的。

第五十九条 违反本条例规定,建设工程竣工验收后,建设单位未向建设行政主管部门或者其他有关部门移交建设项目档案的,责令改正,处 1 万元以上 10 万元以下的罚款。

第六十条 违反本条例规定,勘察、设计、施工、工程监理单位超越本单位资质等级承揽工程的,责令停止违法行为,对勘察、设计单位或者工程监理单位处合同约定的勘察费、设计费或者监理酬金 1 倍以上 2 倍以下的罚款;对施工单位处工程合同价款百分之二以上百分之四以下的罚款,可以责令停业整顿,降低资质等级;情节严重的,吊销资质证书;有违法所得的,予以没收。

未取得资质证书承揽工程的,予以取缔,依照前款规定处以罚款;有违法所得的,予以没收。

以欺骗手段取得资质证书承揽工程的,吊销资质证书,依照本条第一款规定处以罚款；有违法所得的，予以没收。

第六十一条 违反本条例规定，勘察、设计、施工、工程监理单位允许其他单位或者个人以本单位名义承揽工程的，责令改正，没收违法所得，对勘察、设计单位和工程监理单位处合同约定的勘察费、设计费和监理酬金 1 倍以上 2 倍以下的罚款；对施工单位处工程合同价款百分之二以上百分之四以下的罚款；可以责令停业整顿，降低资质等级；情节严重的，吊销资质证书。

第六十二条 违反本条例规定，承包单位将承包的工程转包或者违法分包的，责令改正，没收违法所得，对勘察、设计单位处合同约定的勘察费、设计费百分之二十五以上百分之五十以下的罚款；对施工单位处工程合同价款百分之零点五以上百分之一以下的罚款；可以责令停业整顿，降低资质等级；情节严重的，吊销资质证书。

工程监理单位转让工程监理业务的，责令改正，没收违法所得，处合同约定的监理酬金百分之二十五以上百分之五十以下的罚款；可以责令停业整顿，降低资质等级；情节严重的，吊销资质证书。

第六十三条 违反本条例规定，有下列行为之一的，责令改正，处 10 万元以上 30 万元以下的罚款：

（一）勘察单位未按照工程建设强制性标准进行勘察的；

（二）设计单位未根据勘察成果文件进行工程设计的；

（三）设计单位指定建筑材料、建筑构配件的生产厂、供应商的；

（四）设计单位未按照工程建设强制性标准进行设计的。

有前款所列行为，造成工程质量事故的，责令停业整顿，降低资质等级；情节严重的，吊销资质证书；造成损失的，依法承担赔偿责任。

第六十四条 违反本条例规定，施工单位在施工中偷工减料的，使用不合格的建筑材料、建筑构配件和设备的，或者有不按照工程设计图纸或者施工技术标准施工的其他行为的，责令改正，处工程合同价款百分之二以上百分之四以下的罚款；造成建设工程质量不符合规定的质量标准的，负责返工、修理，并赔偿因此造成的损失；情节严重的，责令停业整顿，降低资质等级或者吊销资质证书。

第六十五条 违反本条例规定，施工单位未对建筑材料、建筑构配件、设备和商品混凝土进行检验，或者未对涉及结构安全的试块、试件以及有关材料取样检测的，责令改正，处 10 万元以上 20 万元以下的罚款；情节严重的，责令停业整顿，降低资质等级或者吊销资质证书；造成损失的，依法承担赔偿责任。

第六十六条 违反本条例规定，施工单位不履行保修义务或者拖延履行保修义务的，责令改正，处 10 万元以上 20 万元以下的罚款，并对在保修期内因质量缺陷造成的损失承担赔偿责任。

第六十七条 工程监理单位有下列行为之一的，责令改正，处 50 万元以上 100 万元以下的罚款，降低资质等级或者吊销资质证书；有违法所得的，予以没收；造成损失的，承担连带赔偿责任：

（一）与建设单位或者施工单位串通，弄虚作假、降低工程质量的；

（二）将不合格的建设工程、建筑材料、建筑构配件和设备按照合格签字的。

第六十八条 违反本条例规定，工程监理单位与被监理工程的施工承包单位以及建筑材料、建筑构配件和设备供应单位有隶属关系或者其他利害关系承担该项建设工程的监理业务的，责令改正，处 5 万元以上 10 万元以下的罚款，降低资质等级或者吊销资质证书；有违法所得的，予以没收。

第六十九条 违反本条例规定，涉及建筑主体或者承重结构变动的装修工程，没有设计方案擅自施工的，责令改正，处 50 万元以上 100 万元以下的罚款；房屋建筑使用者在装修过程中擅自变动房屋建筑主体和承重结构的，责令改正，处 5 万元以上 10 万元以下的罚款。

有前款所列行为，造成损失的，依法承担赔偿责任。

第七十条 发生重大工程质量事故隐瞒不报、谎报或者拖延报告期限的，对直接负责的主管人员和其他责任人员依法给予行政处分。

第七十一条 违反本条例规定，供水、供电、供气、公安消防等部门或者单位明示或者暗示建设单位或者施工单位购买其指定的生产供应单位的建筑材料、建筑构配件和设备的，责令改正。

第七十二条 违反本条例规定，注册建筑师、注册结构工程师、监理工程师等注册执业人员因过错造成质量事故的，责令停止执业 1 年；造成重大质量事故的，吊销执业资格证书，5 年以内不予注册；情节特别恶劣的，终身不予注册。

第七十三条 依照本条例规定，给予单位罚款处罚的，对单位直接负责的主管人员和其他直接责任人员处单位罚款数额百分之五以上百分之十以下的罚款。

第七十四条 建设单位、设计单位、施工单位、工程监理单位违反国家规定，降低工程质量标准，造成重大安全事故，构成犯罪的，对直接责任人员依法追究刑事责任。

第七十五条 本条例规定的责令停业整顿，降低资质等级和吊销资质证书的行政处罚，由颁发资质证书的机关决定；其他行政处罚，由建设行政主管部门或者其他有关部门依照法定职权决定。

依照本条例规定被吊销资质证书的，由工商行政管理部门吊销其营业执照。

第七十六条 国家机关工作人员在建设工程质量监督管理工作中玩忽职守、滥用职权、徇私舞弊，构成犯罪的，依法追究刑事责任；尚不构成犯罪的，依法给予行政处分。

第七十七条 建设、勘察、设计、施工、工程监理单位的工作人员因调动工作、退休等原因离开该单位后，被发现在该单位工作期间违反国家有关建设工程质量管理规定，造成重大工程质量事故的，仍应当依法追究法律责任。

第九章 附则

第七十八条 本条例所称肢解发包，是指建设单位将应当由一个承包单位完成的建设工程分解成若干部分发包给不同的承包单位的行为。

本条例所称违法分包，是指下列行为：

（一）总承包单位将建设工程分包给不具备相应资质条件的单位的；

（二）建设工程总承包合同中未有约定，又未经建设单位认可，承包单位将其承包的部分建设工程交由其他单位完成的；

（三）施工总承包单位将建设工程主体结构的施工分包给其他单位的；

（四）分包单位将其承包的建设工程再分包的。

本条例所称转包，是指承包单位承包建设工程后，不履行合同约定的责任和义务，将其承包的全部建设工程转给他人或者将其承包的全部建设工程肢解以后以分包的名义分别转给其他单位承包的行为。

第七十九条 本条例规定的罚款和没收的违法所得，必须全部上缴国库。

第八十条 抢险救灾及其他临时性房屋建筑和农民自建低层住宅的建设活动，不适用本条例。

第八十一条 军事建设工程的管理，按照中央军事委员会的有关规定执行。

第八十二条 本条例自发布之日起施行。

附刑法有关条款

第一百三十七条 建设单位、设计单位、施工单位、工程监理单位违反国家规定，降低工程质量标准，造成重大安全事故的，对直接责任人员处五年以下有期徒刑或者拘役，并处罚金；后果特别严重的，处五年以上十年以下有期徒刑，并处罚金。

附录三 《建设工程勘察设计管理条例》

（2000 年 9 月 25 日中华人民共和国国务院令第 293 号公布，根据
2015 年 6 月 12 日《国务院关于修改〈建设工程勘察设计管理条例〉
的决定》修订，根据 2017 年 10 月 7 日国务院令第 687 号
《国务院关于修改部分行政法规的决定》修正）

建设工程勘察设计管理条例（2017 修正）

第一章　总则

第一条　为了加强对建设工程勘察、设计活动的管理，保证建设工程勘察、设计质量，保护人民生命和财产安全，制定本条例。

第二条　从事建设工程勘察、设计活动，必须遵守本条例。

本条例所称建设工程勘察，是指根据建设工程的要求，查明、分析、评价建设场地的地质地理环境特征和岩土工程条件，编制建设工程勘察文件的活动。

本条例所称建设工程设计，是指根据建设工程的要求，对建设工程所需的技术、经济、资源、环境等条件进行综合分析、论证，编制建设工程设计文件的活动。

第三条　建设工程勘察、设计应当与社会、经济发展水平相适应，做到经济效益、社会效益和环境效益相统一。

第四条　从事建设工程勘察、设计活动，应当坚持先勘察、后设计、再施工的原则。

第五条　县级以上人民政府建设行政主管部门和交通、水利等有关部门应当依照本条例的规定，加强对建设工程勘察、设计活动的监督管理。.

建设工程勘察、设计单位必须依法进行建设工程勘察、设计，严格执行工程建设强制性标准，并对建设工程勘察、设计的质量负责。

第六条　国家鼓励在建设工程勘察、设计活动中采用先进技术、先进工艺、先进设备、新型材料和现代管理方法。

第二章　资质资格管理

第七条　国家对从事建设工程勘察、设计活动的单位，实行资质管理制度。具体办法由国务院建设行政主管部门商国务院有关部门制定。

第八条　建设工程勘察、设计单位应当在其资质等级许可的范围内承揽建设工程勘察、设计业务。

禁止建设工程勘察、设计单位超越其资质等级许可的范围或者以其他建设工程勘察、设计单位的名义承揽建设工程勘察、设计业务。禁止建设工程勘察、设计单位允许其他单位或者个人以本单位的名义承揽建设工程勘察、设计业务。

第九条　国家对从事建设工程勘察、设计活动的专业技术人员，实行执业资格注册管理制度。

未经注册的建设工程勘察、设计人员，不得以注册执业人员的名义从事建设工程勘察、设计活动。

第十条 建设工程勘察、设计注册执业人员和其他专业技术人员只能受聘于一个建设工程勘察、设计单位；未受聘于建设工程勘察、设计单位的，不得从事建设工程的勘察、设计活动。

第十一条 建设工程勘察、设计单位资质证书和执业人员注册证书，由国务院建设行政主管部门统一制作。

第三章 建设工程勘察设计发包与承包

第十二条 建设工程勘察、设计发包依法实行招标发包或者直接发包。

第十三条 建设工程勘察、设计应当依照《中华人民共和国招标投标法》的规定，实行招标发包。

第十四条 建设工程勘察、设计方案评标，应当以投标人的业绩、信誉和勘察、设计人员的能力以及勘察、设计方案的优劣为依据，进行综合评定。

第十五条 建设工程勘察、设计的招标人应当在评标委员会推荐的候选方案中确定中标方案。但是，建设工程勘察、设计的招标人认为评标委员会推荐的候选方案不能最大限度满足招标文件规定的要求的，应当依法重新招标。

第十六条 下列建设工程的勘察、设计，经有关主管部门批准，可以直接发包：

（一）采用特定的专利或者专有技术的；

（二）建筑艺术造型有特殊要求的；

（三）国务院规定的其他建设工程的勘察、设计。

第十七条 发包方不得将建设工程勘察、设计业务发包给不具有相应勘察、设计资质等级的建设工程勘察、设计单位。

第十八条 发包方可以将整个建设工程的勘察、设计发包给一个勘察、设计单位；也可以将建设工程的勘察、设计分别发包给几个勘察、设计单位。

第十九条 除建设工程主体部分的勘察、设计外，经发包方书面同意，承包方可以将建设工程其他部分的勘察、设计再分包给其他具有相应资质等级的建设工程勘察、设计单位。

第二十条 建设工程勘察、设计单位不得将所承揽的建设工程勘察、设计转包。

第二十一条 承包方必须在建设工程勘察、设计资质证书规定的资质等级和业务范围内承揽建设工程的勘察、设计业务。

第二十二条 建设工程勘察、设计的发包方与承包方，应当执行国家规定的建设工程勘察、设计程序。

第二十三条 建设工程勘察、设计的发包方与承包方应当签订建设工程勘察、设计合同。

第二十四条 建设工程勘察、设计发包方与承包方应当执行国家有关建设工程勘察费、设计费的管理规定。

第四章 建设工程勘察设计文件的编制与实施

第二十五条 编制建设工程勘察、设计文件，应当以下列规定为依据：

（一）项目批准文件；

（二）城乡规划；

（三）工程建设强制性标准；

（四）国家规定的建设工程勘察、设计深度要求。

铁路、交通、水利等专业建设工程，还应当以专业规划的要求为依据。

第二十六条 编制建设工程勘察文件，应当真实、准确，满足建设工程规划、选址、设计、岩土治理和施工的需要。

编制方案设计文件，应当满足编制初步设计文件和控制概算的需要。

编制初步设计文件，应当满足编制施工招标文件、主要设备材料订货和编制施工图设计文件的需要。

编制施工图设计文件，应当满足设备材料采购、非标准设备制作和施工的需要，并注明建设工程合理使用年限。

第二十七条 设计文件中选用的材料、构配件、设备，应当注明其规格、型号、性能等技术指标，其质量要求必须符合国家规定的标准。

除有特殊要求的建筑材料、专用设备和工艺生产线等外，设计单位不得指定生产厂、供应商。

第二十八条 建设单位、施工单位、监理单位不得修改建设工程勘察、设计文件；确需修改建设工程勘察、设计文件的，应当由原建设工程勘察、设计单位修改。经原建设工程勘察、设计单位书面同意，建设单位也可以委托其他具有相应资质的建设工程勘察、设计单位修改。修改单位对修改的勘察、设计文件承担相应责任。

施工单位、监理单位发现建设工程勘察、设计文件不符合工程建设强制性标准、合同约定的质量要求的，应当报告建设单位，建设单位有权要求建设工程勘察、设计单位对建设工程勘察、设计文件进行补充、修改。

建设工程勘察、设计文件内容需要作重大修改的，建设单位应当报经原审批机关批准后，方可修改。

第二十九条 建设工程勘察、设计文件中规定采用的新技术、新材料，可能影响建设工程质量和安全，又没有国家技术标准的，应当由国家认可的检测机构进行试验、论证，出具检测报告，并经国务院有关部门或者省、自治区、直辖市人民政府有关部门组织的建设工程技术专家委员会审定后，方可使用。

第三十条 建设工程勘察、设计单位应当在建设工程施工前，向施工单位和监理单位说明建设工程勘察、设计意图，解释建设工程勘察、设计文件。

建设工程勘察、设计单位应当及时解决施工中出现的勘察、设计问题。

第五章 监督管理

第三十一条 国务院建设行政主管部门对全国的建设工程勘察、设计活动实施统一监督管理。国务院铁路、交通、水利等有关部门按照国务院规定的职责分工，负责对全国的有关专业建设工程勘察、设计活动的监督管理。

县级以上地方人民政府建设行政主管部门对本行政区域内的建设工程勘察、设计活动实施监督管理。县级以上地方人民政府交通、水利等有关部门在各自的职责范围内，负责对本行政区域内的有关专业建设工程勘察、设计活动的监督管理。

第三十二条 建设工程勘察、设计单位在建设工程勘察、设计资质证书规定的业务范围内跨部门、跨地区承揽勘察、设计业务的，有关地方人民政府及其所属部门不得设置障碍，不得违反国家规定收取任何费用。

第三十三条 施工图设计文件审查机构应当对房屋建筑工程、市政基础设施工程施工图设计文件中涉及公共利益、公众安全、工程建设强制性标准的内容进行审查。县级以上人民政府交通运输等有关部门应当按照职责对施工图设计文件中涉及公共利益、公众安全、工程建设强制性标准的内容进行审查。

施工图设计文件未经审查批准的，不得使用。

第三十四条 任何单位和个人对建设工程勘察、设计活动中的违法行为都有权检举、控告、投诉。

第六章　罚则

第三十五条 违反本条例第八条规定的，责令停止违法行为，处合同约定的勘察费、设计费1倍以上2倍以下的罚款，有违法所得的，予以没收；可以责令停业整顿，降低资质等级；情节严重的，吊销资质证书。

未取得资质证书承揽工程的，予以取缔，依照前款规定处以罚款；有违法所得的，予以没收。

以欺骗手段取得资质证书承揽工程的，吊销资质证书，依照本条第一款规定处以罚款；有违法所得的，予以没收。

第三十六条 违反本条例规定，未经注册，擅自以注册建设工程勘察、设计人员的名义从事建设工程勘察、设计活动的，责令停止违法行为，没收违法所得，处违法所得2倍以上5倍以下罚款；给他人造成损失的，依法承担赔偿责任。

第三十七条 违反本条例规定，建设工程勘察、设计注册执业人员和其他专业技术人员未受聘于一个建设工程勘察、设计单位或者同时受聘于两个以上建设工程勘察、设计单位，从事建设工程勘察、设计活动的，责令停止违法行为，没收违法所得，处违法所得2倍以上5倍以下的罚款；情节严重的，可以责令停止执行业务或者吊销资格证书；给他人造成损失的，依法承担赔偿责任。

第三十八条 违反本条例规定，发包方将建设工程勘察、设计业务发包给不具有相应资质等级的建设工程勘察、设计单位的，责令改正，处50万元以上100万元以下的罚款。

第三十九条 违反本条例规定，建设工程勘察、设计单位将所承揽的建设工程勘察、设计转包的，责令改正，没收违法所得，处合同约定的勘察费、设计费25％以上50％以下的罚款，可以责令停业整顿，降低资质等级；情节严重的，吊销资质证书。

第四十条 违反本条例规定，勘察、设计单位未依据项目批准文件，城乡规划及专业规划，国家规定的建设工程勘察、设计深度要求编制建设工程勘察、设计文件的，责令限期改正；逾期不改正的，处10万元以上30万元以下的罚款；造成工程质量事故或者环境污染和生态破坏的，责令停业整顿，降低资质等级；情节严重的，吊销资质证书；造成损失的，依法承担赔偿责任。

第四十一条 违反本条例规定，有下列行为之一的，依照《建设工程质量管理条例》第六十三条的规定给予处罚：

（一）勘察单位未按照工程建设强制性标准进行勘察的；

（二）设计单位未根据勘察成果文件进行工程设计的；

（三）设计单位指定建筑材料、建筑构配件的生产厂、供应商的；

（四）设计单位未按照工程建设强制性标准进行设计的。

第四十二条 本条例规定的责令停业整顿、降低资质等级和吊销资质证书、资格证书的行政处罚，由颁发资质证书、资格证书的机关决定；其他行政处罚，由建设行政主管部门或者其他有关部门依据法定职权范围决定。

依照本条例规定被吊销资质证书的，由工商行政管理部门吊销其营业执照。

第四十三条 国家机关工作人员在建设工程勘察、设计活动的监督管理工作中玩忽职守、滥用职权、徇私舞弊，构成犯罪的，依法追究刑事责任；尚不构成犯罪的，依法给予行政处分。

第七章 附则

第四十四条 抢险救灾及其他临时性建筑和农民自建两层以下住宅的勘察、设计活动，不适用本条例。

第四十五条 军事建设工程勘察、设计的管理，按照中央军事委员会的有关规定执行。

第四十六条 本条例自公布之日起施行。

附录四 《生产安全事故报告和调查处理条例》

中华人民共和国国务院令（第 493 号）

《生产安全事故报告和调查处理条例》已经 2007 年 3 月 28 日国务院第 172 次常务会议通过，现予公布，自 2007 年 6 月 1 日起施行。

总理 温家宝
二○○七年四月九日

生产安全事故报告和调查处理条例

第一章 总则

第一条 为了规范生产安全事故的报告和调查处理，落实生产安全事故责任追究制度，防止和减少生产安全事故，根据《中华人民共和国安全生产法》和有关法律，制定本条例。

第二条 生产经营活动中发生的造成人身伤亡或者直接经济损失的生产安全事故的报告和调查处理，适用本条例；环境污染事故、核设施事故、国防科研生产事故的报告和调查处理不适用本条例。

第三条 根据生产安全事故（以下简称事故）造成的人员伤亡或者直接经济损失，事故一般分为以下等级：

（一）特别重大事故，是指造成 30 人以上死亡，或者 100 人以上重伤（包括急性工业中毒，下同），或者 1 亿元以上直接经济损失的事故；

（二）重大事故，是指造成 10 人以上 30 人以下死亡，或者 50 人以上 100 人以下重伤，或者 5000 万元以上 1 亿元以下直接经济损失的事故；

（三）较大事故，是指造成 3 人以上 10 人以下死亡，或者 10 人以上 50 人以下重伤，或者 1000 万元以上 5000 万元以下直接经济损失的事故；

（四）一般事故，是指造成 3 人以下死亡，或者 10 人以下重伤，或者 1000 万元以下直接经济损失的事故。

国务院安全生产监督管理部门可以会同国务院有关部门，制定事故等级划分的补充性规定。

本条第一款所称的"以上"包括本数，所称的"以下"不包括本数。

第四条 事故报告应当及时、准确、完整，任何单位和个人对事故不得迟报、漏报、谎报或者瞒报。

事故调查处理应当坚持实事求是、尊重科学的原则，及时、准确地查清事故经过、事故原因和事故损失，查明事故性质，认定事故责任，总结事故教训，提出整改措施，并对事故责任者依法追究责任。

第五条　县级以上人民政府应当依照本条例的规定，严格履行职责，及时、准确地完成事故调查处理工作。

事故发生地有关地方人民政府应当支持、配合上级人民政府或者有关部门的事故调查处理工作，并提供必要的便利条件。

参加事故调查处理的部门和单位应当互相配合，提高事故调查处理工作的效率。

第六条　工会依法参加事故调查处理，有权向有关部门提出处理意见。

第七条　任何单位和个人不得阻挠和干涉对事故的报告和依法调查处理。

第八条　对事故报告和调查处理中的违法行为，任何单位和个人有权向安全生产监督管理部门、监察机关或者其他有关部门举报，接到举报的部门应当依法及时处理。

<h3 style="text-align:center">第二章　事故报告</h3>

第九条　事故发生后，事故现场有关人员应当立即向本单位负责人报告；单位负责人接到报告后，应当于1小时内向事故发生地县级以上人民政府安全生产监督管理部门和负有安全生产监督管理职责的有关部门报告。

情况紧急时，事故现场有关人员可以直接向事故发生地县级以上人民政府安全生产监督管理部门和负有安全生产监督管理职责的有关部门报告。

第十条　安全生产监督管理部门和负有安全生产监督管理职责的有关部门接到事故报告后，应当依照下列规定上报事故情况，并通知公安机关、劳动保障行政部门、工会和人民检察院：

（一）特别重大事故、重大事故逐级上报至国务院安全生产监督管理部门和负有安全生产监督管理职责的有关部门；

（二）较大事故逐级上报至省、自治区、直辖市人民政府安全生产监督管理部门和负有安全生产监督管理职责的有关部门；

（三）一般事故上报至设区的市级人民政府安全生产监督管理部门和负有安全生产监督管理职责的有关部门。

安全生产监督管理部门和负有安全生产监督管理职责的有关部门依照前款规定上报事故情况，应当同时报告本级人民政府。国务院安全生产监督管理部门和负有安全生产监督管理职责的有关部门以及省级人民政府接到发生特别重大事故、重大事故的报告后，应当立即报告国务院。

必要时，安全生产监督管理部门和负有安全生产监督管理职责的有关部门可以越级上报事故情况。

第十一条　安全生产监督管理部门和负有安全生产监督管理职责的有关部门逐级上报事故情况，每级上报的时间不得超过2小时。

第十二条　报告事故应当包括下列内容：

（一）事故发生单位概况；

（二）事故发生的时间、地点以及事故现场情况；

（三）事故的简要经过；

（四）事故已经造成或者可能造成的伤亡人数（包括下落不明的人数）和初步估计的直接经济损失；

（五）已经采取的措施；

（六）其他应当报告的情况。

第十三条 事故报告后出现新情况的，应当及时补报。

自事故发生之日起 30 日内，事故造成的伤亡人数发生变化的，应当及时补报。道路交通事故、火灾事故自发生之日起 7 日内，事故造成的伤亡人数发生变化的，应当及时补报。

第十四条 事故发生单位负责人接到事故报告后，应当立即启动事故相应应急预案，或者采取有效措施，组织抢救，防止事故扩大，减少人员伤亡和财产损失。

第十五条 事故发生地有关地方人民政府、安全生产监督管理部门和负有安全生产监督管理职责的有关部门接到事故报告后，其负责人应当立即赶赴事故现场，组织事故救援。

第十六条 事故发生后，有关单位和人员应当妥善保护事故现场以及相关证据，任何单位和个人不得破坏事故现场、毁灭相关证据。

因抢救人员、防止事故扩大以及疏通交通等原因，需要移动事故现场物件的，应当做出标志，绘制现场简图并做出书面记录，妥善保存现场重要痕迹、物证。

第十七条 事故发生地公安机关根据事故的情况，对涉嫌犯罪的，应当依法立案侦查，采取强制措施和侦查措施。犯罪嫌疑人逃匿的，公安机关应当迅速追捕归案。

第十八条 安全生产监督管理部门和负有安全生产监督管理职责的有关部门应当建立值班制度，并向社会公布值班电话，受理事故报告和举报。

第三章　事故调查

第十九条 特别重大事故由国务院或者国务院授权有关部门组织事故调查组进行调查。

重大事故、较大事故、一般事故分别由事故发生地省级人民政府、设区的市级人民政府、县级人民政府负责调查。省级人民政府、设区的市级人民政府、县级人民政府可以直接组织事故调查组进行调查，也可以授权或者委托有关部门组织事故调查组进行调查。

未造成人员伤亡的一般事故，县级人民政府也可以委托事故发生单位组织事故调查组进行调查。

第二十条 上级人民政府认为必要时，可以调查由下级人民政府负责调查的事故。

自事故发生之日起 30 日内（道路交通事故、火灾事故自发生之日起 7 日内），因事故伤亡人数变化导致事故等级发生变化，依照本条例规定应当由上级人民政府负责调查的，上级人民政府可以另行组织事故调查组进行调查。

第二十一条 特别重大事故以下等级事故，事故发生地与事故发生单位不在同一个县级以上行政区域的，由事故发生地人民政府负责调查，事故发生单位所在地人民政府应当派人参加。

第二十二条 事故调查组的组成应当遵循精简、效能的原则。

根据事故的具体情况，事故调查组由有关人民政府、安全生产监督管理部门、负有安全生产监督管理职责的有关部门、监察机关、公安机关以及工会派人组成，并应当邀请人民检察院派人参加。

事故调查组可以聘请有关专家参与调查。

第二十三条 事故调查组成员应当具有事故调查所需要的知识和专长，并与所调查的事故没有直接利害关系。

第二十四条 事故调查组组长由负责事故调查的人民政府指定。事故调查组组长主持事故调查组的工作。

第二十五条 事故调查组履行下列职责：

（一）查明事故发生的经过、原因、人员伤亡情况及直接经济损失；

（二）认定事故的性质和事故责任；

（三）提出对事故责任者的处理建议；

（四）总结事故教训，提出防范和整改措施；

（五）提交事故调查报告。

第二十六条 事故调查组有权向有关单位和个人了解与事故有关的情况，并要求其提供相关文件、资料，有关单位和个人不得拒绝。

事故发生单位的负责人和有关人员在事故调查期间不得擅离职守，并应当随时接受事故调查组的询问，如实提供有关情况。

事故调查中发现涉嫌犯罪的，事故调查组应当及时将有关材料或者其复印件移交司法机关处理。

第二十七条 事故调查中需要进行技术鉴定的，事故调查组应当委托具有国家规定资质的单位进行技术鉴定。必要时，事故调查组可以直接组织专家进行技术鉴定。技术鉴定所需时间不计入事故调查期限。

第二十八条 事故调查组成员在事故调查工作中应当诚信公正、恪尽职守，遵守事故调查组的纪律，保守事故调查的秘密。

未经事故调查组组长允许，事故调查组成员不得擅自发布有关事故的信息。

第二十九条 事故调查组应当自事故发生之日起 60 日内提交事故调查报告；特殊情况下，经负责事故调查的人民政府批准，提交事故调查报告的期限可以适当延长，但延长的期限最长不超过 60 日。

第三十条 事故调查报告应当包括下列内容：

（一）事故发生单位概况；

（二）事故发生经过和事故救援情况；

（三）事故造成的人员伤亡和直接经济损失；

（四）事故发生的原因和事故性质；

（五）事故责任的认定以及对事故责任者的处理建议；

（六）事故防范和整改措施。

事故调查报告应当附具有关证据材料。事故调查组成员应当在事故调查报告上签名。

第三十一条 事故调查报告报送负责事故调查的人民政府后，事故调查工作即告结束。事故调查的有关资料应当归档保存。

第四章　事故处理

第三十二条 重大事故、较大事故、一般事故，负责事故调查的人民政府应当自收到事故调查报告之日起 15 日内做出批复；特别重大事故，30 日内做出批复，特殊情况下，批复时间可以适当延长，但延长的时间最长不超过 30 日。

有关机关应当按照人民政府的批复，依照法律、行政法规规定的权限和程序，对事故发生单位和有关人员进行行政处罚，对负有事故责任的国家工作人员进行处分。

事故发生单位应当按照负责事故调查的人民政府的批复，对本单位负有事故责任的人员进行处理。

负有事故责任的人员涉嫌犯罪的，依法追究刑事责任。

第三十三条 事故发生单位应当认真吸取事故教训，落实防范和整改措施，防止事故再次发生。防范和整改措施的落实情况应当接受工会和职工的监督。

安全生产监督管理部门和负有安全生产监督管理职责的有关部门应当对事故发生单位落实防范和整改措施的情况进行监督检查。

第三十四条 事故处理的情况由负责事故调查的人民政府或者其授权的有关部门、机构向社会公布，依法应当保密的除外。

第五章　法律责任

第三十五条 事故发生单位主要负责人有下列行为之一的，处上一年年收入40%至80%的罚款；属于国家工作人员的，并依法给予处分；构成犯罪的，依法追究刑事责任：

（一）不立即组织事故抢救的；

（二）迟报或者漏报事故的；

（三）在事故调查处理期间擅离职守的。

第三十六条 事故发生单位及其有关人员有下列行为之一的，对事故发生单位处100万元以上500万元以下的罚款；对主要负责人、直接负责的主管人员和其他直接责任人员处上一年年收入60%至100%的罚款；属于国家工作人员的，并依法给予处分；构成违反治安管理行为的，由公安机关依法给予治安管理处罚；构成犯罪的，依法追究刑事责任：

（一）谎报或者瞒报事故的；

（二）伪造或者故意破坏事故现场的；

（三）转移、隐匿资金、财产，或者销毁有关证据、资料的；

（四）拒绝接受调查或者拒绝提供有关情况和资料的；

（五）在事故调查中作伪证或者指使他人作伪证的；

（六）事故发生后逃匿的。

第三十七条 事故发生单位对事故发生负有责任的，依照下列规定处以罚款：

（一）发生一般事故的，处10万元以上20万元以下的罚款；

（二）发生较大事故的，处20万元以上50万元以下的罚款；

（三）发生重大事故的，处50万元以上200万元以下的罚款；

（四）发生特别重大事故的，处200万元以上500万元以下的罚款。

第三十八条 事故发生单位主要负责人未依法履行安全生产管理职责，导致事故发生的，依照下列规定处以罚款；属于国家工作人员的，并依法给予处分；构成犯罪的，依法追究刑事责任：

（一）发生一般事故的，处上一年年收入30%的罚款；

（二）发生较大事故的，处上一年年收入40%的罚款；

（三）发生重大事故的，处上一年年收入60%的罚款；

（四）发生特别重大事故的，处上一年年收入80%的罚款。

第三十九条 有关地方人民政府、安全生产监督管理部门和负有安全生产监督管理职责的有关部门有下列行为之一的，对直接负责的主管人员和其他直接责任人员依法给予处分；构成犯罪的，依法追究刑事责任：

（一）不立即组织事故抢救的；

（二）迟报、漏报、谎报或者瞒报事故的；

（三）阻碍、干涉事故调查工作的；

（四）在事故调查中作伪证或者指使他人作伪证的。

第四十条 事故发生单位对事故发生负有责任的，由有关部门依法暂扣或者吊销其有关证照；对事故发生单位负有事故责任的有关人员，依法暂停或者撤销其与安全生产有关的执业资格、岗位证书；事故发生单位主要负责人受到刑事处罚或者撤职处分的，自刑罚执行完毕或者受处分之日起，5年内不得担任任何生产经营单位的主要负责人。

为发生事故的单位提供虚假证明的中介机构，由有关部门依法暂扣或者吊销其有关证照及其相关人员的执业资格；构成犯罪的，依法追究刑事责任。

第四十一条 参与事故调查的人员在事故调查中有下列行为之一的，依法给予处分；构成犯罪的，依法追究刑事责任：

（一）对事故调查工作不负责任，致使事故调查工作有重大疏漏的；

（二）包庇、袒护负有事故责任的人员或者借机打击报复的。

第四十二条 违反本条例规定，有关地方人民政府或者有关部门故意拖延或者拒绝落实经批复的对事故责任人的处理意见的，由监察机关对有关责任人员依法给予处分。

第四十三条 本条例规定的罚款的行政处罚，由安全生产监督管理部门决定。

法律、行政法规对行政处罚的种类、幅度和决定机关另有规定的，依照其规定。

第六章 附则

第四十四条 没有造成人员伤亡，但是社会影响恶劣的事故，国务院或者有关地方人民政府认为需要调查处理的，依照本条例的有关规定执行。

国家机关、事业单位、人民团体发生的事故的报告和调查处理，参照本条例的规定执行。

第四十五条 特别重大事故以下等级事故的报告和调查处理，有关法律、行政法规或者国务院另有规定的，依照其规定。

第四十六条 本条例自2007年6月1日起施行。国务院1989年3月29日公布的《特别重大事故调查程序暂行规定》和1991年2月22日公布的《企业职工伤亡事故报告和处理规定》同时废止。

附录五　《生产安全事故应急条例》

中华人民共和国国务院令（第708号）

《生产安全事故应急条例》已经2018年12月5日国务院第33次常务会议通过，现予公布，自2019年4月1日起施行。

总理　李克强

2019年2月17日

生产安全事故应急条例

第一章　总则

第一条　为了规范生产安全事故应急工作，保障人民群众生命和财产安全，根据《中华人民共和国安全生产法》和《中华人民共和国突发事件应对法》，制定本条例。

第二条　本条例适用于生产安全事故应急工作；法律、行政法规另有规定的，适用其规定。

第三条　国务院统一领导全国的生产安全事故应急工作，县级以上地方人民政府统一领导本行政区域内的生产安全事故应急工作。生产安全事故应急工作涉及两个以上行政区域的，由有关行政区域共同的上一级人民政府负责，或者由各有关行政区域的上一级人民政府共同负责。

县级以上人民政府应急管理部门和其他对有关行业、领域的安全生产工作实施监督管理的部门（以下统称负有安全生产监督管理职责的部门）在各自职责范围内，做好有关行业、领域的生产安全事故应急工作。

县级以上人民政府应急管理部门指导、协调本级人民政府其他负有安全生产监督管理职责的部门和下级人民政府的生产安全事故应急工作。

乡、镇人民政府以及街道办事处等地方人民政府派出机关应当协助上级人民政府有关部门依法履行生产安全事故应急工作职责。

第四条　生产经营单位应当加强生产安全事故应急工作，建立、健全生产安全事故应急工作责任制，其主要负责人对本单位的生产安全事故应急工作全面负责。

第二章　应急准备

第五条　县级以上人民政府及其负有安全生产监督管理职责的部门和乡、镇人民政府以及街道办事处等地方人民政府派出机关，应当针对可能发生的生产安全事故的特点和危害，进行风险辨识和评估，制定相应的生产安全事故应急救援预案，并依法向社会公布。

生产经营单位应当针对本单位可能发生的生产安全事故的特点和危害，进行风险辨识和评估，制定相应的生产安全事故应急救援预案，并向本单位从业人员公布。

第六条　生产安全事故应急救援预案应当符合有关法律、法规、规章和标准的规定，具有科学性、针对性和可操作性，明确规定应急组织体系、职责分工以及应急救援程序和措施。

有下列情形之一的，生产安全事故应急救援预案制定单位应当及时修订相关预案：

（一）制定预案所依据的法律、法规、规章、标准发生重大变化；

（二）应急指挥机构及其职责发生调整；

（三）安全生产面临的风险发生重大变化；

（四）重要应急资源发生重大变化；

（五）在预案演练或者应急救援中发现需要修订预案的重大问题；

（六）其他应当修订的情形。

第七条 县级以上人民政府负有安全生产监督管理职责的部门应当将其制定的生产安全事故应急救援预案报送本级人民政府备案；易燃易爆物品、危险化学品等危险物品的生产、经营、储存、运输单位，矿山、金属冶炼、城市轨道交通运营、建筑施工单位，以及宾馆、商场、娱乐场所、旅游景区等人员密集场所经营单位，应当将其制定的生产安全事故应急救援预案按照国家有关规定报送县级以上人民政府负有安全生产监督管理职责的部门备案，并依法向社会公布。

第八条 县级以上地方人民政府以及县级以上人民政府负有安全生产监督管理职责的部门，乡、镇人民政府以及街道办事处等地方人民政府派出机关，应当至少每2年组织1次生产安全事故应急救援预案演练。

易燃易爆物品、危险化学品等危险物品的生产、经营、储存、运输单位，矿山、金属冶炼、城市轨道交通运营、建筑施工单位，以及宾馆、商场、娱乐场所、旅游景区等人员密集场所经营单位，应当至少每半年组织1次生产安全事故应急救援预案演练，并将演练情况报送所在地县级以上地方人民政府负有安全生产监督管理职责的部门。

县级以上地方人民政府负有安全生产监督管理职责的部门应当对本行政区域内前款规定的重点生产经营单位的生产安全事故应急救援预案演练进行抽查；发现演练不符合要求的，应当责令限期改正。

第九条 县级以上人民政府应当加强对生产安全事故应急救援队伍建设的统一规划、组织和指导。

县级以上人民政府负有安全生产监督管理职责的部门根据生产安全事故应急工作的实际需要，在重点行业、领域单独建立或者依托有条件的生产经营单位、社会组织共同建立应急救援队伍。

国家鼓励和支持生产经营单位和其他社会力量建立提供社会化应急救援服务的应急救援队伍。

第十条 易燃易爆物品、危险化学品等危险物品的生产、经营、储存、运输单位，矿山、金属冶炼、城市轨道交通运营、建筑施工单位，以及宾馆、商场、娱乐场所、旅游景区等人员密集场所经营单位，应当建立应急救援队伍；其中，小型企业或者微型企业等规模较小的生产经营单位，可以不建立应急救援队伍，但应当指定兼职的应急救援人员，并且可以与邻近的应急救援队伍签订应急救援协议。

工业园区、开发区等产业聚集区域内的生产经营单位，可以联合建立应急救援队伍。

第十一条 应急救援队伍的应急救援人员应当具备必要的专业知识、技能、身体素质和心理素质。

应急救援队伍建立单位或者兼职应急救援人员所在单位应当按照国家有关规定对应急救援人员进行培训；应急救援人员经培训合格后，方可参加应急救援工作。

应急救援队伍应当配备必要的应急救援装备和物资，并定期组织训练。

第十二条 生产经营单位应当及时将本单位应急救援队伍建立情况按照国家有关规定报送县级以上人民政府负有安全生产监督管理职责的部门，并依法向社会公布。

县级以上人民政府负有安全生产监督管理职责的部门应当定期将本行业、本领域的应急救援队伍建立情况报送本级人民政府，并依法向社会公布。

第十三条 县级以上地方人民政府应当根据本行政区域内可能发生的生产安全事故的特点和危害，储备必要的应急救援装备和物资，并及时更新和补充。

易燃易爆物品、危险化学品等危险物品的生产、经营、储存、运输单位，矿山、金属冶炼、城市轨道交通运营、建筑施工单位，以及宾馆、商场、娱乐场所、旅游景区等人员密集场所经营单位，应当根据本单位可能发生的生产安全事故的特点和危害，配备必要的灭火、排水、通风以及危险物品稀释、掩埋、收集等应急救援器材、设备和物资，并进行经常性维护、保养，保证正常运转。

第十四条 下列单位应当建立应急值班制度，配备应急值班人员：

（一）县级以上人民政府及其负有安全生产监督管理职责的部门；

（二）危险物品的生产、经营、储存、运输单位以及矿山、金属冶炼、城市轨道交通运营、建筑施工单位；

（三）应急救援队伍。

规模较大、危险性较高的易燃易爆物品、危险化学品等危险物品的生产、经营、储存、运输单位应当成立应急处置技术组，实行 24 小时应急值班。

第十五条 生产经营单位应当对从业人员进行应急教育和培训，保证从业人员具备必要的应急知识，掌握风险防范技能和事故应急措施。

第十六条 国务院负有安全生产监督管理职责的部门应当按照国家有关规定建立生产安全事故应急救援信息系统，并采取有效措施，实现数据互联互通、信息共享。

生产经营单位可以通过生产安全事故应急救援信息系统办理生产安全事故应急救援预案备案手续，报送应急救援预案演练情况和应急救援队伍建设情况；但依法需要保密的除外。

第三章 应急救援

第十七条 发生生产安全事故后，生产经营单位应当立即启动生产安全事故应急救援预案，采取下列一项或者多项应急救援措施，并按照国家有关规定报告事故情况：

（一）迅速控制危险源，组织抢救遇险人员；

（二）根据事故危害程度，组织现场人员撤离或者采取可能的应急措施后撤离；

（三）及时通知可能受到事故影响的单位和人员；

（四）采取必要措施，防止事故危害扩大和次生、衍生灾害发生；

（五）根据需要请求邻近的应急救援队伍参加救援，并向参加救援的应急救援队伍提供相关技术资料、信息和处置方法；

（六）维护事故现场秩序，保护事故现场和相关证据；

（七）法律、法规规定的其他应急救援措施。

第十八条 有关地方人民政府及其部门接到生产安全事故报告后，应当按照国家有关规定上报事故情况，启动相应的生产安全事故应急救援预案，并按照应急救援预案的规定采取下列一项或者多项应急救援措施：

（一）组织抢救遇险人员，救治受伤人员，研判事故发展趋势以及可能造成的危害；

（二）通知可能受到事故影响的单位和人员，隔离事故现场，划定警戒区域，疏散受到威胁的人员，实施交通管制；

（三）采取必要措施，防止事故危害扩大和次生、衍生灾害发生，避免或者减少事故对环境造成的危害；

（四）依法发布调用和征用应急资源的决定；

（五）依法向应急救援队伍下达救援命令；

（六）维护事故现场秩序，组织安抚遇险人员和遇险遇难人员亲属；

（七）依法发布有关事故情况和应急救援工作的信息；

（八）法律、法规规定的其他应急救援措施。

有关地方人民政府不能有效控制生产安全事故的，应当及时向上级人民政府报告。上级人民政府应当及时采取措施，统一指挥应急救援。

第十九条 应急救援队伍接到有关人民政府及其部门的救援命令或者签有应急救援协议的生产经营单位的救援请求后，应当立即参加生产安全事故应急救援。

应急救援队伍根据救援命令参加生产安全事故应急救援所耗费用，由事故责任单位承担；事故责任单位无力承担的，由有关人民政府协调解决。

第二十条 发生生产安全事故后，有关人民政府认为有必要的，可以设立由本级人民政府及其有关部门负责人、应急救援专家、应急救援队伍负责人、事故发生单位负责人等人员组成的应急救援现场指挥部，并指定现场指挥部总指挥。

第二十一条 现场指挥部实行总指挥负责制，按照本级人民政府的授权组织制定并实施生产安全事故现场应急救援方案，协调、指挥有关单位和个人参加现场应急救援。

参加生产安全事故现场应急救援的单位和个人应当服从现场指挥部的统一指挥。

第二十二条 在生产安全事故应急救援过程中，发现可能直接危及应急救援人员生命安全的紧急情况时，现场指挥部或者统一指挥应急救援的人民政府应当立即采取相应措施消除隐患，降低或者化解风险，必要时可以暂时撤离应急救援人员。

第二十三条 生产安全事故发生地人民政府应当为应急救援人员提供必需的后勤保障，并组织通信、交通运输、医疗卫生、气象、水文、地质、电力、供水等单位协助应急救援。

第二十四条 现场指挥部或者统一指挥生产安全事故应急救援的人民政府及其有关部门应当完整、准确地记录应急救援的重要事项，妥善保存相关原始资料和证据。

第二十五条 生产安全事故的威胁和危害得到控制或者消除后，有关人民政府应当决定停止执行依照本条例和有关法律、法规采取的全部或者部分应急救援措施。

第二十六条 有关人民政府及其部门根据生产安全事故应急救援需要依法调用和征用的财产，在使用完毕或者应急救援结束后，应当及时归还。财产被调用、征用或者调用、征用后毁损、灭失的，有关人民政府及其部门应当按照国家有关规定给予补偿。

第二十七条　按照国家有关规定成立的生产安全事故调查组应当对应急救援工作进行评估，并在事故调查报告中作出评估结论。

第二十八条　县级以上地方人民政府应当按照国家有关规定，对在生产安全事故应急救援中伤亡的人员及时给予救治和抚恤；符合烈士评定条件的，按照国家有关规定评定为烈士。

第四章　法律责任

第二十九条　地方各级人民政府和街道办事处等地方人民政府派出机关以及县级以上人民政府有关部门违反本条例规定的，由其上级行政机关责令改正；情节严重的，对直接负责的主管人员和其他直接责任人员依法给予处分。

第三十条　生产经营单位未制定生产安全事故应急救援预案、未定期组织应急救援预案演练、未对从业人员进行应急教育和培训，生产经营单位的主要负责人在本单位发生生产安全事故时不立即组织抢救的，由县级以上人民政府负有安全生产监督管理职责的部门依照《中华人民共和国安全生产法》有关规定追究法律责任。

第三十一条　生产经营单位未对应急救援器材、设备和物资进行经常性维护、保养，导致发生严重生产安全事故或者生产安全事故危害扩大，或者在本单位发生生产安全事故后未立即采取相应的应急救援措施，造成严重后果的，由县级以上人民政府负有安全生产监督管理职责的部门依照《中华人民共和国突发事件应对法》有关规定追究法律责任。

第三十二条　生产经营单位未将生产安全事故应急救援预案报送备案、未建立应急值班制度或者配备应急值班人员的，由县级以上人民政府负有安全生产监督管理职责的部门责令限期改正；逾期未改正的，处3万元以上5万元以下的罚款，对直接负责的主管人员和其他直接责任人员处1万元以上2万元以下的罚款。

第三十三条　违反本条例规定，构成违反治安管理行为的，由公安机关依法给予处罚；构成犯罪的，依法追究刑事责任。

第五章　附则

第三十四条　储存、使用易燃易爆物品、危险化学品等危险物品的科研机构、学校、医院等单位的安全事故应急工作，参照本条例有关规定执行。

第三十五条　本条例自2019年4月1日起施行。

附录六　《建筑施工企业主要负责人、项目负责人和专职
安全生产管理人员安全生产管理规定》

中华人民共和国住房和城乡建设部令（第17号）

《建筑施工企业主要负责人、项目负责人和专职安全生产管理人员安全生产管理规定》
已经第13次部常务会议审议通过，现予发布，自2014年9月1日起施行。

住房城乡建设部部长　姜伟新
2014年6月25日

建筑施工企业主要负责人、项目负责人和专职安全生产
管理人员安全生产管理规定

第一章　总则

第一条　为了加强房屋建筑和市政基础设施工程施工安全监督管理，提高建筑施工企业主要负责人、项目负责人和专职安全生产管理人员（以下合称"安管人员"）的安全生产管理能力，根据《中华人民共和国安全生产法》《建设工程安全生产管理条例》等法律法规，制定本规定。

第二条　在中华人民共和国境内从事房屋建筑和市政基础设施工程施工活动的建筑施工企业的"安管人员"，参加安全生产考核，履行安全生产责任，以及对其实施安全生产监督管理，应当符合本规定。

第三条　企业主要负责人，是指对本企业生产经营活动和安全生产工作具有决策权的领导人员。

项目负责人，是指取得相应注册执业资格，由企业法定代表人授权，负责具体工程项目管理的人员。

专职安全生产管理人员，是指在企业专职从事安全生产管理工作的人员，包括企业安全生产管理机构的人员和工程项目专职从事安全生产管理工作的人员。

第四条　国务院住房城乡建设主管部门负责对全国"安管人员"安全生产工作进行监督管理。

县级以上地方人民政府住房城乡建设主管部门负责对本行政区域内"安管人员"安全生产工作进行监督管理。

第二章　考核发证

第五条　"安管人员"应当通过其受聘企业，向企业工商注册地的省、自治区、直辖市人民政府住房城乡建设主管部门（以下简称考核机关）申请安全生产考核，并取得安全生产考核合格证书。安全生产考核不得收费。

第六条　申请参加安全生产考核的"安管人员"，应当具备相应文化程度、专业技术

职称和一定安全生产工作经历，与企业确立劳动关系，并经企业年度安全生产教育培训合格。

第七条　安全生产考核包括安全生产知识考核和管理能力考核。

安全生产知识考核内容包括：建筑施工安全的法律法规、规章制度、标准规范，建筑施工安全管理基本理论等。

安全生产管理能力考核内容包括：建立和落实安全生产管理制度、辨识和监控危险性较大的分部分项工程、发现和消除安全事故隐患、报告和处置生产安全事故等方面的能力。

第八条　对安全生产考核合格的，考核机关应当在 20 个工作日内核发安全生产考核合格证书，并予以公告；对不合格的，应当通过"**安管人员**"所在企业通知本人并说明理由。

第九条　安全生产考核合格证书有效期为 3 年，证书在全国范围内有效。

证书式样由国务院住房城乡建设主管部门统一规定。

第十条　安全生产考核合格证书有效期届满需要延续的，"**安管人员**"应当在有效期届满前 3 个月内，由本人通过受聘企业向原考核机关申请证书延续。准予证书延续的，证书有效期延续 3 年。

对证书有效期内未因生产安全事故或者违反本规定受到行政处罚，信用档案中无不良行为记录，且已按规定参加企业和县级以上人民政府住房城乡建设主管部门组织的安全生产教育培训的，考核机关应当在受理延续申请之日起 20 个工作日内，准予证书延续。

第十一条　"**安管人员**"变更受聘企业的，应当与原聘用企业解除劳动关系，并通过新聘用企业到考核机关申请办理证书变更手续。考核机关应当在受理变更申请之日起 5 个工作日内办理完毕。

第十二条　"**安管人员**"遗失安全生产考核合格证书的，应当在公共媒体上声明作废，通过其受聘企业向原考核机关申请补办。考核机关应当在受理申请之日起 5 个工作日内办理完毕。

第十三条　"**安管人员**"不得涂改、倒卖、出租、出借或者以其他形式非法转让安全生产考核合格证书。

第三章　安全责任

第十四条　主要负责人对本企业安全生产工作全面负责，应当建立健全企业安全生产管理体系，设置安全生产管理机构，配备专职安全生产管理人员，保证安全生产投入，督促检查本企业安全生产工作，及时消除安全事故隐患，落实安全生产责任。

第十五条　主要负责人应当与项目负责人签订安全生产责任书，确定项目安全生产考核目标、奖惩措施，以及企业为项目提供的安全管理和技术保障措施。

工程项目实行总承包的，总承包企业应当与分包企业签订安全生产协议，明确双方安全生产责任。

第十六条　主要负责人应当按规定检查企业所承担的工程项目，考核项目负责人安全生产管理能力。发现项目负责人履职不到位的，应当责令其改正；必要时，调整项目负责人。检查情况应当记入企业和项目安全管理档案。

第十七条　项目负责人对本项目安全生产管理全面负责，应当建立项目安全生产管理体系，明确项目管理人员安全职责，落实安全生产管理制度，确保项目安全生产费用有效使用。

第十八条 项目负责人应当按规定实施项目安全生产管理，监控危险性较大分部分项工程，及时排查处理施工现场安全事故隐患，隐患排查处理情况应当记入项目安全管理档案；发生事故时，应当按规定及时报告并开展现场救援。

工程项目实行总承包的，总承包企业项目负责人应当定期考核分包企业安全生产管理情况。

第十九条 企业安全生产管理机构专职安全生产管理人员应当检查在建项目安全生产管理情况，重点检查项目负责人、项目专职安全生产管理人员履责情况，处理在建项目违规违章行为，并记入企业安全管理档案。

第二十条 项目专职安全生产管理人员应当每天在施工现场开展安全检查，现场监督危险性较大的分部分项工程安全专项施工方案实施。对检查中发现的安全事故隐患，应当立即处理；不能处理的，应当及时报告项目负责人和企业安全生产管理机构。项目负责人应当及时处理。检查及处理情况应当记入项目安全管理档案。

第二十一条 建筑施工企业应当建立安全生产教育培训制度，制定年度培训计划，每年对"安管人员"进行培训和考核，考核不合格的，不得上岗。培训情况应当记入企业安全生产教育培训档案。

第二十二条 建筑施工企业安全生产管理机构和工程项目应当按规定配备相应数量和相关专业的专职安全生产管理人员。危险性较大的分部分项工程施工时，应当安排专职安全生产管理人员现场监督。

第四章 监督管理

第二十三条 县级以上人民政府住房城乡建设主管部门应当依照有关法律法规和本规定，对"安管人员"持证上岗、教育培训和履行职责等情况进行监督检查。

第二十四条 县级以上人民政府住房城乡建设主管部门在实施监督检查时，应当有两名以上监督检查人员参加，不得妨碍企业正常的生产经营活动，不得索取或者收受企业的财物，不得谋取其他利益。

有关企业和个人对依法进行的监督检查应当协助与配合，不得拒绝或者阻挠。

第二十五条 县级以上人民政府住房城乡建设主管部门依法进行监督检查时，发现"安管人员"有违反本规定行为的，应当依法查处并将违法事实、处理结果或者处理建议告知考核机关。

第二十六条 考核机关应当建立本行政区域内"安管人员"的信用档案。违法违规行为、被投诉举报处理、行政处罚等情况应当作为不良行为记入信用档案，并按规定向社会公开。

"安管人员"及其受聘企业应当按规定向考核机关提供相关信息。

第五章 法律责任

第二十七条 "安管人员"隐瞒有关情况或者提供虚假材料申请安全生产考核的，考核机关不予考核，并给予警告；"安管人员"1年内不得再次申请考核。

"安管人员"以欺骗、贿赂等不正当手段取得安全生产考核合格证书的，由原考核机关撤销安全生产考核合格证书；"安管人员"3年内不得再次申请考核。

第二十八条 "安管人员"涂改、倒卖、出租、出借或者以其他形式非法转让安全生产考核合格证书的，由县级以上地方人民政府住房城乡建设主管部门给予警告，并处 1000 元以上 5000 元以下的罚款。

第二十九条 建筑施工企业未按规定开展"安管人员"安全生产教育培训考核，或者未按规定如实将考核情况记入安全生产教育培训档案的，由县级以上地方人民政府住房城乡建设主管部门责令限期改正，并处 2 万元以下的罚款。

第三十条 建筑施工企业有下列行为之一的，由县级以上人民政府住房城乡建设主管部门责令限期改正；逾期未改正的，责令停业整顿，并处 2 万元以下的罚款；导致不具备《安全生产许可证条例》规定的安全生产条件的，应当依法暂扣或者吊销安全生产许可证：

（一）未按规定设立安全生产管理机构的；

（二）未按规定配备专职安全生产管理人员的；

（三）危险性较大的分部分项工程施工时未安排专职安全生产管理人员现场监督的；

（四）"安管人员"未取得安全生产考核合格证书的。

第三十一条 "安管人员"未按规定办理证书变更的，由县级以上地方人民政府住房城乡建设主管部门责令限期改正，并处 1000 元以上 5000 元以下的罚款。

第三十二条 主要负责人、项目负责人未按规定履行安全生产管理职责的，由县级以上人民政府住房城乡建设主管部门责令限期改正；逾期未改正的，责令建筑施工企业停业整顿；造成生产安全事故或者其他严重后果的，按照《生产安全事故报告和调查处理条例》的有关规定，依法暂扣或者吊销安全生产考核合格证书；构成犯罪的，依法追究刑事责任。

主要负责人、项目负责人有前款违法行为，尚不够刑事处罚的，处 2 万元以上 20 万元以下的罚款或者按照管理权限给予撤职处分；自刑罚执行完毕或者受处分之日起，5 年内不得担任建筑施工企业的主要负责人、项目负责人。

第三十三条 专职安全生产管理人员未按规定履行安全生产管理职责的，由县级以上地方人民政府住房城乡建设主管部门责令限期改正，并处 1000 元以上 5000 元以下的罚款；造成生产安全事故或者其他严重后果的，按照《生产安全事故报告和调查处理条例》的有关规定，依法暂扣或者吊销安全生产考核合格证书；构成犯罪的，依法追究刑事责任。

第三十四条 县级以上人民政府住房城乡建设主管部门及其工作人员，有下列情形之一的，由其上级行政机关或者监察机关责令改正，对直接负责的主管人员和其他直接责任人员依法给予处分；构成犯罪的，依法追究刑事责任：

（一）向不具备法定条件的"安管人员"核发安全生产考核合格证书的；

（二）对符合法定条件的"安管人员"不予核发或者不在法定期限内核发安全生产考核合格证书的；

（三）对符合法定条件的申请不予受理或者未在法定期限内办理完毕的；

（四）利用职务上的便利，索取或者收受他人财物或者谋取其他利益的；

（五）不依法履行监督管理职责，造成严重后果的。

第六章 附则

第三十五条 本规定自 2014 年 9 月 1 日起施行。

关于《建筑施工企业主要负责人、项目负责人和专职安全生产管理人员安全生产管理规定》的说明（略，详情请登录住房城乡建设部网站）。

附录七　《危险性较大的分部分项工程安全管理规定》

中华人民共和国住房和城乡建设部令（第 37 号）

《危险性较大的分部分项工程安全管理规定》已经 2018 年 2 月 12 日第 37 次部常务会议审议通过，现予发布，自 2018 年 6 月 1 日起施行。

住房城乡建设部部长　王蒙徽

2018 年 3 月 8 日

危险性较大的分部分项工程安全管理规定

第一章　总则

第一条　为加强对房屋建筑和市政基础设施工程中危险性较大的分部分项工程安全管理，有效防范生产安全事故，依据《中华人民共和国建筑法》《中华人民共和国安全生产法》《建设工程安全生产管理条例》等法律法规，制定本规定。

第二条　本规定适用于房屋建筑和市政基础设施工程中危险性较大的分部分项工程安全管理。

第三条　本规定所称危险性较大的分部分项工程（以下简称"危大工程"），是指房屋建筑和市政基础设施工程在施工过程中，容易导致人员群死群伤或者造成重大经济损失的分部分项工程。

危大工程及超过一定规模的危大工程范围由国务院住房城乡建设主管部门制定。

省级住房城乡建设主管部门可以结合本地区实际情况，补充本地区危大工程范围。

第四条　国务院住房城乡建设主管部门负责全国危大工程安全管理的指导监督。

县级以上地方人民政府住房城乡建设主管部门负责本行政区域内危大工程的安全监督管理。

第二章　前期保障

第五条　建设单位应当依法提供真实、准确、完整的工程地质、水文地质和工程周边环境等资料。

第六条　勘察单位应当根据工程实际及工程周边环境资料，在勘察文件中说明地质条件可能造成的工程风险。

设计单位应当在设计文件中注明涉及危大工程的重点部位和环节，提出保障工程周边环境安全和工程施工安全的意见，必要时进行专项设计。

第七条　建设单位应当组织勘察、设计等单位在施工招标文件中列出危大工程清单，要求施工单位在投标时补充完善危大工程清单并明确相应的安全管理措施。

第八条　建设单位应当按照施工合同约定及时支付危大工程施工技术措施费以及相应

的安全防护文明施工措施费，保障危大工程施工安全。

第九条 建设单位在申请办理安全监督手续时，应当提交危大工程清单及其安全管理措施等资料。

第三章 专项施工方案

第十条 施工单位应当在危大工程施工前组织工程技术人员编制专项施工方案。

实行施工总承包的，专项施工方案应当由施工总承包单位组织编制。危大工程实行分包的，专项施工方案可以由相关专业分包单位组织编制。

第十一条 专项施工方案应当由施工单位技术负责人审核签字、加盖单位公章，并由总监理工程师审查签字、加盖执业印章后方可实施。

危大工程实行分包并由分包单位编制专项施工方案的，专项施工方案应当由总承包单位技术负责人及分包单位技术负责人共同审核签字并加盖单位公章。

第十二条 对于超过一定规模的危大工程，施工单位应当组织召开专家论证会对专项施工方案进行论证。实行施工总承包的，由施工总承包单位组织召开专家论证会。专家论证前专项施工方案应当通过施工单位审核和总监理工程师审查。

专家应当从地方人民政府住房城乡建设主管部门建立的专家库中选取，符合专业要求且人数不得少于 5 名。与本工程有利害关系的人员不得以专家身份参加专家论证会。

第十三条 专家论证会后，应当形成论证报告，对专项施工方案提出通过、修改后通过或者不通过的一致意见。专家对论证报告负责并签字确认。

专项施工方案经论证需修改后通过的，施工单位应当根据论证报告修改完善后，重新履行本规定第十一条的程序。

专项施工方案经论证不通过的，施工单位修改后应当按照本规定的要求重新组织专家论证。

第四章 现场安全管理

第十四条 施工单位应当在施工现场显著位置公告危大工程名称、施工时间和具体责任人员，并在危险区域设置安全警示标志。

第十五条 专项施工方案实施前，编制人员或者项目技术负责人应当向施工现场管理人员进行方案交底。

施工现场管理人员应当向作业人员进行安全技术交底，并由双方和项目专职安全生产管理人员共同签字确认。

第十六条 施工单位应当严格按照专项施工方案组织施工，不得擅自修改专项施工方案。

因规划调整、设计变更等原因确需调整的，修改后的专项施工方案应当按照本规定重新审核和论证。涉及资金或者工期调整的，建设单位应当按照约定予以调整。

第十七条 施工单位应当对危大工程施工作业人员进行登记，项目负责人应当在施工现场履职。

项目专职安全生产管理人员应当对专项施工方案实施情况进行现场监督，对未按照专项施工方案施工的，应当要求立即整改，并及时报告项目负责人，项目负责人应当及时组织限期整改。

施工单位应当按照规定对危大工程进行施工监测和安全巡视，发现危及人身安全的紧急情况，应当立即组织作业人员撤离危险区域。

第十八条 监理单位应当结合危大工程专项施工方案编制监理实施细则，并对危大工程施工实施专项巡视检查。

第十九条 监理单位发现施工单位未按照专项施工方案施工的，应当要求其进行整改；情节严重的，应当要求其暂停施工，并及时报告建设单位。施工单位拒不整改或者不停止施工的，监理单位应当及时报告建设单位和工程所在地住房城乡建设主管部门。

第二十条 对于按照规定需要进行第三方监测的危大工程，建设单位应当委托具有相应勘察资质的单位进行监测。

监测单位应当编制监测方案。监测方案由监测单位技术负责人审核签字并加盖单位公章，报送监理单位后方可实施。

监测单位应当按照监测方案开展监测，及时向建设单位报送监测成果，并对监测成果负责；发现异常时，及时向建设、设计、施工、监理单位报告，建设单位应当立即组织相关单位采取处置措施。

第二十一条 对于按照规定需要验收的危大工程，施工单位、监理单位应当组织相关人员进行验收。验收合格的，经施工单位项目技术负责人及总监理工程师签字确认后，方可进入下一道工序。

危大工程验收合格后，施工单位应当在施工现场明显位置设置验收标识牌，公示验收时间及责任人员。

第二十二条 危大工程发生险情或者事故时，施工单位应当立即采取应急处置措施，并报告工程所在地住房城乡建设主管部门。建设、勘察、设计、监理等单位应当配合施工单位开展应急抢险工作。

第二十三条 危大工程应急抢险结束后，建设单位应当组织勘察、设计、施工、监理等单位制定工程恢复方案，并对应急抢险工作进行后评估。

第二十四条 施工、监理单位应当建立危大工程安全管理档案。

施工单位应当将专项施工方案及审核、专家论证、交底、现场检查、验收及整改等相关资料纳入档案管理。

监理单位应当将监理实施细则、专项施工方案审查、专项巡视检查、验收及整改等相关资料纳入档案管理。

第五章 监督管理

第二十五条 设区的市级以上地方人民政府住房城乡建设主管部门应当建立专家库，制定专家库管理制度，建立专家诚信档案，并向社会公布，接受社会监督。

第二十六条 县级以上地方人民政府住房城乡建设主管部门或者所属施工安全监督机构，应当根据监督工作计划对危大工程进行抽查。

县级以上地方人民政府住房城乡建设主管部门或者所属施工安全监督机构，可以通过政府购买技术服务方式，聘请具有专业技术能力的单位和人员对危大工程进行检查，所需费用向本级财政申请予以保障。

第二十七条 县级以上地方人民政府住房城乡建设主管部门或者所属施工安全监督机构，在监督抽查中发现危大工程存在安全隐患的，应当责令施工单位整改；重大安全事故隐患排除前或者排除过程中无法保证安全的，责令从危险区域内撤出作业人员或者暂时停止施工；对依法应当给予行政处罚的行为，应当依法作出行政处罚决定。

第二十八条 县级以上地方人民政府住房城乡建设主管部门应当将单位和个人的处罚信息纳入建筑施工安全生产不良信用记录。

第六章 法律责任

第二十九条 建设单位有下列行为之一的，责令限期改正，并处 1 万元以上 3 万元以下的罚款；对直接负责的主管人员和其他直接责任人员处 1000 元以上 5000 元以下的罚款：

（一）未按照本规定提供工程周边环境等资料的；

（二）未按照本规定在招标文件中列出危大工程清单的；

（三）未按照施工合同约定及时支付危大工程施工技术措施费或者相应的安全防护文明施工措施费的；

（四）未按照本规定委托具有相应勘察资质的单位进行第三方监测的；

（五）未对第三方监测单位报告的异常情况组织采取处置措施的。

第三十条 勘察单位未在勘察文件中说明地质条件可能造成的工程风险的，责令限期改正，依照《建设工程安全生产管理条例》对单位进行处罚；对直接负责的主管人员和其他直接责任人员处 1000 元以上 5000 元以下的罚款。

第三十一条 设计单位未在设计文件中注明涉及危大工程的重点部位和环节，未提出保障工程周边环境安全和工程施工安全的意见的，责令限期改正，并处 1 万元以上 3 万元以下的罚款；对直接负责的主管人员和其他直接责任人员处 1000 元以上 5000 元以下的罚款。

第三十二条 施工单位未按照本规定编制并审核危大工程专项施工方案的，依照《建设工程安全生产管理条例》对单位进行处罚，并暂扣安全生产许可证 30 日；对直接负责的主管人员和其他直接责任人员处 1000 元以上 5000 元以下的罚款。

第三十三条 施工单位有下列行为之一的，依照《中华人民共和国安全生产法》《建设工程安全生产管理条例》对单位和相关责任人员进行处罚：

（一）未向施工现场管理人员和作业人员进行方案交底和安全技术交底的；

（二）未在施工现场显著位置公告危大工程，并在危险区域设置安全警示标志的；

（三）项目专职安全生产管理人员未对专项施工方案实施情况进行现场监督的。

第三十四条 施工单位有下列行为之一的，责令限期改正，处 1 万元以上 3 万元以下的罚款，并暂扣安全生产许可证 30 日；对直接负责的主管人员和其他直接责任人员处 1000 元以上 5000 元以下的罚款：

（一）未对超过一定规模的危大工程专项施工方案进行专家论证的；

（二）未根据专家论证报告对超过一定规模的危大工程专项施工方案进行修改，或者未按照本规定重新组织专家论证的；

（三）未严格按照专项施工方案组织施工，或者擅自修改专项施工方案的。

第三十五条 施工单位有下列行为之一的，责令限期改正，并处 1 万元以上 3 万元以下的罚款；对直接负责的主管人员和其他直接责任人员处 1000 元以上 5000 元以下的罚款：

（一）项目负责人未按照本规定现场履职或者组织限期整改的；

（二）施工单位未按照本规定进行施工监测和安全巡视的；

（三）未按照本规定组织危大工程验收的；

（四）发生险情或者事故时，未采取应急处置措施的；

（五）未按照本规定建立危大工程安全管理档案的。

第三十六条 监理单位有下列行为之一的，依照《中华人民共和国安全生产法》《建设工程安全生产管理条例》对单位进行处罚；对直接负责的主管人员和其他直接责任人员处 1000 元以上 5000 元以下的罚款：

（一）总监理工程师未按照本规定审查危大工程专项施工方案的；

（二）发现施工单位未按照专项施工方案实施，未要求其整改或者停工的；

（三）施工单位拒不整改或者不停止施工时，未向建设单位和工程所在地住房城乡建设主管部门报告的。

第三十七条 监理单位有下列行为之一的，责令限期改正，并处 1 万元以上 3 万元以下的罚款；对直接负责的主管人员和其他直接责任人员处 1000 元以上 5000 元以下的罚款：

（一）未按照本规定编制监理实施细则的；

（二）未对危大工程施工实施专项巡视检查的；

（三）未按照本规定参与组织危大工程验收的；

（四）未按照本规定建立危大工程安全管理档案的。

第三十八条 监测单位有下列行为之一的，责令限期改正，并处 1 万元以上 3 万元以下的罚款；对直接负责的主管人员和其他直接责任人员处 1000 元以上 5000 元以下的罚款：

（一）未取得相应勘察资质从事第三方监测的；

（二）未按照本规定编制监测方案的；

（三）未按照监测方案开展监测的；

（四）发现异常未及时报告的。

第三十九条 县级以上地方人民政府住房城乡建设主管部门或者所属施工安全监督机构的工作人员，未依法履行危大工程安全监督管理职责的，依照有关规定给予处分。

第七章　附则

第四十条 本规定自 2018 年 6 月 1 日起施行。

附录八　《建设单位项目负责人质量安全责任
八项规定（试行）》

建设单位项目负责人质量安全责任八项规定
（试行）

建设单位项目负责人是指建设单位法定代表人或经法定代表人授权，代表建设单位全面负责工程项目建设全过程管理，并对工程质量承担终身责任的人员。建筑工程开工建设前，建设单位法定代表人应当签署授权书，明确建设单位项目负责人。建设单位项目负责人应当严格遵守以下规定并承担相应责任：

一、建设单位项目负责人应当依法组织发包，不得将工程发包给个人或不具有相应资质等级的单位；不得将一个单位工程的施工分解成若干部分发包给不同的施工总承包或专业承包单位；不得将施工合同范围内的单位工程或分部分项工程又另行发包；不得违反合同约定，通过各种形式要求承包单位选择指定的分包单位。建设单位项目负责人发现承包单位有转包、违法分包及挂靠等违法行为的，应当及时向住房城乡建设主管部门报告。

二、建设单位项目负责人在组织发包时应当提出合理的造价和工期要求，不得迫使承包单位以低于成本的价格竞标，不得与承包单位签订"**阴阳合同**"，不得拖欠勘察设计、工程监理费用和工程款，不得任意压缩合理工期。确需压缩工期的，应当组织专家予以论证，并采取保证建筑工程质量安全的相应措施，支付相应的费用。

三、建设单位项目负责人在组织编制工程概算时，应当将建筑工程安全生产措施费用和工伤保险费用单独列支，作为不可竞争费，不参与竞标。

四、建设单位项目负责人应当负责向勘察、设计、施工、工程监理等单位提供与建筑工程有关的真实、准确、齐全的原始资料，应当严格执行施工图设计文件审查制度，及时将施工图设计文件报有关机构审查，未经审查批准的，不得使用；发生重大设计变更的，应送原审图机构审查。

五、建设单位项目负责人应当在项目开工前按照国家有关规定办理工程质量、安全监督手续，申请领取施工许可证。依法应当实行监理的工程，应当委托工程监理单位进行监理。

六、建设单位项目负责人应当加强对工程质量安全的控制和管理，不得以任何方式要求设计单位或者施工单位违反工程建设强制性标准，降低工程质量；不得以任何方式要求检测机构出具虚假报告；不得以任何方式要求施工单位使用不合格或者不符合设计要求的建筑材料、建筑构配件和设备；不得违反合同约定，指定承包单位购入用于工程建设的建筑材料、建筑构配件和设备或者指定生产厂、供应商。

七、建设单位项目负责人应当按照有关规定组织勘察、设计、施工、工程监理等有关单位进行竣工验收，并按照规定将竣工验收报告、有关认可文件或者准许使用文件报送备案。未组织竣工验收或验收不合格的，不得交付使用。

八、建设单位项目负责人应当严格按照国家有关档案管理的规定，及时收集、整理建设项目各环节的文件资料,建立、健全建设项目档案和建筑工程各方主体项目负责人质量终身责任信息档案,并在建筑工程竣工验收后,及时向住房城乡建设主管部门或者其他有关部门移交建设项目档案及各方主体项目负责人的质量终身责任信息档案。

各级住房城乡建设主管部门应当加强对建设单位项目负责人履职情况的监督检查,发现存在违反上述规定的,依照相关法律法规和规章实施行政处罚或处理(建设单位项目负责人质量安全违法违规行为行政处罚规定见附件)。应当建立、健全建设单位和建设单位项目负责人的信用档案,将其违法违规行为及处罚处理结果记入信用档案,并在建筑市场监管与诚信信息发布平台上予以曝光。

建设单位项目负责人质量安全违法违规行为行政处罚规定

一、违反第一项规定的行政处罚

(一)将建筑工程发包给不具有相应资质等级的勘察、设计、施工、工程监理单位的,按照《中华人民共和国建筑法》第六十五条、《建设工程质量管理条例》第五十四条规定对建设单位实施行政处罚;按照《建设工程质量管理条例》第七十三条规定对建设单位项目负责人实施行政处罚。

(二)将建筑工程肢解发包的,按照《中华人民共和国建筑法》第六十五条、《建设工程质量管理条例》第五十五条规定对建设单位实施行政处罚;按照《建设工程质量管理条例》第七十三条规定对建设单位项目负责人实施行政处罚。

二、违反第二项规定的行政处罚

(一)迫使承包方以低于成本的价格竞标的,按照《建设工程质量管理条例》第五十六条规定对建设单位实施行政处罚;按照《建设工程质量管理条例》第七十三条规定对建设单位项目负责人实施行政处罚。

(二)任意压缩合理工期的,按照《建设工程质量管理条例》第五十六条规定对建设单位实施行政处罚;按照《建设工程质量管理条例》第七十三条规定对建设单位项目负责人实施行政处罚。

三、违反第三条规定的行政处罚

未提供建筑工程安全生产作业环境及安全施工措施所需费用的,按照《建设工程安全生产管理条例》第五十四条规定对建设单位实施行政处罚。

四、违反第四项规定的行政处罚

施工图设计文件未经审查或者审查不合格,擅自施工的,按照《建设工程质量管理条例》第五十六条规定对建设单位实施行政处罚;按照《建设工程质量管理条例》第七十三条规定对建设单位项目负责人实施行政处罚。

五、违反第五项规定的行政处罚

(一)未按照国家规定办理工程质量监督手续的,按照《建设工程质量管理条例》第五十六条规定对建设单位实施行政处罚;按照《建设工程质量管理条例》第七十三条规定对建设单位项目负责人实施行政处罚。

(二)未取得施工许可证擅自施工的,按照《中华人民共和国建筑法》第六十四条、《建设工程质量管理条例》第五十七条规定对建设单位实施行政处罚;按照《建设工程质量管理条例》第七十三条规定对建设单位项目负责人实施行政处罚。

（三）必须实行工程监理而未实行工程监理的，按照《建设工程质量管理条例》第五十六条规定对建设单位实施行政处罚；按照《建设工程质量管理条例》第七十三条规定对建设单位项目负责人实施行政处罚。

六、违反第六项规定的行政处罚

（一）明示或者暗示设计单位或者施工单位违反工程建设强制性标准，降低工程质量的，按照《中华人民共和国建筑法》第七十二条、《建设工程质量管理条例》第五十六条规定对建设单位实施行政处罚；按照《建设工程质量管理条例》第七十三条规定对建设单位项目负责人实施行政处罚。

（二）明示或者暗示检测机构出具虚假检测报告的，按照《建设工程质量检测管理办法》（建设部令第 141 号）第三十一条规定对建设单位实施行政处罚。

（三）明示或者暗示施工单位使用不合格的建筑材料、建筑构配件和设备的，按照《建设工程质量管理条例》第五十六条规定对建设单位实施行政处罚；按照《建设工程质量管理条例》第七十三条规定对建设单位项目负责人实施行政处罚。

七、违反第七项规定的行政处罚

（一）未组织竣工验收或验收不合格，擅自交付使用的；对不合格的建筑工程按照合格工程验收的，按照《建设工程质量管理条例》第五十八条规定对建设单位实施行政处罚；按照《建设工程质量管理条例》第七十三条规定对建设单位项目负责人实施行政处罚。

（二）未按照国家规定将竣工验收报告、有关认可文件或者准许使用文件报送备案的，按照《建设工程质量管理条例》第五十六条规定对建设单位实施行政处罚；按照《建设工程质量管理条例》第七十三条规定对建设单位项目负责人实施行政处罚。

八、违反第八项规定的行政处罚

工程竣工验收后，未向住房城乡建设主管部门或者其他有关部门移交建设项目档案的，按照《建设工程质量管理条例》第五十九条规定对建设单位实施行政处罚；按照《建设工程质量管理条例》第七十三条规定对建设单位项目负责人实施行政处罚。

附录九 《建筑工程勘察单位项目负责人质量安全责任七项规定（试行）》

建筑工程勘察单位项目负责人质量安全责任七项规定
（试行）

建筑工程勘察单位项目负责人（以下简称勘察项目负责人）是指经勘察单位法定代表人授权，代表勘察单位负责建筑工程项目全过程勘察质量管理，并对建筑工程勘察质量安全承担总体责任的人员。勘察项目负责人应当由具备勘察质量安全管理能力的专业技术人员担任。甲、乙级岩土工程勘察的项目负责人应由注册土木工程师（岩土）担任。建筑工程勘察工作开始前，勘察单位法定代表人应当签署授权书，明确勘察项目负责人。勘察项目负责人应当严格遵守以下规定并承担相应责任：

一、勘察项目负责人应当确认承担项目的勘察人员符合相应的注册执业资格要求，具备相应的专业技术能力，观测员、记录员、机长等现场作业人员符合专业培训要求。不得允许他人以本人的名义承担工程勘察项目。

二、勘察项目负责人应当依据有关法律法规、工程建设强制性标准和勘察合同（包括勘察任务委托书），组织编写勘察纲要，就相关要求向勘察人员交底，组织开展工程勘察工作。

三、勘察项目负责人应当负责勘察现场作业安全，要求勘察作业人员严格执行操作规程，并根据建设单位提供的资料和场地情况，采取措施保证各类人员，场地内和周边建筑物、构筑物及各类管线设施的安全。

四、勘察项目负责人应当对原始取样、记录的真实性和准确性负责，组织人员及时整理、核对原始记录，核验有关现场和试验人员在记录上的签字，对原始记录、测试报告、土工试验成果等各项作业资料验收签字。

五、勘察项目负责人应当对勘察成果的真实性和准确性负责，保证勘察文件符合国家规定的深度要求，在勘察文件上签字盖章。

六、勘察项目负责人应当对勘察后期服务工作负责，组织相关勘察人员及时解决工程设计和施工中与勘察工作有关的问题；组织参与施工验槽；组织勘察人员参加工程竣工验收，验收合格后在相关验收文件上签字，对城市轨道交通工程，还应参加单位工程、项目工程验收并在验收文件上签字；组织勘察人员参与相关工程质量安全事故分析，并对因勘察原因造成的质量安全事故，提出与勘察工作有关的技术处理措施。

七、勘察项目负责人应当对勘察资料的归档工作负责，组织相关勘察人员将全部资料分类编目，装订成册，归档保存。

勘察项目负责人对以上行为承担责任，并不免除勘察单位和其他人员的法定责任。

勘察单位应当加强对勘察项目负责人履职情况的检查，发现勘察项目负责人履职不到位的，及时予以纠正，或按照规定程序更换符合条件的勘察项目负责人，由更换后的勘察项目负责人承担项目的全面勘察质量责任。

　　各级住房城乡建设主管部门应加强对勘察项目负责人履职情况的监管，在检查中发现勘察项目负责人违反上述规定的，记入不良记录，并依照相关法律法规和规章实施行政处罚（勘察项目负责人质量安全违法违规行为行政处罚规定见附件）。

勘察项目负责人质量安全违法违规行为行政处罚规定

　　一、违反第一项规定的行政处罚

　　勘察单位允许其他单位或者个人以本单位名义承揽工程或将承包的工程转包或违法分包，依照《建设工程质量管理条例》第六十一条、六十二条规定被处罚的，应当依照该条例第七十三条规定对负有直接责任的勘察项目负责人进行处罚。

　　二、违反第二项规定的行政处罚

　　勘察单位违反工程强制性标准，依照《建设工程质量管理条例》第六十三条规定被处罚的，应当依照该条例第七十三条规定对负有直接责任的勘察项目负责人进行处罚。

　　三、违反第三项规定的行政处罚

　　勘察单位未执行《建设工程安全生产管理条例》第十二条规定的，应当依照该条例第五十八条规定，对担任勘察项目负责人的注册执业人员进行处罚。

　　四、违反第四项规定的行政处罚

　　勘察单位不按照规定记录原始记录或记录不完整、作业资料无责任人签字或签字不全，依照《建设工程勘察质量管理办法》第二十五条规定被处罚的，应当依照该办法第二十七条规定对负有直接责任的勘察项目负责人进行处罚。

　　五、违反第五项规定的行政处罚

　　勘察单位弄虚作假、提供虚假成果资料，依照《建设工程勘察质量管理办法》第二十四条规定被处罚的，应当依照该办法第二十七条规定对负有直接责任的勘察项目负责人进行处罚。

　　勘察文件没有勘察项目负责人签字，依照《建设工程勘察质量管理办法》第二十五条规定被处罚的，应当依照该办法第二十七条规定对负有直接责任的勘察项目负责人进行处罚。

　　六、违反第六项规定的行政处罚

　　勘察单位不组织相关勘察人员参加施工验槽，依照《建设工程勘察质量管理办法》第二十五条规定被处罚的，应当依照该办法第二十七条规定对负有直接责任的勘察项目负责人进行处罚。

　　七、违反第七项规定的行政处罚

　　项目完成后，勘察单位不进行勘察文件归档保存，依照《建设工程勘察质量管理办法》第二十五条规定被处罚的，应当依照该办法第二十七条规定对负有直接责任的勘察项目负责人进行处罚。

　　地方有关法规和规章条款不在此详细列出，各地可自行补充有关规定。

附录十 《建筑工程设计单位项目负责人质量安全责任七项规定（试行）》

建筑工程设计单位项目负责人质量安全责任七项规定
（试行）

建筑工程设计单位项目负责人（以下简称设计项目负责人）是指经设计单位法定代表人授权，代表设计单位负责建筑工程项目全过程设计质量管理，对工程设计质量承担总体责任的人员。设计项目负责人应当由取得相应的工程建设类注册执业资格（主导专业未实行注册执业制度的除外），并具备设计质量管理能力的人员担任。承担民用房屋建筑工程的设计项目负责人原则上由注册建筑师担任。建筑工程设计工作开始前，设计单位法定代表人应当签署授权书，明确设计项目负责人。设计项目负责人应当严格遵守以下规定并承担相应责任：

一、设计项目负责人应当确认承担项目的设计人员符合相应的注册执业资格要求，具备相应的专业技术能力。不得允许他人以本人的名义承担工程设计项目。

二、设计项目负责人应当依据有关法律法规、项目批准文件、城乡规划、工程建设强制性标准、设计深度要求、设计合同（包括设计任务书）和工程勘察成果文件，就相关要求向设计人员交底，组织开展建筑工程设计工作，协调各专业之间及与外部各单位之间的技术接口工作。

三、设计项目负责人应当要求设计人员在设计文件中注明建筑工程合理使用年限，标明采用的建筑材料、建筑构配件和设备的规格、性能等技术指标，其质量要求必须符合国家规定的标准及建筑工程的功能需求。

四、设计项目负责人应当要求设计人员考虑施工安全操作和防护的需要，在设计文件中注明涉及施工安全的重点部位和环节，并对防范安全生产事故提出指导意见；采用新结构、新材料、新工艺和特殊结构的，应在设计中提出保障施工作业人员安全和预防生产安全事故的措施建议。

五、设计项目负责人应当核验各专业设计、校核、审核、审定等技术人员在相关设计文件上的签字，核验注册建筑师、注册结构工程师等注册执业人员在设计文件上的签章，并对各专业设计文件验收签字。

六、设计项目负责人应当在施工前就审查合格的施工图设计文件，组织设计人员向施工及监理单位做出详细说明；组织设计人员解决施工中出现的设计问题。不得在违反强制性标准或不满足设计要求的变更文件上签字。应当根据设计合同中约定的责任、权利、费用和时限，组织开展后期服务工作。

七、设计项目负责人应当组织设计人员参加建筑工程竣工验收，验收合格后在相关验收文件上签字；组织设计人员参与相关工程质量安全事故分析，并对因设计原因造成的质量安全事故，提出与设计工作相关的技术处理措施；组织相关人员及时将设计资料归档保存。

设计项目负责人对以上行为承担责任，并不免除设计单位和其他人员的法定责任。

设计单位应当加强对设计项目负责人履职情况的检查，发现设计项目负责人履职不到位的，及时予以纠正，或按照规定程序更换符合条件的设计项目负责人，由更换后的设计项目负责人承担项目的全面设计质量责任。

各级住房城乡建设主管部门应加强对设计项目负责人履职情况的监管，在检查中发现设计项目负责人违反上述规定的，记入不良记录，并依照相关法律法规和规章实施行政处罚或依照相关规定进行处理（设计项目负责人质量安全违法违规行为行政处罚（处理）规定见附件）。

设计项目负责人质量安全违法违规行为行政处罚（处理）规定

一、违反第一项规定的行政处罚

设计单位允许其他单位或者个人以本单位名义承揽工程或将承包的工程转包或违法分包，依照《建设工程质量管理条例》第六十一条、六十二条规定被处罚的，应当依照该条例第七十三条规定对负有直接责任的设计项目负责人进行处罚。

二、违反第二项规定的行政处罚

设计单位未依据勘察成果文件或未按照工程建设强制性标准进行工程设计，依照《建设工程质量管理条例》第六十三条规定被处罚的，应当依照该条例第七十三条规定对负有直接责任的设计项目负责人进行处罚。

三、违反第三项规定的处理

设计单位违反《建设工程质量管理条例》第二十二条第一款的，对设计项目负责人予以通报批评。

四、违反第四项规定的处罚

设计单位未执行《建设工程安全生产管理条例》第十三条第三款的，按照《建设工程安全生产管理条例》第五十六条规定对负有直接责任的设计项目负责人进行处罚。

五、违反第五项规定的处理

设计文件签章不全的，对设计项目负责人予以通报批评。

六、违反第六项规定的处理

设计项目负责人在施工前未组织设计人员向施工单位进行设计交底的，对设计项目负责人予以通报批评。

七、违反第七项规定的处理

设计项目负责人未组织设计人员参加建筑工程竣工验收或未组织设计人员参与建筑工程质量事故分析的，对设计项目负责人予以通报批评。

地方有关法规和规章条款不在此详细列出，各地可自行补充有关规定。

附录十一　《建筑工程项目总监理工程师质量安全责任六项规定（试行）》

建筑工程项目总监理工程师质量安全责任六项规定
（试行）

建筑工程项目总监理工程师（以下简称项目总监）是指经工程监理单位法定代表人授权，代表工程监理单位主持建筑工程项目的全面监理工作并对其承担终身责任的人员。建筑工程项目开工前，监理单位法定代表人应当签署授权书，明确项目总监。项目总监应当严格执行以下规定并承担相应责任：

一、项目监理工作实行项目总监负责制。项目总监应当按规定取得注册执业资格；不得违反规定受聘于两个及以上单位从事执业活动。

二、项目总监应当在岗履职。应当组织审查施工单位提交的施工组织设计中的安全技术措施或者专项施工方案，并监督施工单位按已批准的施工组织设计中的安全技术措施或者专项施工方案组织施工；应当组织审查施工单位报审的分包单位资格，督促施工单位落实劳务人员持证上岗制度；发现施工单位存在转包和违法分包的，应当及时向建设单位和有关主管部门报告。

三、工程监理单位应当选派具备相应资格的监理人员进驻项目现场，项目总监应当组织项目监理人员采取旁站、巡视和平行检验等形式实施工程监理，按照规定对施工单位报审的建筑材料、建筑构配件和设备进行检查，不得将不合格的建筑材料、建筑构配件和设备按合格签字。

四、项目总监发现施工单位未按照设计文件施工、违反工程建设强制性标准施工或者发生质量事故的，应当按照建设工程监理规范规定及时签发工程暂停令。

五、在实施监理过程中，发现存在安全事故隐患的，项目总监应当要求施工单位整改；情况严重的，应当要求施工单位暂时停止施工，并及时报告建设单位；施工单位拒不整改或者不停止施工的，项目总监应当及时向有关主管部门报告，主管部门接到项目总监报告后，应当及时处理。

六、项目总监应当审查施工单位的竣工申请，并参加建设单位组织的工程竣工验收，不得将不合格工程按照合格签认。

项目总监责任的落实不免除工程监理单位和其他监理人员按照法律法规和监理合同应当承担和履行的相应责任。

各级住房城乡建设主管部门应当加强对项目总监履职情况的监督检查，发现存在违反上述规定的，依照相关法律法规和规章实施行政处罚或处理（建筑工程项目总监理工程师质量安全违法违规行为行政处罚规定见附件）。应当建立、健全监理企业和项目总监的信用档案，将其违法违规行为及处罚处理结果记入信用档案，并在建筑市场监管与诚信信息发布平台上公布。

建筑工程项目总监理工程师质量安全违法违规行为行政处罚规定

一、违反第一项规定的行政处罚

项目总监未按规定取得注册执业资格的，按照《注册监理工程师管理规定》第二十九条规定对项目总监实施行政处罚。项目总监违反规定受聘于两个及以上单位并执业的，按照《注册监理工程师管理规定》第三十一条规定对项目总监实施行政处罚。

二、违反第二项规定的行政处罚

项目总监未按规定组织审查施工单位提交的施工组织设计中的安全技术措施或者专项施工方案，按照《建设工程安全生产管理条例》第五十七条规定对监理单位实施行政处罚；按照《建设工程安全生产管理条例》第五十八条规定对项目总监实施行政处罚。

三、违反第三项规定的行政处罚

项目总监未按规定组织项目监理机构人员采取旁站、巡视和平行检验等形式实施监理造成质量事故的，按照《建设工程质量管理条例》第七十二条规定对项目总监实施行政处罚。项目总监将不合格的建筑材料、建筑构配件和设备按合格签字的，按照《建设工程质量管理条例》第六十七条规定对监理单位实施行政处罚；按照《建设工程质量管理条例》第七十三条规定对项目总监实施行政处罚。

四、违反第四项规定的行政处罚

项目总监发现施工单位未按照法律法规以及有关技术标准、设计文件和建设工程承包合同施工未要求施工单位整改，造成质量事故的，按照《建设工程质量管理条例》第七十二条规定对项目总监实施行政处罚。

五、违反第五项规定的行政处罚

项目总监发现存在安全事故隐患，未要求施工单位整改；情况严重的，未要求施工单位暂时停止施工，未及时报告建设单位；施工单位拒不整改或者不停止施工，未及时向有关主管部门报告的，按照《建设工程安全生产管理条例》第五十七条规定对监理单位实施行政处罚；按照《建设工程安全生产管理条例》第五十八条规定对项目总监实施行政处罚。

六、违反第六项规定的行政处罚

项目总监未按规定审查施工单位的竣工申请，未参加建设单位组织的工程竣工验收的，按照《注册监理工程师管理规定》第三十一条规定对项目总监实施行政处罚。项目总监将不合格工程按照合格签认的，按照《建设工程质量管理条例》第六十七条规定对监理单位实施行政处罚；按照《建设工程质量管理条例》第七十三条规定对项目总监实施行政处罚。

附录十二 《建筑施工项目经理质量安全责任十项规定（试行）》

建筑施工项目经理质量安全责任十项规定
（试行）

一、建筑施工项目经理（以下简称项目经理）必须按规定取得相应执业资格和安全生产考核合格证书；合同约定的项目经理必须在岗履职，不得违反规定同时在两个及两个以上的工程项目担任项目经理。

二、项目经理必须对工程项目施工质量安全负全责，负责建立质量安全管理体系，负责配备专职质量、安全等施工现场管理人员，负责落实质量安全责任制、质量安全管理规章制度和操作规程。

三、项目经理必须按照工程设计图纸和技术标准组织施工，不得偷工减料；负责组织编制施工组织设计，负责组织制定质量安全技术措施，负责组织编制、论证和实施危险性较大分部分项工程专项施工方案；负责组织质量安全技术交底。

四、项目经理必须组织对进入现场的建筑材料、构配件、设备、预拌混凝土等进行检验，未经检验或检验不合格，不得使用；必须组织对涉及结构安全的试块、试件以及有关材料进行取样检测，送检试样不得弄虚作假，不得篡改或者伪造检测报告，不得明示或暗示检测机构出具虚假检测报告。

五、项目经理必须组织做好隐蔽工程的验收工作，参加地基基础、主体结构等分部工程的验收，参加单位工程和工程竣工验收；必须在验收文件上签字，不得签署虚假文件。

六、项目经理必须在起重机械安装、拆卸，模板支架搭设等危险性较大分部分项工程施工期间现场带班；必须组织起重机械、模板支架等使用前验收，未经验收或验收不合格，不得使用；必须组织起重机械使用过程日常检查，不得使用安全保护装置失效的起重机械。

七、项目经理必须将安全生产费用足额用于安全防护和安全措施，不得挪作他用；作业人员未配备安全防护用具，不得上岗；严禁使用国家明令淘汰、禁止使用的危及施工质量安全的工艺、设备、材料。

八、项目经理必须定期组织质量安全隐患排查，及时消除质量安全隐患；必须落实住房城乡建设主管部门和工程建设相关单位提出的质量安全隐患整改要求，在隐患整改报告上签字。

九、项目经理必须组织对施工现场作业人员进行岗前质量安全教育，组织审核建筑施工特种作业人员操作资格证书，未经质量安全教育和无证人员不得上岗。

十、项目经理必须按规定报告质量安全事故，立即启动应急预案，保护事故现场，开展应急救援。

建筑施工企业应当定期或不定期对项目经理履职情况进行检查，发现项目经理履职不到位的，及时予以纠正；必要时，按照规定程序更换符合条件的项目经理。

住房城乡建设主管部门应当加强对项目经理履职情况的动态监管，在检查中发现项目经理违反上述规定的，依照相关法律法规和规章实施行政处罚（建筑施工项目经理质量安全违法违规行为行政处罚规定见附件1），同时对相应违法违规行为实行记分管理（建筑施工项目经理质量安全违法违规行为记分管理规定见附件2），行政处罚及记分情况应当在建筑市场监管与诚信信息发布平台上公布。

建筑施工项目经理质量安全违法违规行为行政处罚规定

一、违反第一项规定的行政处罚

（一）未按规定取得建造师执业资格注册证书担任大中型工程项目经理的，对项目经理按照《注册建造师管理规定》第三十五条规定实施行政处罚。

（二）未取得安全生产考核合格证书担任项目经理的，对施工单位按照《建设工程安全生产管理条例》第六十二条规定实施行政处罚，对项目经理按照《建设工程安全生产管理条例》第五十八条或第六十六条规定实施行政处罚。

（三）违反规定同时在两个及两个以上工程项目担任项目经理的，对项目经理按照《注册建造师管理规定》第三十七条规定实施行政处罚。

二、违反第二项规定的行政处罚

（一）未落实项目安全生产责任制，或者未落实质量安全管理规章制度和操作规程的，对项目经理按照《建设工程安全生产管理条例》第五十八条或第六十六条规定实施行政处罚。

（二）未按规定配备专职安全生产管理人员的，对施工单位按照《建设工程安全生产管理条例》第六十二条规定实施行政处罚，对项目经理按照《建设工程安全生产管理条例》第五十八条或第六十六条规定实施行政处罚。

三、违反第三项规定的行政处罚

（一）未按照工程设计图纸和技术标准组织施工的，对施工单位按照《建设工程质量管理条例》第六十四条规定实施行政处罚；对项目经理按照《建设工程质量管理条例》第七十三条规定实施行政处罚。

（二）在施工组织设计中未编制安全技术措施的，对施工单位按照《建设工程安全生产管理条例》第六十五条规定实施行政处罚；对项目经理按照《建设工程安全生产管理条例》第五十八条或第六十六条规定实施行政处罚。

（三）未编制危险性较大分部分项工程专项施工方案的，对施工单位按照《建设工程安全生产管理条例》第六十五条规定实施行政处罚；对项目经理按照《建设工程安全生产管理条例》第五十八条或第六十六条规定实施行政处罚。

（四）未进行安全技术交底的，对施工单位按照《建设工程安全生产管理条例》第六十四条规定实施行政处罚；对项目经理按照《建设工程安全生产管理条例》第五十八条或第六十六条规定实施行政处罚。

四、违反第四项规定的行政处罚

（一）未对进入现场的建筑材料、建筑构配件、设备、预拌混凝土等进行检验的，对施工单位按照《建设工程质量管理条例》第六十五条规定实施行政处罚；对项目经理按照

《建设工程质量管理条例》第七十三条规定实施行政处罚。

（二）使用不合格的建筑材料、建筑构配件、设备的，对施工单位按照《建设工程质量管理条例》第六十四条规定实施行政处罚；对项目经理按照《建设工程质量管理条例》第七十三条规定实施行政处罚。

（三）未对涉及结构安全的试块、试件以及有关材料取样检测的，对施工单位按照《建设工程质量管理条例》第六十五条规定实施行政处罚；对项目经理按照《建设工程质量管理条例》第七十三条规定实施行政处罚。

五、违反第五项规定的行政处罚

（一）未参加分部工程、单位工程和工程竣工验收的，对施工单位按照《建设工程质量管理条例》第六十四条规定实施行政处罚；对项目经理按照《建设工程质量管理条例》第七十三条规定实施行政处罚。

（二）签署虚假文件的，对项目经理按照《注册建造师管理规定》第三十七条规定实施行政处罚。

六、违反第六项规定的行政处罚

使用未经验收或者验收不合格的起重机械的，对施工单位按照《建设工程安全生产管理条例》第六十五条规定实施行政处罚；对项目经理按照《建设工程安全生产管理条例》第五十八条或第六十六条规定实施行政处罚。

七、违反第七项规定的行政处罚

（一）挪用安全生产费用的，对施工单位按照《建设工程安全生产管理条例》第六十三条规定实施行政处罚；对项目经理按照《建设工程安全生产管理条例》第五十八条或第六十六条规定实施行政处罚。

（二）未向作业人员提供安全防护用具的，对施工单位按照《建设工程安全生产管理条例》第六十二条规定实施行政处罚；对项目经理按照《建设工程安全生产管理条例》第五十八条或第六十六条规定实施行政处罚。

（三）使用国家明令淘汰、禁止使用的危及施工安全的工艺、设备、材料的，对施工单位按照《建设工程安全生产管理条例》第六十二条规定实施行政处罚；对项目经理按照《建设工程安全生产管理条例》第五十八条或第六十六条规定实施行政处罚。

八、违反第八项规定的行政处罚

对建筑安全事故隐患不采取措施予以消除的，对施工单位按照《建筑法》第七十一条规定实施行政处罚，对项目经理按照《建设工程安全生产管理条例》第五十八条或第六十六条规定实施行政处罚。

九、违反第九项规定的行政处罚

作业人员或者特种作业人员未经安全教育培训或者经考核不合格即从事相关工作的，对施工单位按照《建设工程安全生产管理条例》第六十二条规定实施行政处罚；对项目经理按照《建设工程安全生产管理条例》第五十八条或第六十六条规定实施行政处罚。

十、违反第十项规定的行政处罚

未按规定报告生产安全事故的，对项目经理按照《建设工程安全生产管理条例》第五十八条或第六十六条规定实施行政处罚。

建筑施工项目经理质量安全违法违规行为记分管理规定

一、建筑施工项目经理（以下简称项目经理）质量安全违法违规行为记分周期为 12 个月，满分为 12 分。自项目经理所负责的工程项目取得《建筑工程施工许可证》之日起计算。

二、依据项目经理质量安全违法违规行为的类别以及严重程度，一次记分的分值分为 12 分、6 分、3 分、1 分四种。

三、项目经理有下列行为之一的，一次记 12 分：

（一）超越执业范围或未取得安全生产考核合格证书担任项目经理的；

（二）执业资格证书或安全生产考核合格证书过期仍担任项目经理的；

（三）因未履行安全生产管理职责或未执行法律法规、工程建设强制性标准造成质量安全事故的；

（四）谎报、瞒报质量安全事故的；

（五）发生质量安全事故后故意破坏事故现场或未开展应急救援的。

四、项目经理有下列行为之一的，一次记 6 分：

（一）违反规定同时在两个或两个以上工程项目上担任项目经理的；

（二）未按照工程设计图纸和施工技术标准组织施工的；

（三）未按规定组织编制、论证和实施危险性较大分部分项工程专项施工方案的；

（四）未按规定组织对涉及结构安全的试块、试件以及有关材料进行见证取样的；

（五）送检试样弄虚作假的；

（六）篡改或者伪造检测报告的；

（七）明示或暗示检测机构出具虚假检测报告的；

（八）未参加分部工程验收，或未参加单位工程和工程竣工验收的；

（九）签署虚假文件的；

（十）危险性较大分部分项工程施工期间未在现场带班的；

（十一）未组织起重机械、模板支架等使用前验收的；

（十二）使用安全保护装置失效的起重机械的；

（十三）使用国家明令淘汰、禁止使用的危及施工质量安全的工艺、设备、材料的；

（十四）未组织落实住房城乡建设主管部门和工程建设相关单位提出的质量安全隐患整改要求的。

五、项目经理有下列行为之一的，一次记 3 分：

（一）合同约定的项目经理未在岗履职的；

（二）未按规定组织对进入现场的建筑材料、构配件、设备、预拌混凝土等进行检验的；

（三）未按规定组织做好隐蔽工程验收的；

（四）挪用安全生产费用的；

（五）现场作业人员未配备安全防护用具上岗作业的；

（六）未组织质量安全隐患排查，或隐患排查治理不到位的；

（七）特种作业人员无证上岗作业的；

（八）作业人员未经质量安全教育上岗作业的。

六、项目经理有下列行为之一的，一次记1分：

（一）未按规定配备专职质量、安全管理人员的；

（二）未落实质量安全责任制的；

（三）未落实企业质量安全管理规章制度和操作规程的；

（四）未按规定组织编制施工组织设计或制定质量安全技术措施的；

（五）未组织实施质量安全技术交底的；

（六）未按规定在验收文件或隐患整改报告上签字，或由他人代签的。

七、工程所在地住房城乡建设主管部门在检查中发现项目经理有质量安全违法违规行为的，应当责令其改正，并按本规定进行记分；在一次检查中发现项目经理有两个及以上质量安全违法违规行为的，应当分别记分，累加分值。

八、项目经理在一个记分周期内累积记分超过6分的，工程所在地住房城乡建设主管部门应当对其负责的工程项目实施重点监管，增加监督执法抽查频次。

九、项目经理在一个记分周期内累积记分达到12分的，住房城乡建设主管部门应当依法责令该项目经理停止执业1年；情节严重的，吊销执业资格证书，5年内不予注册；造成重大质量安全事故的，终身不予注册。项目经理在停止执业期间，应当接受住房城乡建设主管部门组织的质量安全教育培训，其所属施工单位应当按规定程序更换符合条件的项目经理。

十、各省、自治区、直辖市人民政府住房城乡建设主管部门可以根据本办法，结合本地区实际制定实施细则。

附录十三 《关于加强建筑施工安全事故责任企业人员处罚的意见》

住房和城乡建设部 应急管理部
关于加强建筑施工安全事故责任企业人员处罚的意见
建质规〔2019〕9 号

各省、自治区、直辖市及新疆生产建设兵团住房和城乡建设厅（委、局）、应急管理厅（局）：

为严格落实建筑施工企业主要负责人、项目负责人和专职安全生产管理人员等安全生产责任，有效防范安全生产风险，坚决遏制较大及以上生产安全事故，根据《中华人民共和国建筑法》《中华人民共和国安全生产法》《建设工程安全生产管理条例》等法律法规及有关文件规定，现就加强建筑施工安全事故责任企业人员处罚提出以下意见：

一、推行安全生产承诺制

建筑施工企业承担安全生产主体责任，必须遵守安全生产法律、法规，建立、健全安全生产责任制和安全生产规章制度。地方各级住房和城乡建设主管部门要督促建筑施工企业法定代表人和项目负责人分别代表企业和项目向社会公开承诺：严格执行安全生产各项法律法规和标准规范，严格落实安全生产责任制度，自觉接受政府部门依法检查；因违法违规行为导致生产安全事故发生的，承担相应法律责任，接受政府部门依法实施的处罚。

二、吊销责任人员从业资格

建筑施工企业主要负责人、项目负责人和专职安全生产管理人员等必须具备相应的安全生产知识和管理能力。对没有履行安全生产职责、造成生产安全事故特别是较大及以上事故发生的建筑施工企业有关责任人员，住房和城乡建设主管部门要依法暂停或撤销其与安全生产相关执业资格、岗位证书，并依法实施职业禁入；构成犯罪的，依法追究刑事责任。对负有事故责任的勘察、设计、监理等单位有关注册执业人员，也要依法责令停止执业直至吊销相关注册证书，不准从事相关建筑活动。

三、依法加大责任人员问责力度

建筑施工企业应当建立完善安全生产管理制度，逐级建立、健全安全生产责任制，建立安全生产考核和奖惩机制，严格安全生产业绩考核。对没有履行安全生产职责、造成事故特别是较大及以上生产安全事故发生的企业责任人员，地方各级住房和城乡建设主管部门要严格按照《建设工程安全生产管理条例》和地方政府事故调查结论进行处罚，对发现负有监管职责的工作人员有滥用职权、玩忽职守、徇私舞弊行为的，依法给予处分。

四、依法强化责任人员刑事责任追究

建筑施工企业主要负责人、项目负责人和专职安全生产管理人员等应当依法履行安全生产义务。对在事故调查中发现建筑施工企业有关人员涉嫌犯罪的，应当按照《安全生产行政执法与刑事司法衔接工作办法》，及时将有关材料或者其复印件移交有管辖权的公安机关依法处理。地方各级住房和城乡建设主管部门、应急管理主管部门要积极配合司法机关依照刑法有关规定对负有重大责任、构成犯罪的企业有关人员追究刑事责任。

五、强化责任人员失信惩戒

地方各级住房和城乡建设主管部门、应急管理主管部门要积极推进建筑施工领域安全生产诚信体系建设，依托各相关领域信用信息共享平台，建立完善建筑施工领域安全生产不良信用记录和诚信"黑名单"制度。按规定将不履行安全生产职责、造成事故特别是较大及以上生产安全事故发生的企业主要负责人、项目负责人和专职安全生产管理人员等，纳入建筑施工领域安全生产不良信用记录和安全生产诚信"黑名单"。进一步加强联合失信惩戒，依照《关于印发〈关于对安全生产领域失信生产经营单位及其有关人员开展联合惩戒的合作备忘录〉的通知》（发改财金〔2016〕1001 号）等相关规定，对生产安全事故责任人员予以惩戒。

中华人民共和国住房和城乡建设部
中华人民共和国应急管理部
2019 年 11 月 20 日

常用工程质量与安全生产法律法规目录

1.《建筑法》

2.《安全生产法》

3.《建设工程安全生产管理条例》

4.《建设工程质量管理条例》

5.《建设工程勘察设计管理条例》

6.《安全生产许可证条例》

7.《中华人民共和国特种设备安全法》

8.《特种设备安全监察条例》

9.《生产安全事故报告和调查处理条例》

10.《生产安全事故应急条例》

11.《建筑工程施工许可管理办法》

12.《房屋建筑和市政基础设施工程施工图设计文件审查管理办法》

13.《建设工程质量检测管理办法》

14.《房屋建筑和市政基础设施工程质量监督管理规定》

15.《房屋建筑工程质量保修办法》

16.《建筑施工企业主要负责人、项目负责人和专职安全生产管理人员安全生产管理规定》

17.《危险性较大的分部分项工程安全管理规定》

18.《建设工程监理规范》GB/T 50319

19.《建设单位项目负责人质量安全责任八项规定（试行）》

20.《建筑工程勘察单位项目负责人质量安全责任七项规定（试行）》

21.《建筑工程设计单位项目负责人质量安全责任七项规定（试行）》

22.《建筑工程项目总监理工程师质量安全责任六项规定（试行）》

23.《建筑施工项目经理质量安全责任十项规定（试行）》

24.《房屋建筑和市政基础设施工程竣工验收规定》

参 考 文 献

[1] 尤完，陈立军，郭中华等.建设工程安全生产法律法规［M］.中国建筑工业出版社，2019.

[2] 尤完，叶二全.建筑施工安全生产管理资料编写大全（上册）［M］.中国建筑工业出版社，2016.

[3] 尤完，叶二全.建筑施工安全生产管理资料编写大全（下册）［M］.中国建筑工业出版社，2016.

[4] 郭中华，尤完.建筑施工生产安全事故应急管理指南［M］.中国建筑工业出版社，2019.

[5] 中国建筑业协会工程项目管理委员会.2017年全国建设工程优秀项目管理成果汇编［M］.中国建筑工业出版社，2017.